蔬菜轮作新技术

（北方本）

张和义　编　著

金盾出版社

内 容 提 要

本书由西北农林科技大学张和义教授编著。作者就我国北方蔬菜近几年新兴的轮作技术进行了广泛搜集、整理编著而成。分为7章,第一章概述,第二章至第七章为日光温室、大棚、拱棚蔬菜和菌类、薯类、露地蔬菜及蔬菜与玉米、小麦等轮作新模式,共计100余种。书中对每种模式的规格、效益、应用范围及各种轮作作物栽培技术要点进行了详述。特别是对一些稀有蔬菜,如牛蒡、生菜、荞菜、娃娃菜、青花菜、生姜、菇类、芫荽、茼蒿、球茎茴香、抱子甘蓝、佛手瓜、蛇瓜、苦瓜、葫芦等,尽量列入轮作模式中,使人对其了解,激发种植兴趣。本书语言通俗简练,内容翔实,方法具体,可操作性强。可供园艺技术人员、广大农民、部队农副业生产人员和有关院校师生阅读参考。

图书在版编目(CIP)数据

蔬菜轮作新技术:北方本/张和义编著. -- 北京 :金盾出版社,2010.7

ISBN 978-7-5082-6268-0

I.①蔬… Ⅱ.①张… Ⅲ.①蔬菜园艺—轮作 Ⅳ.①S630.4

中国版本图书馆 CIP 数据核字(2010)第 047051 号

金盾出版社出版、总发行

北京太平路 5 号(地铁万寿路站往南)
邮政编码:100036 电话:68214039 83219215
传真:68276683 网址:www.jdcbs.cn
封面印刷:北京印刷一厂
正文印刷:京南印刷厂
装订:桃园装订有限公司
各地新华书店经销

开本:850×1168 1/32 印张:8.75 字数:207 千字
2010 年 7 月第 1 版第 1 次印刷
印数:1~11 000 册 定价:14.00 元

(凡购买金盾出版社的图书,如有缺页、
倒页、脱页者,本社发行部负责调换)

目　　录

第一章　概　述

一、轮作与连作的概念

(一)轮　作

轮作是一种栽培制度,或种植制度,是按一定的生产计划,将土地分成若干区,在同一区的菜地上,按一定年限,轮换栽种几种性质不同的蔬菜或作物的种植制度,俗称换茬,或倒茬,或茬口安排。

由于栽培的蔬菜种类多,不可能将一个菜园划分出众多的小区,而每个小区一年中只种植一种或两种蔬菜,实行周而复始的轮作;再者,同一类蔬菜,对土壤中营养元素的吸收,以及病虫害的发生等方面,均大致相同。所以,在轮作制中又有必要把一类蔬菜作为一种蔬菜对待。这样,在落实轮作制时,实际上常把白菜类、根菜类、葱蒜类、茄果类、瓜类、豆类、薯芋类等各看作是一种蔬菜来安排轮作。但是,值得注意的是,个别不同类而同一科的蔬菜,如茄果类蔬菜中的番茄、茄子和薯芋类蔬菜中的马铃薯,虽不同类,却同属茄科,有较多相同的病虫害,它们之间也不能相互连作。此外,绿叶菜类中多数蔬菜生长期较短,有的一年内多茬栽培,难以实行轮作;而韭菜、石刁柏、黄花菜等多年生蔬菜,需连续占地数年,一般不把它们放入轮作制内。

(二)连　作

又称重茬,指同一块菜地上,一年内数茬或数年内连年栽培同一种蔬菜。对于某些因土壤传染病害严重而最忌连作的蔬菜,即便在同种蔬菜两次种植之间,虽种植了另一种蔬菜,原则上仍属连作。例如,在同一块菜地上,第一年春、夏季种番茄,番茄拔秧后秋季种植大白菜或萝卜,到第二年春、夏季又种番茄,或者改种茄子、辣椒、马铃薯等,这仍属于连作。可是,对于生长期较短,土壤传染病害不严重的多数绿叶蔬菜,在同一种蔬菜两次种植之间,如果种植了另一种生长期较长的蔬菜,却往往不再看成是连作。产生这种概念上差异的原因,在于不同的蔬菜作物种植后对土壤和下茬蔬菜的确有不同的影响。

二、连作与轮作的利弊

(一)连作的弊病

连作加上长期频繁的土壤耕作和田间管理,蔬菜生育不良,病虫害增加,土壤的生产性能降低,这就是土壤老化现象。土壤老化给蔬菜生产带来的危害十分明显,主要有以下几个方面。

1. 破坏土壤中营养元素之间的平衡,降低土壤肥力 蔬菜作物在生长发育过程中,要从土壤中吸收各种营养元素。但是,不同蔬菜有不同的需肥规律,而且从土壤中吸收营养元素的数量和比例也有较大差异。例如,叶菜类,尤其是速生绿叶蔬菜,吸收较多的氮;根菜类和薯芋类蔬菜,吸收较多的钾;茄果类和豆类则需要较多的磷。此外,菜农对钙及微肥认识不足,多数不施用钙及微肥,致使土壤中大量元素偏高,中、微量元素缺乏,造成养分不均衡。

土壤中各种元素之间都有一定比例,同类作物连作后从土壤中吸取相同的营养,如果不及时补充,则会严重地影响土壤营养成分的分配和平衡,再种植这种作物就会影响其生长发育或抗逆性降低,病害严重,招致减产。另外,各种蔬菜根系分布有深有浅,年年连作根系吸收范围只固定在一定范围内,同样会造成营养缺乏。

2. 恶化土壤的理化状况 老化的土壤孔隙度显著减少,氧含量少,容易板结,透水性不良。土壤老化的第一步是盐基向土壤下层流失,特别是石灰、氧化镁等的流失,不但因缺乏钙、镁等营养元素影响蔬菜生育,而且土壤变酸,其他有害成分,如氢离子、铝离子或锰离子等变为可溶性,进入蔬菜根部,使其生育不良。在连年施用有机质的土壤中,游离的铝与腐殖质结合,生成比较稳定的有机、无机复合体。这种稳定的胶体由于长期施用生理酸性肥料及被雨水冲洗,与腐殖质结合的铝再度游离化。老化的土壤中,水溶性铝增多,所以菜田的老化过程可以认为是置换性盐基的流失和铝的溶解。

在设施蔬菜栽培条件下,追肥往往是露地的几倍。大量剩余肥料及其副成分在土壤中积累,加上常年覆盖或季节性覆盖,土壤得不到雨水淋洗,设施内温度又高,土壤养分矿化速度加快,加上上下层土壤中的肥料和其他盐分以及地下水中的盐分,随地下水向地表层移动,积聚于土表,使之发生次生盐渍化。

各种蔬菜作物的根系,有不同的分泌物,这些分泌物对土壤的酸、碱度常有不同影响。例如,种植甘蓝、马铃薯等蔬菜后,根系分泌物能增加土壤的酸度,即降低土壤 pH 值;豆类蔬菜的根瘤也常在土壤中遗留较多的有机酸,增加土壤酸度。而种植南瓜、菜用苜蓿、玉米等作物,它们的根系分泌物偏碱性,从而可降低土壤酸性,即提高土壤 pH 值。因此,如果长期连作某些作物,土壤的酸碱度势必偏碱或偏酸。各种蔬菜对土壤酸碱度要求一个适宜的范围,长期连作后土壤酸碱度变化超出这个范围,会影响蔬菜作物的生长发育。1994 年南京农业大学薛继澄系统地研究了温室、大棚、露地栽种辣椒的土壤理化性质,生物学性状,土壤盐分组成及动态变化,认为土壤硝酸盐积累是保护地栽培蔬菜障碍的主导因子。

日本松本满夫研究认为,连作障碍的直接原因是土壤生物病原菌和植物寄生线虫所致。

种植不同蔬菜作物,对土壤结构也有不同影响。有些蔬菜,如豆类、瓜类等,种植后有利于增加土壤有机质,改良土壤团粒结构;而另一些蔬菜,如速生叶菜类及甘蓝、芹菜等,种植后很少在土壤中遗留有机物,在栽培过程中灌溉次数又多,易造成土壤板结,破坏土壤的团粒结构,若长期连作则会恶化土壤理化性能。特别是温室大棚中,过多的施用化肥,又得不到雨水淋洗,造成次生盐渍化而使作物受害。因此,种植蔬菜一定要加强轮作。

3. 造成某些蔬菜病虫害,尤其是病害猖獗 同类蔬菜,病虫害相似,长期连作,会造成病原物和虫源,主要是病原物的存留和积累,这就为病虫害的再发生提供了有利条件。同时,连作产生的根系分泌物和枯根枝叶残体为根际微生物的繁衍提供了氮源和碳源。如番茄的晚疫病,黄瓜、茄子的枯萎病原菌常潜伏于土壤中越冬,翌年继续危害。根结线虫寄主范围很广,包括黄瓜、茄子、番茄等多种作物,一旦土壤中出现,将很难消除。马铃薯连作时疮痂病严重,但与大豆、棉花、甜菜等轮作,可抑制疮痂病的发生。在连作3年的首蓿地上种植马铃薯,发病更少。危害番茄的主要病毒种类主要有烟草花叶病毒(TMV)、番茄花叶病毒(ToMV)、黄瓜花叶病毒(CMV)、番茄环斑病毒,除CMV主要由75种蚜虫传播外,其余病毒都是土壤传染或至少土壤是重要的传播途径之一。病毒病与介体土壤作用后,会使土壤中的微生物数量减少、根际土壤中脲酶、转化酶活性降低,多酚氧化酶活性升高,土壤腐殖化程度下降,吸收能力下降。

同时,病菌在土壤中能依靠寄生、腐生存活一定的年份,如西瓜的枯萎病菌能在土壤中存活7～8年。日光温室属一种固定资产,建成后,一般少则使用3～5年,多者10年以上,并且温室生产的主茬多安排效益高的蔬菜,往往连作严重,病虫害较重,与前茬有密切关系。有的害虫,如十字花科蔬菜的菜青虫、蚜虫,瓜类蔬菜的守瓜,茄果类和葱蒜类蔬菜的蓟马也多在杂草、残株及土中越冬,连作年久就等于为害虫滋生繁殖培养寄主。所以,实行轮作,每年轮换种植不同的蔬菜,可以减少病菌在土壤中的积累,甚至可使病菌或害虫长期失去食料而死亡。

4. 作物的自毒和生化他感 在连作条件下,某些作物可通过植物枝叶残体腐解和根系分泌等途径释放一些有毒物质,对同茬或下茬同种或同科植物的种子萌发、生长甚至自体的生长产生抑制或有害作用,这种现象被称为自毒作用。自毒作物是一种发生在种内的生长抑制物质,已在黄瓜、西瓜、番茄、辣椒、茄子、豌豆、甜瓜、石刁柏、芋头等多种蔬菜上发现,而与西瓜同科的丝瓜、南瓜、瓠瓜和黑籽南瓜不易产生自毒作用。经分离鉴别,豌豆、黄瓜等根系分泌物中的毒性化合物主要为酚酸类化合物,如苯丙烯酸、对羟基苯甲酸、肉桂酸等 10 余类有毒物质。这些化合物在根际积累过多,抑制根系生长和根系对 NO_3^-、SO_4^{2-}、Ca^{2+}、K^+ 的吸收,以及对水分的吸收、作物的光合作用、蛋白质和 DNA 合成等多种途径,导致作物产生连作障碍。其中,苯丙烯酸毒性较强,50 毫克/千克(土)处理开始,黄瓜长势、根系脱氢酶活性、ATP 酶活性、土壤微生物活性和养分吸收均受到明显抑制,且随用量的增加抑制作用增强。苯丙烯酸的自毒作用是导致黄瓜连作障碍的重要因子之一。

喻景权从黄瓜根的分泌物中分离出 10 种具有生物毒性的酚类物质,当浓度积累到一定程度,会影响下茬作物的生长。贵州大学农学院张素勤等(2008)证明辣椒根系分泌物对番茄和辣椒幼苗生长、根系活力和叶绿素含量有明显的抑制作用,而对白菜却有明显促进作用。有些根分泌物,还能刺激一些有害微生物的生长和繁殖,促进下茬蔬菜病害的发生。

生化他感现象是指生物通过释放分泌化学物质,而影响同种类或其他植物的生长发育的现象。常见的他感化合物大体可分为14类：水溶性有机酸、直链醇、脂肪旋醛和酮；简单不饱和内酯；长链脂肪酸和多炔；萘酯、蒽醌和复合酯；简单酚、苯甲酸及其衍生物；肉桂酸及其衍生物；香豆素类；类黄酮；单宁；类萜和甾类化合物；氨基酸和多肽；生物碱和氰醇；硫化物和芥子油苷；嘌呤和核苷。其中最常见的是酚类和萜类。番茄、茄子化感物为鞣酸、水杨酸、邻苯二甲酸二异辛酯、邻苯二甲酸二丁酯、水杨酸甲酯等 7 种化学成分，鞣酸和水杨酸单独作用时，化感作用的界限浓度均为 5×10^{-3} 毫摩/升。

生化他感物质是植物分泌到环境中的代谢物或其转化物，它们的分泌途径主要是根系分泌；地上部受雨、露和雾水淋洗；挥发；微生物分解植物残体产生毒素并释放到土壤里。他感物质的作用类型可分为自毒、相生（互利）、相克（相互抑制）、偏利、偏害、寄生、中性等，每种类型引起作物间的不同生长关系。

作物之间生化他感是一种普遍存在的现象，只是不同物种之间强弱程度存在差异。因此，安排茬口时必须注意生化他感的影响，前后茬作物、相邻间作物尽量发挥互利或偏利作用，也可利用作物与杂草或病虫害的相克作用，控制病虫草害的发生。

5. 连作对光合作用的影响　长期连作不仅造成根系活力、产量显著降低，而且光合速率也降低。刘德等认为，连作 4 年黄瓜的光合叶面积、光合速率显著高于连作 25 年的黄瓜光合速率。苯丙烯酸类的酚酸物质，对黄瓜生长有明显的抑制作用，生长缓慢，叶片发僵，叶色暗绿无光泽，叶面积小，干物质积累降低。

（二）蔬菜连作障碍的治理现状

1. 选用抗病品种和嫁接技术　选用抗病品种和嫁接技术可以克服病原菌的侵染。国内外已育出一批抗病蔬菜品种，如抗凋萎病、抗黄萎病、抗根结线虫病、抗白粉病的甘蓝，抗黄萎病的萝卜,抗干腐病的洋葱,抗黄萎病和病毒病的茄子,抗青枯病和疫病的辣椒等。即使是抗病品种,也不能保证完全不生病。黄瓜、甜瓜、茄子、番茄等多种蔬菜都可采用抗性砧木嫁接防止连作带来的病害障碍。由于葫芦科的丝瓜、南瓜、瓠瓜和黑籽南瓜不易产生自毒作用,已证实黑籽南瓜对黄瓜、甜瓜、西瓜等根系提取液表现抗性,而且这些提取液对黑籽南瓜的生长产生促进作用,利用黑籽南瓜作砧木嫁接葫芦科蔬菜可以防止连作带来的病害障碍,还可克服连作引起的自毒作用。在日本,黄瓜栽培已全部实行嫁接,番茄嫁接约占 50%。我国不少地区已进行黄瓜嫁接栽培,取得良好的效果。

2. 生物防治 将培养好的拮抗微生物,如 EM 等生物制剂施入土壤中,或通过土壤加入有机物等措施提高原有拮抗微生物的活动,防治植物根部病害。此外,还可利用化学他感作用原理防治土传病害,如许多葱蒜类蔬菜,由于根系分泌物对多种细菌和真菌具有较强的抑制作用,而常被用于间作套种。

在设施条件下,可以通过接种有益微生物分解连作土壤中存在的有害物质,也可利用一些有益菌对特定病原菌产生有害物质,或与之竞争营养和空间等途径,减少病原菌的数量和根系的感染,减少根际病害的发生。一般有 5 种方法:

(1)以鸡粪、秸秆为原料,加入多维复合菌种 先将 1 千克多维复合菌种(石家庄格瑞林生物工程技术研究所生产)与 10 千克麦麸搅拌均匀,喷水 5~6 升,堆闷 5~6 小时,再加入 1 米^3 鸡粪和 100~300 千克秸秆,搅拌均匀,堆成高 1 米、宽 1 米的发酵堆,外面盖上草苫,2~3 天翻 1 次,一般翻倒 3~4 次。发酵好的鸡粪干燥、无臭味,一般作基肥使用,也可作追肥,每 667 米^2 用 3 吨。

(2)施入美国亚联微生物肥 这是一个集 490 多种好氧和厌氧有益菌于一体的微生物肥料,地面肥与叶面肥配合使用效果最佳,可以培肥改土,治理、消除土壤污染和连作障碍;防病抗病,促进植物健康生长;提高农产品品质,提高商品率;促进作物早熟、高产、增收。

(3)推广多功能根际益生菌 S506　多功能根际益生菌 S506由河北省农业科学院遗传生物研究所生产。一般是在育苗时按S506调控剂∶农家肥∶田土＝1∶2∶7的比例配制栽培基质。定植前挖好苗穴,按每株 30 克的用量,将调控剂均匀撒入定苗穴中,之后按常规方法定苗即可。定苗后须浇 1 次透水。

(4)利用秸秆生物反应技术　秸秆生物反应不仅能有效防治土传病害,还能改善土壤结构、提高地温、增加棚内 CO_2 浓度。有两种方法:麦秸反应堆,按照日光温室的种植习惯,南北向挖沟,沟宽 60～80 厘米、深 50～60 厘米,长度与温室的种植行长度相同。挖沟时间在每年的 7～8 月,正值夏季高温季节。沟挖好后填麦秸、碎玉米秸等,填至沟深的 1/2 处踩压整平。每 667 米² 施秸秆速腐菌种(山东省秸秆生物工程技术中心生产的世明生物反应堆专用菌种)2 千克,随之加第二层秸秆,再撒 4～5 千克菌种,然后覆土 3～4 厘米厚,沟内浇水充分湿透秸秆。以 30～40 厘米距离打孔,孔径 3～4 厘米,发菌 7～8 天。再进行第二次覆土,厚 30 厘米左右。结合第二次覆土每 667 米² 施入腐熟圈肥 7 000～8 000千克、鸡粪 2～3 米³,在做小高畦之前施入尿素 30 千克、磷酸二铵40 千克、硫酸钾 10 千克,在施秸秆处做小高畦,做好后再次打孔。秸秆速腐菌属好气性微生物,只有在有氧条件下菌种才可能活动旺盛,发挥功效。因此,在建造秸秆反应堆的过程中,打孔是非常关键的措施。

玉米秸秆反应堆,可分为内置式、外置式和内外结合式。晚秋、冬季、早春适宜以内置式为主、外置式为辅;晚春、夏季和早秋适宜以外置式为主、内置式为辅。秸秆生物反应堆的建造与麦秸反应堆相似,只是将整棵的玉米秸放入沟中,加入专用菌(山东省秸秆生物工程技术中心生产的世明生物反应堆专用菌种)。需注意的是建造反应堆的时间要早于应用时间 15～20 天;浇水次数少于常规的 50％;打孔要及时,一般浇水后 2～3 天内就要打孔;覆土不宜过深,一般不超过 20 厘米厚。

(5)**湿热杀菌法** 采用这种方法,可以有效地杀死土壤中各种线虫、真菌和细菌,解决重茬地蔬菜死苗的难题。具体方法:6 月下旬至 7 月在冬春茬蔬菜拉秧后,每 667 米^2 撒施 100 千克生石灰粉,10～15 米^3 生鸡粪或其他畜禽粪便,植物秸秆 3000 千克,微生物多维菌种(石家庄格瑞林生物工程技术研究所生产)8 千克,喷施美地那活化剂(河北慈航科技有限公司生产)400 毫升。用旋耕犁旋耕 1 遍,使秸秆、畜禽粪便、菌种搅拌均匀,然后深翻土地 30 厘米,浇透水,盖上地膜,扣严棚膜,保持 1 个月后去掉地膜,耕 1 遍地,裸地晾晒 1 周,即可达到杀灭病菌、活化土壤的效果。湿热杀菌法对于蔬菜重茬导致的土传病害具有明显的防治效果,其中对于危害黄瓜最严重的根腐病和根结线虫病防效最好。据黄瓜拉秧时调查,防治效果分别达到 87.03％和 99.6％,基本解决了由根腐病引起的重茬黄瓜严重死苗和根结线虫病这两个最大的难题。该方法对于防治嫁接接口处细菌性腐烂病也有明显效果,防治效果为 59.6％。试验中处理比对照平均增产 36％。此项措施成本低,方法简单,便于农民操作,适合在设施蔬菜生产区大面积推广。

3. 定期土壤消毒 目前,土壤消毒经常采用氯化苦消毒法,溴甲烷消毒法,太阳能消毒法,灌注热水消毒法,大水浸泡,冷冻消毒和药剂消毒法等。

(1)**氯化苦消毒法** 一般适合于地温高于 7℃时应用:先将土堆成 30 厘米厚、200 厘米宽,长不限的堆。堆上每隔 30 厘米打一深 10～15 厘米的孔,孔内用注射器注入氯化苦 5 毫升,随即将孔堵住。第一层打孔放药后,再在其上堆同样厚的一层床土,打孔放药,共 2～3 层,然后盖上塑料薄膜,熏蒸 7～10 天后揭膜,晾 7～8 天,即可使用。保护地土壤消毒时,隔 30 厘米挖一深 10～15 厘米

的小洞,每洞注入 5 毫升氯化苦溶液,用塑料薄膜覆盖,冬季封7~
10 天,夏季封 3 天,然后揭除薄膜,翻地,使毒气挥发后再定植。
氯化苦处理可有效地杀死土壤中的线虫、真菌和细菌,但对病毒基
本无效。氯化苦对植物组织和人体有毒,要注意安全,不可吸入
过多。

(2)溴甲烷消毒 一般在地温较低的季节使用,可杀死土壤中
的病毒、细菌、真菌和线虫等。因其有剧毒,并是强致癌物质,因而
必须严格遵守操作规程,并且要向其中加入 2‰的氯化苦,检验是
否泄漏到周围环境中。加入溴甲烷有两种方法,一是将床土堆起,
用塑料管将药剂喷注到床土上,每立方米基质用药 100~150 克,
与土混匀,随即用塑料薄膜盖严,5~7 天后揭膜,再晒 7~10 天,
即可使用。二是将床土堆成 30 厘米厚、200 厘米宽,长自定的土
堆。土堆上设支架,上放一空脸盆,盆与土壤保持 10~15 厘米的
距离,装上溴甲烷,盖上盖子,盆内设自动开口器,使开口器自动打
开消毒。保护地土壤消毒时,在地面上搭塑料小拱棚,每平方米注
入 40~50 克溴甲烷,一般封闭 7~10 天,再揭除薄膜,翻地,过3~
4 天,方可播种。

(3)太阳能消毒法 又叫高温闷棚,是近年来温室栽培中应用
较普遍的一种最廉价、最安全和最简单实用的土壤消毒法。又是
以太阳、生物、化学所产生的三大热能综合利用为基础,通过高温
闷棚,使耕作层土壤形成 55℃ 以上的持续高温,有效灭除致病微
生物及部分地下害虫;同时,利用高温闷棚技术,充分腐熟土壤内
有机肥,提高吸收利用率;通过增加土壤有机质含量,促使次生盐
渍土脱盐;能够改善土壤团粒结构、培养有益微生物群落。

在高温闷棚过程中,石灰氮(别名碳氮化钙、氰氨化钙,分子式
为 $CaCN_2$,俗称"庄伯伯",乌肥、黑肥)是一种高效的农用化学肥
料,曾一度被广泛应用于调节土壤酸性,补充钙素等农业生产。石
灰氮,遇水分解后所生成的气态单氰胺和液态双氰胺对土壤中有

害真菌、细菌等生物具有广谱性的杀灭作用,可防治多种土传病害及地下害虫,设施农业生产的根结线虫,也有一定的防治效果。石灰氮分解的中间产物除生石灰外,单氰胺和双氰胺最终都进一步生成尿素。石灰氮消毒技术的突出作用是促进有机物腐熟,改良土壤结构,调节土壤酸性,消除土壤板结,增加土壤透气性,减轻病虫草的危害,降低蔬菜中亚硝酸盐含量,补充土壤钙离子等。

一般选择阳光充足和气温最高的月份,棚内蔬菜收获后,拔除植株残体,保持棚架完好,棚膜完整,深翻土壤 25～30 厘米后整平地面。将植株残体、麦、稻、玉米秸秆利用铡草机铡成 3～5 厘米长的寸段,并与菇渣、鸡粪或猪圈粪及牛栏粪等有机肥、石灰氮 40～80 千克,充分混合后均匀撒施于土壤表面,进行人工或机械翻混 1～2 遍。每隔 1 米培起一条宽 60 厘米、高 30 厘米、南北向的瓦背垄,还可按下茬蔬菜作物的定植株行距要求直接培垄。对无支柱的暖棚可用整块塑料薄膜覆盖,对有支柱的暖棚,须根据具体情况覆盖薄膜,但要密封薄膜搭接处。塑料薄膜可重复使用。棚内灌水至饱和度,密封整个棚室的棚膜及通风处,以提高闷棚受热、灭菌、杀虫效果。高温闷棚可进行至蔬菜苗定植前 5 天揭膜晾棚,闷棚时间不得少于 25 天。定植前可用生菜籽检验是否正常出苗,若能出苗即可定植。

其防控效果可明显减轻根结线虫病的侵害,重病黄瓜棚内对根结线虫病的防效达 73% 以上,黄瓜增收 50% 以上。连作障碍较重的暖棚,严格处理后,能够恢复到新建棚时的蔬菜产量与品质水平。显著减少因重茬土传引发的枯萎病、根腐病、黄萎病、疫霉病、灰霉病、茎基腐病以及细菌、病毒性等 10 余种病害。高温快速沤腐有机肥,丰富蔬菜所必需的土壤营养成分,降解肥料中的有毒、有害成分,为实现无公害生产创造了有利条件。合理选用石灰氮,显著降低产品硝酸盐含量,减轻土壤酸化,又可除草,杀灭病虫害。同时,低量使用石灰氮(30 千克/每 667 米^2)的处理,比农民习惯施肥每 667 米² 减少成本 1 505 元；高量使用石灰氮（60 千克/每 667 米²）的处理，比农民习惯施肥每 667 米² 减少成本 1 640 元的情况下，每 667 米² 纯收入增加 1 960 元。

（4）灌注热水消毒法　这是韩国推广的技术。消毒方法是：在消毒前，将土壤深翻 60 厘米。在地面上铺设耐热滴灌管，并在土壤和滴灌管上面覆盖一层薄膜保温。将燃油锅炉加热至 90℃ 以上后，通过 5 厘米的耐热塑料软管灌注到土壤。每平方米每次用水量 50 升，并持续相应时间，直至 60 厘米内土层温度升至足以杀死根结线虫等害虫和病菌，达到消毒的目的。利用容量 0.5 吨的锅炉，每班工作 8 小时，可消毒 667 米² 的耕种土壤。

（5）大水浸泡　大水浸泡兼有土壤消毒和除盐作用。在夏季或其他闲置期进行大水浸泡，提高地温，保持还原状态。浸泡时间越长，杀菌杀虫效果越明显，如果浸泡 20 天以上，可基本控制线虫危害，灌水后保持流动可有效除盐。

另外，冷冻消毒的，冬季严寒，深翻土壤，可冻死部分病虫卵。

（6）药剂消毒　真菌性病害可选用 30％噁霉灵水剂 500～800 倍液，或 30％瑞苗清（24％噁霉灵＋6％甲霜灵）1 000 倍液，或 50％敌磺钠可溶性粉剂 600 倍液，或 5％井冈霉素水剂 500～800 倍液淋施土壤。还可选用根腐宁（敌磺钠）或噁霉灵 500～1 000 倍液，或 50％多菌灵、70％托布津 500～800 倍液淋施土壤，或按每 667 米² 用药 2～3 千克，拌适量细土均匀撒施再耕翻。对于细菌性病害，如青枯病、软腐病，可用 88％水合霉素 1 000 倍液，或 72％农用链霉素可溶性粉剂 3 000～5 000 倍液淋施土壤。根结线虫每 667 米² 用 10％苯线磷 5 千克沟施或穴施，整地后 3～5 天定植。

4. 合理轮作与间套作　不同作物间进行合理轮作，使土壤中的病原菌失去寄主或改变生活环境的条件下逐渐死亡，从而降低土壤中病原菌的数量，达到减轻或防止土传病害的发生。合理的轮作,避免了多年一种或一个科的作物连年种植,可以有效地防止自毒作用的发生。只要时间足够长,残留在土壤中的有毒物质就可以挥发、分解及被土壤固定,使浓度降低至临界浓度以下。水旱轮作由于土壤经过长期淹水,可使土壤病害及草害受到抑制,还可以洗酸,以水淋盐,防治土壤次生盐渍化和酸化。如茄果类连作初期,主要通过同类轮作,如番茄、菜椒、茄子之间的轮作;连作3~4年后,应优先使用生物菌剂,作物移栽时,将生物菌剂 NEB 加水灌根,每 667 米^2 用 5 袋,每袋 13 毫升加水 90 升;连作 6~8 年后采用高温闷棚配合使用有机肥;连作 10~12 年后,土壤次生盐渍化日益严重,必须采取水旱轮作。旱作时土壤中以好气性真菌型微生物为主,连作时病原菌累积;水作时以厌气性细菌型微生物为主,病原菌得到抑制或减少。利用农作物间的化学他感作用原理进行合理地间作或套种,可以有效地提高作物产量,减少根部病害方面也可取得令人满意的效果。

5. 增施有机肥,推广蔬菜平衡施肥技术,增施微量元素 有机肥料养分齐全,肥效持久,不仅能改良菜地土壤,还可为蔬菜生长提供多种养分。

设施蔬菜施肥主要存在以下问题:一是化肥施用量超标;二是土壤中氮、磷、钾比例失调,大棚黄瓜吸收的氮(N)、磷(P_2O_5)、钾(K_2O)分别为 36%、17%、47%,而大棚黄瓜平均施用的氮(N)、磷(P_2O_5)、钾(K_2O)分别为 36%、38%、18%。表明施磷比例偏高,钾偏低。三是施用化肥品种和方法不符合蔬菜生产要求,大棚蔬菜禁止施用易释放氨的化肥品种,但仍有部分菜农用碳酸氢铵表面撒施。磷酸二铵、三元复合肥在土壤表面撒施也占了较大比例,造成了磷、钾资源的浪费。四是有机肥施用量偏高,目前不少蔬菜也存在着施粪肥过多的问题。

针对蔬菜施肥中存在的问题,河北省大力推广蔬菜平衡施肥技术。以土壤养分测定分析结果和蔬菜作物需肥规律为基础确定肥料施用量:一般掌握每 667 米² 最高无机氮肥养分(纯氮)施用限量为 15 千克,中等肥力区域(指土壤中含碱解氮 80~100 毫克/千克,有效磷(P_2O_5)60~80 毫克/千克、速效钾(K_2O)100~150毫克/千克以上)磷、钾肥施用量以维持土壤养分平衡为准;高肥力区域(有效磷在 80 毫克/千克以上、速效钾在 180 毫克/千克以上)当季不施无机磷、钾肥。也可以在蔬菜生长过程中施用叶面肥,以补充微量元素,调节作物生长,防治生理病害。

在设施蔬菜的施肥原则上,以有机肥为主,化肥为辅,有机氮肥和无机氮肥之比不应低于 1:1。一般农家肥与磷肥混合后,进行堆沤或高温发酵后施用,或采用蔬菜专用有机肥、有机无机复混肥等。

南京市蔬菜科学研究所研制生产的有机无机复合肥料,养分齐全,营养科学,配方合理,针对性更强,施用后能显著提高蔬菜产量和改善蔬菜品质。一般用作基肥,每 667 米² 用量 100~120 千克。采用撒施或开沟条施。有机肥作基肥时应采用普施与沟施相结合,60%左右普施,40%左右沟施。

在西瓜、黄瓜、番茄上进行微量元素肥料试验,防病、增产效果十分明显。河北省高邑县在西瓜上施用微量元素肥,微肥配方为硫酸亚铁、硫酸铜、硫酸锌、硫酸镁、硫酸锰、硼砂按 1:1:1:1:0.5:1 的比例混合均匀后,与有机肥和三元复合肥混匀基施,集中施入定植沟中。施用微量元素的西瓜茎蔓粗壮,叶色嫩绿,病害轻,对叶斑病的防治效果达到 40%,平均单瓜质量比对照增加 425克,每 667 米² 产量增加 513.5 千克,增产 11.6%。2005 年高邑县秋茬番茄施用微量元素肥试验,微肥配方为硫酸亚铁、硫酸铜、硫酸锌、硫酸镁、硫酸锰、硼砂按 2:1:2:1:0.5:1 的比例混合均匀后施用。每 667 米² 基施 20 千克微肥,除施用有机肥和三元复合肥外,再施入 25 千克硫酸钙复合肥。集中施入 50%,撒施50%。如果基肥没有施入,可在定植后将微肥用热水化开,对 50

倍水灌根,效果也很好。

夏季,去掉棚(室)膜,让雨水冲刷淋溶洗盐。不同蔬菜种类具有不同的耐盐性,十字花科蔬菜耐盐性较强,果菜类较弱,根菜类中等。合理地轮作一些耐盐蔬菜品种,可以带走土壤中部分盐分,阻止耕层盐分积累,还可改善盐土理化性状和微生态环境,减轻土壤盐化。

由于过量施用化学肥料,导致土壤酸化严重,部分土壤的 pH 值甚至低于 5。根据土壤的 pH 值,采取调整措施,使其逐步达到或接近多数蔬菜所适宜的中性或偏酸性的范围。对 pH≤6 的土壤,可增施生理碱性肥料,如草木灰、钙镁磷肥等,中和部分酸性,提高 pH 值;对 pH≤5 的土壤,可施用石灰或石灰氮,每 667 米^2 施用量 50～80 千克。耕前撒施,耕翻,地膜覆盖 15～20 天后种植。

使用重茬剂,可促进作物根际有益微生物群落大量繁殖,抑制有害菌生长,减少病菌积累,调节营养失衡、酸碱失调,提高根系活力。

6. 无土栽培 无土栽培是解决土壤连作障碍的最彻底的方法,但因一次性投资大,设备运转费用高,不易被普通菜农接受。为此,中国农业科学院蔬菜花卉研究所研制开发了有机生态型无土栽培技术,它不用天然土壤,将固体的有机肥或无机肥混合于基质中作为作物生长的基础,生长期间直接用清水灌溉。该技术简单、实用、高效、节肥、节水、省工、高产、投资少、见效快,尤其适宜土壤盐渍化和土传病害严重的保护地、缺水地区、废弃矿区或荒滩地区应用。

(三)轮作的好处

第一,充分利用土壤中各种营养元素,提高肥料利用率。各种蔬菜有不同的需肥规律,实行轮作可使各种主要营养元素得到较充分的吸收利用,使土壤中各主要营养元素之间保持相对平衡。

蔬菜作物中,有速生叶菜类,葱蒜类等浅根性作物,也有根菜类、茄果类、豆类、瓜类(黄瓜除外)等深根性作物,如果将它们相互轮作,就可使土壤浅层和较深层的营养元素都得到吸收利用,土壤肥力和肥料的吸收利用率明显提高。

第二,有利于改良土壤结构,提高土壤肥力。种植不同蔬菜作物,所留给土壤有机质数量不同,如豆类和深根性的瓜类蔬菜,可留给土壤较多的有机质。另外,不同蔬菜往往施用不同种类和数量的肥料,如种黄瓜、番茄、大白菜,常施入较多的有机肥和化肥,在轮作中安排这几种蔬菜,有利于增加土壤有机质,改良土壤结构,不断提高土壤肥力。

第三,通过合理轮作,有利于控制和减少某些病害的发生,也是检查轮作是否得当的主要标志。例如,大蒜是须根系类型,土壤下层养分难以吸收,同时它的根系在生长过程中分泌一种大蒜素,对多种细菌、真菌等有较强的抑制作用。大蒜后茬栽培大白菜,地力肥沃,软腐病很少发生。因为将不同科、不同种的蔬菜相互轮作,可以使病原物失去寄主,或改变了病原物的生存条件,达到消灭和减少病原物,进而控制或减少病害发生。菜田,实行严格的轮作,有条件的实行粮菜轮作,水、旱轮作,是控制某些土壤传染病病害行之有效的措施。

三、蔬菜的茬口安排

在同一块耕地上,不同年份和同一年份的不同季节,安排作物种类、品种及其前后茬的衔接配合排列的顺序,通称茬口安排。茬口安排与品种搭配是不可分割的整体,所以茬口安排又叫蔬菜品种茬口或称茬口安排或品种布局。蔬菜的茬口安排包括轮作与连作,复种轮作和复作,间、套、混作和休闲歇茬等栽培制度的规划设计。目前,我国蔬菜生产规模渐趋饱和的形势下,生产者必须掌握市场流通信息和技术信息,进行合理的品种茬口安排,生产出适销对路的产品,获得最佳的投入产出比,实现增产增收的目标。所以,掌握品种茬口安排技术是合格菜农所必须具备的基本功。目前,蔬菜品种茬口有季节茬口和土地茬口两类。

(一)蔬菜的季节茬口

一年中蔬菜在露地栽培的茬口叫季节茬口。它是从时间角度出发,根据各种蔬菜适宜栽培季节的安排,把握蔬菜作物倒茬与接茬的规律。也就是说要掌握蔬菜的季节茬口,确定在不同季节,应该种植哪些蔬菜,才能做到不误农时,提高经济效益。目前,多数地区安排蔬菜的季节茬口,常分成早春菜、晚春菜、夏菜、夏秋菜、秋菜、晚秋菜和越冬菜7茬。

1. 早春菜 早春菜下地(指育苗后定植或直播)的时间范围为2月下旬至3月下旬。前茬可以是秋季的大白菜、萝卜、马铃薯、菠菜、芹菜,倒茬后为冬闲地;也可以是阳畦越冬的芹菜、莴笋、花椰菜等,早春收获后倒茬。早春菜可以安排的蔬菜种类和栽培方式是:2月下旬可安排定植阳畦或塑料薄膜小拱棚栽培的早熟春甘蓝、花椰菜、育苗油菜、春莴笋等;2月底至3月上旬可安排定植阳畦栽培的早熟番茄、辣椒、矮生菜豆、早熟黄瓜、西葫芦等;3月上中旬可安排露地直播的春马铃薯、山药、春菠菜、春萝卜、小白菜及露地定植的早中熟春甘蓝、春花椰菜、春莴笋、育苗油菜等;3月中下旬可安排定植塑料薄膜小拱棚覆盖栽培的早熟番茄、辣椒、茄子、黄瓜、西葫芦、矮生菜豆等。

2. 晚春菜 晚春菜又称春夏菜,是露地蔬菜栽培的一个主要茬次,倒茬、接茬的时间范围是4月上旬至5月初。其前茬可以是越冬菠菜、芹菜、春育苗油菜、春小白菜等,也可以是部分冬闲地。4月上旬可以安排栽芹菜、中晚熟春甘蓝、春苔蓝、莴笋等,终霜后可栽植番茄、西葫芦、辣椒、菜豆、黄瓜、茄子、南瓜、冬瓜、豆角,或直播黄瓜、南瓜、菜豆、豆角等。

3. 夏菜　夏菜又称夏淡季菜，是安排夏淡季蔬菜的主要茬口，倒茬、接茬的时间是 5 月上旬至 6 月上旬。前茬一般是春菠菜、春小白菜、早中熟春甘蓝、花椰菜、春莴笋、春芹菜、春萝卜等。夏菜所安排的主要蔬菜是：半夏黄瓜、冬瓜、生姜、夏豆角、育苗和栽植夏甘蓝、韭菜定植、芹菜育苗；夏季冷凉地区还可以安排晚茬茄子、辣椒等，这些蔬菜收获供应时间主要在 8～9 月。

4. 夏秋菜　夏秋菜是安排部分夏淡季菜和部分秋菜的茬次，倒茬、接茬的时间是 6 月中旬至 7 月中旬。前茬主要是中晚熟春甘蓝、晚春芹菜、大蒜、圆葱、春马铃薯、早熟栽培的番茄、矮生菜豆等。夏秋菜可安排种夏小白菜、苋菜，种秋黄瓜、秋架菜豆、栽大葱、安排秋甘蓝、秋花椰菜、秋莴笋、秋芹菜播种育苗等，7 月中旬种秋胡萝卜。

5. 秋菜　秋菜是露地蔬菜中又一个重要茬次，倒茬、接茬的时间是 7 月下旬至 8 月中旬。前茬是春黄瓜、春架菜豆、中晚熟春番茄、早熟茄子、辣椒、冬瓜、南瓜、夏小白菜、萝卜、秋芫荽、芹菜、假植贮藏花椰菜、秋延迟番茄的育苗、种秋矮生菜豆；立秋前后种大白菜、萝卜、根用芥、秋马铃薯、栽秋花椰菜、秋甘蓝、秋莴笋，以及种秋菠菜、栽韭菜等。

6. 晚秋菜　晚秋菜倒茬、接茬的时间是 8 月下旬至 9 月中旬。前茬可以是冬瓜、南瓜，拖茬的春黄瓜、春中晚熟番茄，部分茄子、辣椒、豆角，以及播期晚些的夏小白菜、苋菜等。晚秋菜主要是安排栽大白菜、秋芹菜、秋花椰菜、秋莴笋、秋延迟栽培番茄等，以及种秋菠菜和进行圆葱育苗等。

7. 越冬菜　由于越冬菜的倒茬、接茬时间范围较广，可分成三段安排越冬菜的生产。

9 月下旬至 10 月上旬，在秋早熟大白菜、萝卜、早秋芹菜、秋花椰菜，以及豆角、茄子、辣椒、早秋黄瓜倒茬后，可以栽青蒜、大蒜、移栽延迟芹菜、延迟莴笋、种越冬菠菜、芹菜,进行大葱育苗等。

10月下旬至11月上旬,萝卜、大葱、秋马铃薯、秋菜豆、晚秋黄瓜、晚茄子、晚辣椒,以及根用芥、部分秋菠菜等倒茬后,可以安排栽圆葱、种越冬菠菜、建阳畦假植花椰菜,或栽越冬莴笋、越冬芹菜等。

11月中下旬,大白菜、秋芹菜、秋菠菜、秋芫荽等收获、贮藏,倒茬后的土地可以种土里捂菠菜,而大部分为冬闲地。翌年春打算进行阳畦育苗或阳畦早熟栽培的地块,可按三畦一组或四畦一组,于土壤封冻前,安排打畦墙、立风障。

(二)土地利用茬口

土地利用茬口是指在一块土地上,按照轮作的要求,1年内安排各种蔬菜的茬次,如一年一作制、一年两作两收制、三作三收或三作两收及两作三收制等。一次作制度是指在1年内只安排1次作物栽培。露地蔬菜实行一次作的地区少,高寒、高山地区由于无霜期短,而在露地栽培情况下实行一次作。多次作制度是指在一个地区,在一年的生产季节中,连续栽培多茬作物。蔬菜多次作制度非常普遍,它可以反映该地区的自然、经济条件和耕作技术水平。

1. 我国蔬菜多次作的基本类型

(1)二年三茬制　主要集中在东北地区露地蔬菜栽培。主要茬口安排有:春夏茬(茄果类蔬菜)、越冬茬(越冬蔬菜或葱)、秋茬(白菜类蔬菜等);春夏茬(瓜类蔬菜)、越冬茬(越冬叶菜)、夏秋茬(茄果类蔬菜)。

(2)一年二茬制　主要集中在东北、华北及华中、华东部分地区。主要茬口安排有:春茬(早中熟耐寒蔬菜)、秋茬(白菜类蔬菜);早夏茬(早中熟果菜类蔬菜),秋茬(大白菜);晚夏茬(晚熟果菜类蔬菜)、晚秋茬(耐寒绿叶菜);越冬早春茬(耐寒叶菜类),春种秋冬茬(生姜、山药、芋类等);越冬春茬(耐寒葱蒜类蔬菜),秋茬或晚夏茬(胡萝卜、秋甘蓝、茄子等)。

(3)一年三茬制 这种多次作露地蔬菜栽培制度主要集中在华北、江淮等地区。主要茬口安排有:早夏茬(早熟果菜类蔬菜)、伏茬(速生绿叶菜类)、秋冬茬(白菜类蔬菜);早春茬(速生蔬菜等)、夏茬(喜温果菜等)、秋冬茬(白菜类蔬菜);春夏茬(早熟果菜类)、早秋茬(耐热蔬菜)、秋茬(耐寒绿叶菜类);越冬早春茬(耐寒绿叶菜类)、早夏茬(喜温果菜等)、秋冬茬(白菜类蔬菜等)。

(4)一年四茬制 这种多次作露地栽培制度,主要集中在华北,江淮和南方等地区。主要茬口安排有:早春菜或越冬早茬菜(耐寒蔬菜等)、早熟夏菜(早熟果菜等)、早秋菜或伏菜(耐热速生蔬菜)、晚秋菜或秋冬菜(耐寒叶菜);越冬早春茬(耐寒速生叶菜)、早夏茬(果菜类蔬菜如番茄)、晚夏茬(果菜类蔬菜如青皮冬瓜)、晚秋茬(耐寒叶菜类)。

(5)一年五茬制 主要集中在南方地区的露地蔬菜。重点茬口有:越冬早春茬(耐寒速生绿叶菜类)、早春茬(速生绿叶菜类)、夏茬(喜温果菜类等)、伏茬(速生绿叶菜)、秋冬茬(耐寒速生绿叶菜类);早春茬(耐寒速生叶菜)、夏茬(喜温早熟果菜类)、伏茬(耐热速生叶菜类)、早秋茬(速生叶菜)、晚秋茬(速生叶菜等)。

2. 土地利用茬口的主要方式

(1)在两大季的基础上早春抢一茬春小白菜 这一方式的特点是春季正常安排茄子、冬瓜、春架菜豆等蔬菜,秋季正常安排大白菜、芹菜或越冬菜等,而于早春先播一茬小白菜或栽一茬育苗油菜,加强管理,于 4 月收获,可丰富春淡季的蔬菜供应。

例一:春小白菜、育苗油菜-中晚熟茄子-栽秋芹菜或种越冬菠菜。3 月上旬播春小白菜,4 月中下旬收获;或 3 月中旬栽育苗油菜,4 月中下旬收获;若用塑料薄膜小拱棚覆盖可于 3 月初栽油菜,4 月上中旬收获。春小白菜倒茬后,施肥、整地,于 4 月下旬或 5 月初定植中晚熟茄子。如果茄子于 9 月上旬倒茬,可安排栽秋芹菜；若茄子于9月下旬至10月上旬倒茬，可种越冬菠菜。

例二：春小白菜、育苗油菜—辣椒(包括甜椒)或豆角、菜豆—种大白菜、萝卜或栽大蒜，或种越冬菠菜。春小白菜、育苗油菜的播种期或定植期及收获期同前。倒茬后施肥、整地，4月下旬栽辣椒或甜椒，也可以于4月下旬至5月初，移栽春架菜豆或架豆角，或直播架豆角、架菜豆。辣椒、菜豆如果于7月底或8月初拔秧，倒茬后可以种大白菜或秋萝卜；如果辣椒、豆角等长势好能拖茬，9月中下旬拔秧、倒茬后，可安排栽大蒜或种越冬菠菜。

例三：春小白菜、育苗油菜—冬瓜、南瓜—栽秋芹菜、大白菜或种菠菜。春小白菜的安排、管理同前。4月下旬至5月上旬春小菜倒茬后，施肥、整地，5月上旬栽冬瓜或种南瓜。冬瓜、南瓜于8月中旬拔秧后，可以栽大白菜、秋芹菜或种秋菠菜。

(2)以两大季为主，中间抢播一茬夏小白菜　这一方式是利用春夏菜倒茬种秋菜的空隙，抢种一茬生长期短的夏小白菜、苋菜等速生绿叶蔬菜，7月下旬至8月中旬收获供应。在6～7月份雨水大、雨季提前的年份尤有必要，可缓和夏淡季的蔬菜供应。

例一：早熟春番茄或矮生菜豆—夏小白菜、苋菜、耐热油菜—栽大白菜或种秋萝卜。早春阳畦或塑料薄膜小拱棚覆盖栽培的早熟番茄、矮生菜豆及西葫芦等，一般可于6月下旬至7月上旬拔秧倒茬，可随之施肥、整地做畦，播夏小白菜、苋菜、耐热油菜等。夏小白菜、油菜的生长期30～40天。苋菜的生长期20～30天。为避免夏小白菜收获过于集中，可于6月下旬至7月中旬排开播种，7月下旬至8月中旬分期收获。夏小白菜倒茬后，再安排栽大白菜、秋花椰菜、秋甘蓝或种萝卜等。

例二：圆葱、马铃薯—夏小白菜、苋菜等—栽秋芹菜或秋菠菜等。圆葱和春马铃薯一般于6月下旬至7月初收获。倒茬后整地做畦，播夏小白菜、苋菜等速生绿叶蔬菜。夏小白菜收获后，于8月下旬至9月上旬栽秋芹菜或种秋菠菜。

例三:春中晚熟结球甘蓝—夏小白菜、苋菜—栽秋莴笋、种秋萝卜或安排延迟栽培的蔬菜。越冬菠菜、芹菜等收获后,4月上中旬栽京丰一号等中晚熟结球甘蓝,6月中下旬收获。整地做畦后种夏小白菜、苋菜等速生绿叶蔬菜,也可以间隔留畦播芹菜。夏小白菜于8月上中旬收获后,可以安排栽秋莴笋,种秋萝卜或栽秋芹菜;或每隔2~3畦栽1畦秋延迟栽培番茄(9月上旬定植),其余的畦种秋菠菜,10月上旬收菠菜,给番茄畦打畦墙、立风障。

(3)以越冬叶菜类—春、夏瓜果菜—秋菜组成的茬口安排 10月上中旬播越冬菠菜,或10月下旬栽越冬芹菜、莴笋(每3~4畦栽1畦,初冬打畦墙、立风障,并加覆盖物保护)。翌年3月下旬至5月上旬越冬菜收获后,可根据倒茬早晚和生产计划,分别栽茄子、辣椒、架菜豆、冬瓜等。秋季,根据上述瓜果菜倒茬早晚,安排种大白菜、秋萝卜,或栽大白菜、秋花椰菜等。如果茄子、辣椒长势好拖了茬,可于9月下旬至10月上旬栽大蒜。

(4)由早春菜—夏淡季菜—越冬菜组成的茬口安排 早春菜包括利用阳畦、塑料薄膜小拱棚、风障、地膜等保护设施,进行早熟栽培的春甘蓝、春莴笋、春萝卜、春芹菜等,这些蔬菜的定植期(如春萝卜)为2月下旬至3月中旬,收获期为4月下旬至5月下旬。倒茬后,可于5月上旬至6月上旬,直播夏黄瓜、夏豆角,或栽冬瓜、夏甘蓝等夏淡季蔬菜。夏淡季蔬菜倒茬后,于9月下旬至10月上旬,安排栽大蒜、种越冬菠菜,或栽越冬芹菜、莴笋等。

(5)由圆葱、大蒜、马铃薯—秋黄瓜、秋架菜豆、秋莴笋、秋花椰菜—越冬菠菜、芹菜等组成的茬口安排 前一年秋季,以早熟大白菜、花椰菜、萝卜等为前茬,倒茬后栽大蒜;以秋萝卜、根用芥为前茬,倒茬后栽圆葱;利用冬闲地春季种马铃薯。大蒜、圆葱、马铃薯收获、倒茬后,6月底至7月上旬,安排种秋黄瓜、秋架菜豆,或进行秋花椰菜、秋莴笋育苗、栽植。根据上述秋菜倒茬的早晚,再安排种越冬菠菜或栽越冬芹菜等。

(6)由春黄瓜、早熟番茄—早熟大白菜、萝卜、秋马铃薯—大蒜、圆葱等组成的茬口安排　冬闲地于施肥、耕翻、耙平后,4月中下旬做畦栽春黄瓜或早熟品种番茄。7月中下旬,番茄、黄瓜拔秧倒茬后,种早熟大白菜或种早秋萝卜,也可于"立秋"前后种秋马铃薯。早熟大白菜、萝卜,于9月中旬至10月上旬收获后,施肥、整地栽大蒜、种越冬菠菜,或延迟芹菜等。马铃薯、秋萝卜收获后栽圆葱。

四、怎样落实菜田轮作

(一)各种蔬菜所需的轮作年限

轮作年限的长短,主要根据该种蔬菜的病害发生情况和对土壤肥力、理化特性影响大小来确定。一般说来,某种或某类蔬菜,如有严重的土壤传染病害,轮作年限应长些;无严重土壤传染病害时,轮作年限可短些。轮作时也要考虑各类作物耐连作的程度,需要间歇的年限以及养地作物后效期的长短等。因土壤肥力和理化特性可以通过施肥耕作来补充、调整,所以确定轮作年限时主要考虑病害这一因素。菜田轮作,原则上说,各种、各类蔬菜在轮作中,间隔年限长些比短些好,但难以做到。在菜田轮作制中,要根据各种蔬菜的最高连作危害时间,确定不同蔬菜的最高连作年限。通常黄瓜连作不可超过2～3年,3年后一定要另种其他蔬菜;茄子、西瓜受连作影响最大,种植1年后要隔6～7年后才可再种;大白菜连作不应超过4年;番茄连作不应超过3年。一般认为需间隔1～2年的蔬菜有南瓜、毛豆、小白菜、结球甘蓝、萝卜、花椰菜、苤蓝、芹菜、菠菜、大葱、洋葱、大蒜、茼蒿等;需间隔2～3年的蔬菜有:菜豆、豇豆、蚕豆、辣椒、马铃薯、生姜、山药、大白菜、根用芥、莴苣等;需间隔3～4年的蔬菜有,番茄、茄子、黄瓜、冬瓜、西瓜等。黄瓜、西瓜的枯萎病菌在土壤中可存活6年左右,因而在枯萎病流行的病区,黄瓜、西瓜等至少应隔6～7年。实践证明,蔬菜作物中最忌连作的是番茄、茄子、马铃薯、黄瓜、西瓜等,其次是大白菜、莴苣及豆类。有些蔬菜如芹菜、结球甘蓝、小白菜、花椰菜、萝卜、大葱、洋葱、大蒜等,在无严重病害发生情况下,可以连作几茬,但应增施圈肥等有机肥作基肥。目前,由于生产发展的需要和某些地区的特殊自然条件,适合某些作物的种植,致使某些作物种植面积大,不可避免地需要一定年限的连作。例如,大豆,东北地区连作障碍比较严重,当地农民通常采用玉米或小麦与大豆轮作,解决大豆连作障碍问题。由于东北小麦品质较差、大豆田间管理成本低等因素的影响,即使由于连作障碍的存在和对其的防治,导致成本增加,但种植大豆的利润仍然高于小麦。因此,在此情况下农民仍然选择种植大豆。大豆连作生产依然是主要栽培方式。在轮作中,某些耐连作的作物可持续种植,但必须更换品种和其他季节的作物。此外,在增施肥料和加强管理的条件下,可较长期连作韭菜、黄花菜、石刁柏等作物。

(二)轮作注意事项

第一,深根性、浅根性及对养分要求差别较大的蔬菜轮作,消耗氮肥较多的叶菜类与消耗钾较多的根茎类蔬菜轮作;深根性的根菜类、茄果类、豆类与浅根性的叶菜类、葱、蒜类等轮作。

第二,将有同种严重病虫害的蔬菜在年份上隔开种植。在菜区除菜与菜轮作外,还可实行菜与粮、水地与旱地轮作。通过轮作使病虫失去寄主,从而减轻危害。但需注意,在一些情况下,如人们对白菜需要量多,栽培面积大,种植1次后,虽然软腐病,霜霉病严重,会影响下季生长,仍需部分连作,但连作年限不应超过3～4年。白菜连作危害最大的莫过于春季播种大白菜后,夏季、秋季再播种1茬白菜。因为春大白菜结球期和夏秋小白菜生长期正值高温多雨季节,是软腐病最流行的时期,残株染满病菌,给秋季大白菜造成很大损失。

第三,将能改进土壤结构,增加有机质,提高土壤肥力的豆科、禾本科蔬菜安排到轮作计划中,在其后种植需氮肥较多的白菜、茄果类蔬菜、瓜类蔬菜等。之后再种植需氮肥较少的根菜类蔬菜,再种植需氮更少的豆类蔬菜。豆科蔬菜与禾本科作物轮作,能平衡土壤的酸碱度;种甘蓝、马铃薯后土壤会变酸性,而种玉米、南瓜、菜用苜蓿会增加碱性,互相轮作也有利酸碱平衡。对酸性敏感的洋葱、菠菜,若以甘蓝、马铃薯为前作则减产,以玉米、南瓜、菜用苜蓿为前作则增产,轮作不仅限于不同种类、不同科的蔬菜相互轮作,有条件的话可实行粮菜轮作,效果最好的是水旱轮作——旱生蔬菜与水稻或水生蔬菜轮作。在淹水条件下,瓜类枯萎病、茄果类青枯病、姜瘟病、白菜软腐病等土传病害的病原菌,以及部分害虫将被淹杀;通过流水漂洗还可降低土壤中重金属、硝酸盐等有害物质的浓度,防止土壤次生盐渍化,有利于蔬菜生长发育。

第四,受客观条件所限不能实行轮作的,整地时施用美国引进的 NEB(恩益碧)重茬剂、中港泰富(北京)高科技有限公司研制的CBT 重茬剂、施尔根重茬剂、隆平高科技有限公司研制的瓜菜重茬剂,对克服连作障碍、促进增产均有较好效果。对西瓜、黄瓜、番茄、茄子等,还可通过嫁接换根克服连作障碍。

(三)蔬菜作物轮作、间作套种与混作中宜与不宜的种类

有些生物通过释放、分泌化学物质而影响其他植物生长发育的现象叫生化他感。生化他感也叫相克相生现象,如毛豆和玉米间作可以互利共生,毛竹笋与杉木混作则有互利他感作用,大蒜套种玉米能减少玉米螟为害,万寿菊与黄瓜间作能减少黄瓜根结线虫为害,某些蔬菜如大白菜后种绿豆,则前茬白菜残体腐解释放出的化学物质会抑制后茬绿豆的生长。在茬口安排上,前后茬作物及相邻作物间要尽量发挥互利或偏利作用,也可利用作物与杂草

或病虫害的相克作用,控制病、虫、草害的发生(表1)。

表 1　蔬菜作物轮作、间作套种与混作中宜与不宜的种类

蔬菜种类	宜轮、间、套作种类	不宜轮、间、套作种类
天门冬属	番茄、欧芹属、罗勒属	
菜　豆	马铃薯、黄瓜、结球甘蓝、花椰菜	洋葱、大蒜、根菜类
胡萝卜	洋葱、豌豆、薄荷、萝卜	莳　萝
根甜菜	洋葱、结球甘蓝	菜　豆
芹　菜	洋葱、番茄、结球甘蓝	一
结球甘蓝	薄荷	番　茄
玉　米	马铃薯、豌豆、菜豆、白菜、黄瓜、辣椒、毛豆	番　茄
细香葱	胡萝卜	豌豆、菜豆
黄　瓜	菜豆、玉米、豌豆、豆薯	马铃薯、薄荷、番茄、萝卜
茴　香	单作	番　茄
欧洲韭	胡萝卜、洋葱、细香葱	菜豆、豌豆
生　菜	胡萝卜、萝卜、草莓、黄瓜	
洋　葱	胡萝卜、草莓、生菜、萝卜、豌豆	菜　豆
皱叶欧芹	天门冬属植物,番茄	薄　荷
豌　豆	胡萝卜、萝卜、菜豆、玉米	洋葱、马铃薯
马铃薯	菜豆、白菜、玉米	黄瓜、番茄、豌豆、生姜
萝　卜	豌豆、胡萝卜、生菜、洋葱	黄瓜、苦瓜、茄子
菠　菜	豌豆、胡萝卜、生菜、洋葱、莴苣	黄瓜、番茄、苦瓜
草　莓	菜豆、菠菜、洋葱	结球甘蓝
番　茄	洋葱、皱叶欧芹,结球甘蓝、罗勒属植物,萝卜、韭菜、莴苣、丝瓜、豌豆	玉米、马铃薯、黄瓜、苦瓜
辣　椒	白　菜	辣椒、番茄
毛　豆	香椿、玉米、山楂、万寿菊	

续表1

蔬菜种类	宜轮、间、套作种类	不宜轮、间、套作种类
魔 芋	玉 米	马铃薯、番茄、茄子、辣椒
南 瓜	玉 米	马铃薯
大 蒜	辣椒、油菜、马铃薯	
青花菜	玉米、韭菜、万寿菊、三叶草	
生 姜	丝瓜、豇豆、黄瓜、玉米、香椿、杜仲、洋葱	马铃薯、番茄、茄子、辣椒

五、合理轮作制的建立

　　蔬菜种类多,茬次繁杂,加之生产单位面积一般又不大,尤其是近郊地区的村镇,主要作物占的面积大,这些都给实行合理的轮作造成一定困难。所以,目前作茬混乱,连作现象普遍存在。特别是市郊的菜田,面积小,复种指数高,连作更为普遍。因此,必须认真对待,应当逐步进行合理的轮作。

　　为了建立比较正规的轮作体制,各生产单位应进行土地的整体规划,建立高质量园田化的菜田。可以根据地势、土质、管理等情况划分几个大区,然后因地制宜地安排到各个区,并设计一套轮作制。例如,在土质肥沃、水源充足、管理方便的区,可建立细菜轮作区;土质较差,距管理点远,可设置大宗菜轮作区。韭菜、石刁柏、黄花菜等,应设在单独的区里。此外,还可划出一定的面积作机动区,每年任务有小的变动时,在此区内进行调整,以免打乱其他各区的轮作体系。

　　蔬菜种类多,不可能一种蔬菜设置一区,可将同类、同科、耕作制度相同者,归为一类,划入一个轮作小区。每个大区里,根据所安排的蔬菜和归类情况,划分几个轮作小区,小区数可适当多些,一般 5～6 个,每个小区,面积要求基本一致,每年的任务才能达到基本稳定。

各类蔬菜在轮作中的次序,应根据它们对土壤养分的要求,感染病虫害的情况以及对改良土壤所起的作用等几个方面进行考虑。例如,可将消耗氮素多的叶菜类、消耗钾肥多的根茎类蔬菜、消耗磷素多的果菜类轮换种植,还可将深根性的根菜类、茄果类、瓜类(除黄瓜外)、豆类等与浅根性的白菜、葱蒜类、绿叶菜类等轮换种植。同科蔬菜,尤其是十字花科和葫芦科尽可能避免重茬,最少隔 2～3 年,病害严重区间隔年限还应加大。现将轮作的方式举例如下(图 1 和图 2)。

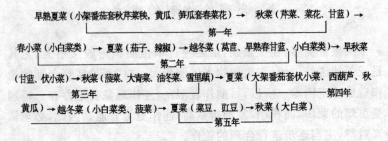

图 1 细菜轮作列图

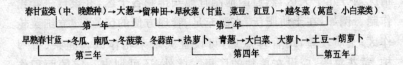

图 2 大宗菜轮作列图

粮菜间作或季节性菜田,由于蔬菜种类少,每种作物面积大,容易搞好轮作,尤其是可与粮食作物轮换种植,可以大大减少病虫害的发生。例如,利用小麦茬种秋菜,土壤经过伏晒,土质疏松,有利于秋菜根群的生长,不仅生长健旺,而且病虫害也轻。秋菜面积大,秋菜中的主要作物——大白菜、大萝卜、大葱,可多安排在粮菜间作性和季节性菜田中去生产。

第二章　日光温室蔬菜轮作新模式

一、以黄瓜为主的轮作新模式

(一)温室冬春茬黄瓜、越夏番茄栽培技术

辽宁省喀左县利用温室冬春茬黄瓜复种越夏番茄,收到了较好的经济效益。该县的连山区地处辽宁西部,气候温和,日照充足,降水适中,无霜期160天左右,大于10℃活动积温3 400℃左右,年降水量550毫米左右,日照1 450小时左右,属于一季有余、两季不足的旱作农业区。随着农业产业结构的调整,设施农业发展较快,目前日光温室面积近666公顷,形成了一定区域特色的黄瓜—番茄一年两茬的优化高效模式。每667米²产冬春茬黄瓜9 625千克,产值21 500元;春番茄8 600千克,产值8 000元,全年总产值29 500元,扣除生产成本7 000元,纯收入22 500元。在黄瓜、番茄两茬之间还有80天的空闲时间,可养肉鸡3 500~4 000只,45~50天出栏,1只鸡净赚1元钱,还可以有3 500~4 000元的收益;或者种菠菜、葱等收益1 500~2 000元。

1. 温室黄瓜种植　选用津绿3号、东盛、乐丰、罗斯喀9号与黑籽南瓜嫁接。辽宁喀左县一般在8月25日左右播种,葫芦岛市一般在9月下旬播种。采用靠接方法,先播黄瓜,5~7天再播黑籽南瓜。等黄瓜出苗后11~12天子叶展平,胚轴粗0.2~0.3厘米、高7~8厘米,砧木播后5~7天子叶展平,第一片真叶显露,胚轴0.4~0.5厘米、高6~7厘米为嫁接时期,9月下旬或10月下旬定植。垄作,栽2行,大行距70~80厘米,小行距40厘米,株距

26～27 厘米。为促进黄瓜多开花结果,苗期 2 叶 1 心时,用乙烯利处理,每毫升对水 3.5 升。3 叶 1 心时喷增瓜灵,每小袋对水 5～6 升。南风天气,太阳快落山时打药。北风天气,夜间点灯时打药。为使植株后期多结瓜,应在 8 叶 1 心时在黄瓜秧生长点上再喷 1 次增瓜灵,切不可喷在正在开花的小瓜条上,以防化瓜。定植后为加快缓苗,2～3 天内少放风,并喷叶面肥硫酸锌 15 克、磷酸二氢钾 50 克。结瓜前期,白天 25℃～30℃,下午 12℃～18℃;中期后,白天上午 30℃～35℃,保持 1 小时再放风;午后 25℃～28℃时,关上通风口,20℃时开始放草帘。结瓜期,前期施磷酸二铵 15 千克,尿素 5 千克,1 次肥水 2 次空水;中后期外界气温较低(12 月初至翌年 1 月),施钾肥 10 千克,尿素 3～4 千克,1 次肥水 2 次空水。浇水量要适当减小,防止地温下降。12 月下旬至翌年 1 月初采摘上市,5 月初结束,产量 12 000 千克,每千克平均 3 元,总产值达 3.6 万元。

2. 温室番茄栽培 品种选耐高温、抗病毒、高产、坐果能力强、果皮厚、耐运输的百利一号、保冠、金棚等品种。辽宁省喀左县一般在 11 月 25～28 日播种,葫芦岛市播种时间为 4 月 10～15 日。采用营养钵育苗,单粒播种,覆盖营养土厚 0.8～1 厘米,4～5 天出苗。为防止幼苗徒长,用矮壮素 1 支对 4～5 升水,早晚喷雾为好。为促进花芽分化可用磷酸二氢钾 150 克＋尿素 150 克＋白糖 250 克＋硼砂 10～15 克,用开水溶化后再对水 5 升,闭棚前半小时喷雾,每隔 5～7 天 1 次。生理苗龄 4～5 片叶时定植。定植前在温室内施腐熟的农家肥 5 000 千克左右、磷酸二铵 20～30 千克、硫酸钾 15～20 千克,过磷酸钙 50 千克,做成 1 米宽的畦,定植 1 行,株距 38～40 厘米。在花蕾裂开小口时,先浇 1 次小水,喷防落素,每袋 50 克分成 10 小包,每小包对水 5 升。果实长到手指甲大小时再喷 1 次。定植后夏季温度比较高,要上遮阳网或往棚膜上甩泥汤,温度控制在 25℃～28℃。定植前浇 1 次定植水,定植后 7 天浇发苗水,当第一花穗坐果杏大时开始追肥,以后每坐 1 穗果追肥 1 次,以以色列海法钾宝为主,一次用量 15~20 千克。

当植株长到 30 厘米高时及时吊蔓,单干整枝,侧枝随时打掉。花开后,掐掉第一朵花,用农大丰产剂 2 号对红墨水喷花,保证坐果。每株留果 6~8 穗,留 2 片叶掐尖,每穗 4~5 个果,其余小果随时摘去。

(二)日光温室五彩椒、厚皮甜瓜、越夏黄瓜栽培技术

河北省衡水科技学校赵瑞端报道,在日光温室中五彩椒、厚皮甜瓜、越夏黄瓜一年三茬栽培,每 667 米^2 全年总收入 2.5 万余元,效益好。

1. 品种选择　五彩椒选择色泽艳丽的紫贵人、白公主、红英达、桔西亚、黄欧宝等优良品种。厚皮甜瓜选择早熟、丰产、优质的伊丽莎白、郁金香等品种。黄瓜选用高产、耐热、抗病的中早熟品种津香 4 号。

2. 茬口安排　在节能日光温室内一年三种三收:第一茬五彩椒,8 月上旬播种育苗,9 月底定植,11 月份开始陆续采收,翌年 2 月中旬收获完毕。第二茬厚皮甜瓜,1 月上旬育苗,2 月下旬定植,4 月下旬上市。第三茬黄瓜于 6 月初直播,7 月中旬开始采收,9 月份采收完毕。

3. 栽培管理　五彩椒 9 月底定植时,按大行距 90 厘米、小行距 60 厘米,起宽 20 厘米、高 15 厘米的小高垄,在小行上覆地膜,按 40 厘米株距定植。合理浇水施肥,采用双干整枝,及时清除老叶和侧枝,防治病虫害。

甜瓜幼苗长到 3 叶 1 心时定植。定植时按大行距 80 厘米、小行距 50 厘米做畦,畦高 20~25 厘米,整平畦面后覆膜。每畦在左右两侧按 45 厘米株距栽植,单蔓整枝,吊蔓生长。在主蔓 11~12 节留结果子蔓,主蔓长到 25~30 片叶时摘心,合理浇水施肥,并注意人工授粉。

6月初,黄瓜干籽点播于高垄上,株距 24 厘米,垄距 50 厘米和 80 厘米相间。当黄瓜长到 3 叶 1 心时用乙烯利 4 000 倍液喷株,促进雌花形成。

瓜苗长到 3~4 片叶时定苗。结瓜期每 4~5 天浇 1 次水,隔 1 次水施 1 次肥。当瓜长到 20 厘米时及时搭架绑蔓。整枝原则是主蔓 50 厘米以下的分枝、卷须全部掐掉,50 厘米以上的分枝留 2 叶掐尖。

(三)寒冷地区日光温室旱黄瓜、大白菜、番茄、荠菜栽培技术

吉林省长春市陈庆东等就如何提高日光温室蔬菜生产效益进行了研究,经过 2000—2002 年的探索和实践,总结出北方寒冷地区日光温室旱黄瓜、大白菜、番茄、荠菜一年四茬的栽培管理模式,每 667 米² 一年创产值 3 万多元。

在山西省阳曲县海拔 900~2 000 米,年平均气温 8.9℃,年平均日照时数 2 627 小时,近年也总结出一套日光温室黄瓜、大白菜、番茄、荠菜栽培模式,每 667 米² 全年总收入 3.3 万元。

1. 茬口安排 头茬主作旱黄瓜,品种为绿银,山西用的品种为越冬 5 号。1 月 5~10 日播种,2 月 15~20 日定植,3 月 20~25 日始收,6 月 5~10 日拉秧,每 667 米² 产 7 000 千克,产值 1.7 万元。第二茬为大白菜,品种为夏丰或阳春。5 月 5~10 日播种,6 月 10~15 日定植,7 月 20~25 日收获,每 667 米² 产 5 000 千克,产值 0.4 万元。第三茬为番茄,品种为中杂 9 号或中杂 11 号。6 月 20~25 日播种,7 月 25~30 日定植,11 月 20~25 日拉秧,每 667 米² 产 5 000 千克,产值 0.8 万元。末茬荠菜,品种为板叶荠菜。11 月末播种,翌年 1 月末始收,2 月中旬收毕,每 667 米² 产 600 千克,产值 0.4 万元。

2. 栽培技术要点

(1)旱黄瓜　将未施过除草剂的田园土 5 份,草炭 3 份,草木灰 1 份,腐熟鸡粪 1 份,磷酸二铵 0.5 千克/米³ 混匀后装入 10 厘米×10 厘米营养钵中,营养土距钵口 1.5 厘米。

选当年或 1～2 年生优质种子,播前在充足阳光下晒 2 小时,然后放入 55℃ 恒温水中浸泡 10～15 分钟,搅拌降至常温,继续浸种 6～8 小时,在 25℃～28℃ 下催芽。播种时,每钵 1 粒,播后盖 0.8 厘米厚细土,上覆薄膜,子叶拱土后揭下。出苗前白天气温 28℃～32℃,夜间 12℃～18℃。第一片真叶长大至低温锻炼前,白天 20℃～30℃,夜间 13℃～18℃。定植前低温炼苗 5～7 天。苗期若缺水,可往苗根培土。若还不能满足水分需求,选晴天上午用温水一次浇透,过 1～2 天再培干土 1 次。苗期喷 2～3 次 0.3%～0.5% 的尿素和磷酸二氢钾混合溶液,中间倒苗 1～2 次。

每 667 米² 普施腐熟有机肥 5 000 千克、磷酸二铵 30 千克、硫酸钾 20 千克,深翻 20～30 厘米后平整土地做高畦。畦高 15～20 厘米,宽 100 厘米,畦间距 30 厘米,畦中间开沟。定植时每 667 米² 施磷酸二铵 20 千克,温室前部株距 15～20 厘米,中后部 28 厘米左右,后部 30～33 厘米,每 667 米² 保苗 3 700 株。栽后覆土,1 周左右覆地膜。待每株采收 4～6 条瓜后,把前部每隔 1～2 株去掉 1 株。定植到缓苗白天 28℃～32℃,夜间 13℃～15℃。结瓜期白天上午 28℃～32℃,下午 25℃～28℃,夜间 15℃～18℃。由于节节有瓜,肥水供应要充足,一般自根瓜采收后每浇 1～3 次水追 1 次肥,追肥要少量多次,以尿素、硝酸铵和硫酸钾为宜,每次施硝酸铵 10～15 千克或尿素 10 千克。同时,每施 2～3 次上述肥料施 1 次硫酸钾,每次 5 千克。结合施肥,耕翻作业道,深度不超过 15 厘米;用竹竿搭立架或用绳吊秧,主茎 30 片叶时摘心。

一般单瓜重达 100～200 克或雌花谢后 10～14 天采收。

(2)大白菜　选优质种子在阳光下晒 2～3 小时,直播在 13 厘米×13厘米的营养钵中,每钵3～5粒。出苗后2～3片叶1心期留单株壮苗,苗期不控水;温度控制在白天20℃～25℃,夜间13℃～15℃。莲座期追1次0.5%尿素水。

黄瓜拉秧后立即清理平整土地。做成南北垄,垄宽50厘米。移栽时每667米²施磷酸二铵30千克,缓苗后肥水早促,一促到底。包心前重施1次硝酸铵或尿素。

(3)番茄 将优质种子用水浸泡5～6小时后用10%磷酸三钠溶液浸泡20分钟,用清水洗净,直接播入装好土浸足水的8厘米×8厘米营养钵中,每钵2～3粒,保苗2株。苗床选在通风良好又防雨的地方,经常保持苗床四周湿润。苗期喷施20%盐酸吗啉胍·铜可湿性粉剂500倍液2～3次。若发现徒长,可在2叶1心期喷200毫克/升多效唑1次。

移栽时按55～58厘米行距开条沟,沟的深度以刚好与番茄最底部叶片齐平。移栽前施20千克磷酸二铵和10千克硫酸钾,将苗按株距28～30厘米摆好,温室最前端1.5米部位可密些,以15厘米为好。后期根据病毒病发生情况,隔1株去1株。个别徒长苗可卧栽,栽后覆土,厚度为沟深的3/4。

定植后需通风、降温,若中午阳光强烈,可短时间遮荫,尽可能降低温度。9月下旬外界气温较低时注意防寒保温,保持白天23℃～28℃,夜间15℃左右。随着气温续降,加盖草帘等防寒保温。

移栽后水分以促为主,小水勤浇,土壤经常保持湿润。初花期重施1次肥,每667米²施20千克尿素和10千克硫酸钾。果实膨大始期,轻施1次肥,每667米²用10千克尿素和10千克硫酸钾,施肥后浇水。采用单干整枝,每株留3穗果,每穗留果3～4个。搭架时起垄。整个生育期要注意前期防病毒病、早疫病,中后期防晚疫病、棉铃虫。

第一穗果成熟及时采收。采毕,把第一穗果下的叶片全去掉。以后,随每穗果采摘完毕将其底部叶片均去掉。到后期为防裂果和植株早衰,保留部分上面长出的新枝,摘除生长点。最后一穗果由于温度低可视情况早收,用乙烯利处理,促进早熟。

(4)荠菜　前茬作物清理干净,深翻后把土壤颗粒打碎整平,做到土松草净无暗垡,然后做畦,畦宽1~1.2米,畦间距20~30厘米。每667米^{2}用种50克左右。为均匀播种,宜先加入1.5~2千克过筛黄沙拌匀,以条播方式为好,播后盖少许细土。白天温度保持15℃~25℃,夜间10℃以上,5~7天可出苗,2~3叶期疏苗、拔草,浇施0.3%~0.5%尿素水,保持土壤湿润。

团棵期即可采收出售。宜分批采收,采大不采小,采壮不采弱,采收后补浇1次0.3%~0.5%尿素水,促弱苗快长。

(四)日光温室早春黄瓜、秋延后番茄栽培技术

陕西省西安市高陵县柏全等报道,日光温室早春黄瓜、秋延后番茄栽培能有效提高设施蔬菜单位面积产量,每667米^{2}平均可产黄瓜5 000千克、番茄4 000千克,经济效益十分可观。目前已在陕西省高陵县大面积推广应用。

1. 早春黄瓜　适宜的品种有津优35号、津优36号、德尔CD501等。以上品种瓜条匀直,瓜色亮绿有小刺瘤,适合市场需求。

一般每667米^{2}施优质腐熟有机肥5 000千克、过磷酸钙50~100千克作基肥,深翻后耙细整平,做1.2~1.3米宽平畦。

1月中旬在温室内育苗。营养土以充分腐熟有机肥4份加肥沃田园土6份配成,每100千克土中再加50%甲基硫菌灵可湿性粉剂0.25千克,预防苗期病害。种子播前消毒,采用直径7~10厘米营养钵,装好营养土后浇足底水。每钵播1粒种子,播后盖1厘米厚营养土,扣膜保温,一般白天保持25℃,夜间16℃~18℃,出苗后白天20℃~25℃,夜间10℃~15℃。齐苗后定时揭棚通风,增加光照,防止高脚苗。适时适量补水。每隔7天,每667米^{2}用代森锰锌150克或75%百菌清可湿性粉剂110克,混合磷酸二

氢钾 0.2 千克稀释后喷雾 1 次,防病保苗。2 叶 1 心时喷矮壮素 (CCC)1 000～1 200 倍液,保证幼苗矮壮、根粗、叶深绿。定植前 7 天炼苗。选壮苗在上午按行距 75 厘米、株距 30 厘米定植。栽后浇足水,闭棚保温。

苗高 15 厘米左右时搭架引蔓,及时将主蔓沿架牵引固定,去掉多余侧蔓、芽、卷须。以主蔓结瓜为主,株高 80 厘米时中上部侧枝现瓜后留 2 叶摘心。坐果后适当疏果,适时摘除老叶、病叶,带出棚外销毁。

第一瓜膨大时每 667 米^2 用尿素 8 千克、过磷酸钙 18 千克和三元复合肥 15 千克冲施;以后每 10～15 天追肥 1 次。后期植株生长减缓,可适当用 0.2% 磷酸二氢钾或尿素液叶面喷施。

霜霉病可在发病初期每 667 米^2 用 25% 甲霜灵可湿性粉剂 60 克或 10% 苯醚甲环唑水分散粒剂 45 克交替防治 3 次,角斑病用农用链霉素、丁戊己二元酸铜交替喷雾,效果明显。白粉虱发生初期用 10% 吡虫啉可湿性粉剂 1 000～1 500 倍液及其他农药交替喷施防治,提倡用烟雾剂和粉尘剂及黄板诱杀。

2. 秋延后番茄

选用耐寒、丰产、品质好的品种如保冠 1 号、金顶一号、世纪粉冠王、赛天使等。

一般在 6 月下旬至 7 月上旬播种,苗龄 60～70 天。播前 3～4 天催芽,种子晾晒后用 55℃ 水浸泡,搅拌至不烫手后再浸 8～10 小时,捞出淘洗 1 次,用湿纱布或毛巾包好,放在 25℃～30℃ 下催芽,每天冲洗 1 次,经过 2～3 天出芽后播种。每平方米播种床用种 15～20 克。播前床面洒水,水下渗后撒一薄层细土,将种子均匀撒播,盖 1～1.2 厘米厚的过筛细土。出苗期间白天 25℃～28℃,夜间 20℃以上。出土后给予充足光照,并降低气温,特别是夜温,白天 22℃～26℃,夜间 13℃～14℃。2 片真叶时经适当炼苗后选阴天分苗。分苗后应降低床温,促进发根缓苗。缓苗后至幼苗 5～6 叶期防止缺水,土壤变干时应喷水。定植前 5 天左右浇水后割坨。

8 月中下旬选阴天定植,行距 50～60 厘米,株距 20～23 厘米,深度以地面与子叶相平为宜。缓苗后 7～10 天,结合浇水追施 1 次催苗肥,每 667 米² 施稀粪 500 千克,然后蹲苗。当第一穗果开始膨大时,结合浇小水追施尿素 15～20 千克。第二穗果膨大时,追施尿素 10 千克,每隔 7 天左右浇 1 次水。盛果期还可叶面喷施 0.2%～0.3%磷酸二氢钾或 0.2%～0.3%尿素液,防止早衰。蹲苗后应及时吊绳绑蔓,在每穗果处缠蔓 1 次。番茄分枝力强,要适时整枝打小杈。第三穗花开时,在上面留 1～2 片叶摘心,减少养分消耗,促果膨大早熟。第一、第二穗果采收后,将下部老化黄叶打掉。为防止落花,可在每天上午 8～9 时,对将开和刚开的花用 25～30 毫克/升番茄灵喷花。注意严格掌握浓度,不能喷到植株上,否则容易造成药害,使枝叶扭曲皱缩。为提早上市,可在果实由绿变白时,用 1 000 毫克/升乙烯利溶液涂果,促果早红。

番茄苗期,如湿度大易发生猝倒病,除加强光照、降低地湿和通风外,应及时拔除病株,并用 75%百菌清可湿性粉剂 1 000 倍液喷 2 次,每隔 7 天喷 1 次。叶霉病和早疫病可用 75%百菌清可湿性粉剂 600～800 倍液防治。白粉虱和蚜虫用 10%吡虫啉可湿性粉剂 1 000～1 500 倍液及其他农药交替喷雾,提倡用烟雾剂、粉尘剂以及黄板诱杀等措施。

二、以番茄为主的轮作新模式

(一)日光温室番茄、网纹瓜栽培技术

辽宁省门国强等报道,台安县达牛镇南岗村有 50 户农民,100 栋日光温室,采用番茄、网纹瓜一年两茬种植,平均每 667 米² 番

茄产量 7 500 千克,产值 13 500 元;日本网纹瓜 3 000 千克,产值
16 500 元,一年两茬收入 3 万余元。

1. 番茄　选择优质高产、抗病、耐贮运、商品性好、受消费者
欢迎的以色列 189、西安金棚等品种。每 667 米² 播种量 25 克,投
入 32 元。以色列 189,每粒种子 0.3 元,每 667 米² 需种子投入
1 000 余元。但 189 比金棚产量高 1 500 千克,产值增加 2 500 元。

种子播前先温汤浸种 20 分钟,再用温水浸 6～8 小时,捞出沥
干催芽,芽长 2～3 毫米时播种。

苗龄 30 天,幼苗有 5～7 片叶,8 月上旬定植。

定植前,每 667 米² 施腐熟优质鸡粪 5 000 千克、三元复合肥
50 千克、钾肥 30 千克,普施于地面,然后深翻 20～30 厘米做垄,
大行距 65 厘米,小行距 50 厘米,定植时开沟施饼肥 100 千克。

选晴天上午定植。栽完后及时浇水,水渗后封埯。3～4 天后
浇缓苗水,进行 1 次锄划,10 天左右进行第二次中耕,中耕后培成
高垄。第一穗果开花后,用番茄灵喷花,并用布条或麻绳吊秧,每
株留 4～6 穗果,每穗留 3～4 个果,每穗果膨大期都进行 1 次追肥
浇水,每 667 米² 追尿素 30 千克、钾肥 20 千克。11 月上旬开始采
摘,翌年 1 月上旬拉秧,准备栽下茬网纹瓜。

2. 网纹瓜　选用优质、高产、抗病、商品性好的日本网纹瓜品
种——夏露库,每 667 米² 播种 2 000 粒左右。

播前,先行温汤浸种 20 分钟,再用温水浸种 4～6 小时,捞出
沥干催芽,芽长 3～5 毫米时播种。

12 月中旬温室内育苗。苗床铺营养土,厚 10 厘米。播前浇
透水,水渗后播种。播后覆一层细土,厚 1 厘米左右。

播后苗床温度白天 28℃～30℃,夜间 20℃左右。出苗后白天
26℃～28℃,夜间 18℃。幼苗 2 叶 1 心叶时,移到事先准备好的
营养袋内。营养土配制为 40％田土,30％腐熟马粪,20％腐熟猪
粪,10％细炉灰。每立方米加磷酸二铵或三元复合肥 2 千克、硫酸

钾1千克,充分混匀后装袋。浇水最好用50%多菌灵或50%福美双可湿性粉剂800~1 000倍液,防止苗期病害。每营养袋栽1棵苗,栽苗后白天保持30℃~32℃,夜间20℃左右。缓苗后,白天温度30℃左右,夜间18℃。苗期不旱不浇水。苗龄35~40天,4叶1心时定植。

定植前,每667米²施腐熟优质有机肥5 000千克、三元复合肥50千克、钾肥30千克,撒施地面,然后深翻20~30厘米,搂平做畦,大行距90厘米,小行距60厘米,畦高20厘米,在1月下旬选晴天定植,株距45厘米。定植后白天28℃~32℃,夜间不低于20℃;缓苗后至果实膨大前,白天保持28℃~30℃,夜间18℃~20℃;果实膨大期,白天28℃~32℃,夜间18℃~22℃。

定植后7天内浇1次缓苗水,在坐果前不旱不浇水。当果实长到鸡蛋大小时进行追肥浇水,每667米²随水追磷酸二铵30~40千克、硫酸钾15千克,浇水量不要过大,以免裂瓜。在网纹出现后再浇1次水,上市前10天左右停止浇水,以提高瓜的品质。

网纹瓜采用吊秧方式,单蔓整枝,在13~15节处各留1个侧枝,每枝留1个果。果实坐住后,选留1个长圆形膨大快的果实,其余摘掉。果实前留2片叶摘心。主蔓长到25~27片叶时摘心,同时打掉底部3片老叶。用布条把瓜吊起来,整齐一致朝阳面。

开花时进行人工授粉,或用30~40毫克/升防落素溶液喷果柄处,上下两面各喷1次,保花保果。

一般在4月中旬至5月上旬,即开花后50天左右采收,5月中旬拉秧。

(二)日光温室越冬甘蓝、春樱桃番茄、冬芹菜栽培技术

河南省豫北地区进行越冬甘蓝、春樱桃番茄、冬芹菜一年三熟栽培。越冬甘蓝每667米²产量4 000~5 000千克,樱桃番茄2 000~2 900千克,芹菜4 000千克以上。该模式适合山西、河北、

山东、陕西等省普通日光温室栽培。

1. 品种选择 甘蓝选用生长期短、成熟早的中甘 11 号、中甘 12 号、武 8398 等;樱桃番茄选用台湾圣女、荷兰樱桃红或以色列的达尼尔拉;芹菜选用美国西芹,加州王或文图拉等。

2. 主要栽培措施

(1)越冬甘蓝 11 月底至 12 月初,在日光温室或改良阳畦内播种育苗。育苗前 5~6 天上棚增温。播时将育苗畦浇透水,水渗下后在畦面上撒一层薄薄的药土(药土可用多菌灵配制),然后撒种,再盖一层药土,随即覆盖过筛细土 0.5 厘米厚。翌年 1 月上旬分苗,行株距 10 厘米×10 厘米。定植前 7~10 天低温炼苗。每 667 米² 施腐熟农家肥 5 000 千克以上、磷酸二铵 40 千克、硫酸钾 15~20 千克,结合整地作基肥施入,然后整地做畦,2 月上旬定植,行距 40 厘米,株距 30 厘米,4 月上旬开始采收,4 月中旬结束。

(2)春樱桃番茄 1 月上旬温室播种育苗,2 月下旬分苗,株行距 10 厘米×10 厘米。4 月中旬甘蓝收完后整地定植,行距 70 厘米,株距 30 厘米。单干整枝,每秧留 8~9 穗果封顶。7~8 月份高温季节,为防卷叶,每隔 10 天左右喷 1 次叶面肥,肥液中加 50 毫克/升赤霉素。10 月中旬拉秧。

(3)冬芹菜 7 月底至 8 月初露地播种育苗,苗床上搭棚,覆盖遮阳网或苇帘,防止强光和高温。注意喷水,经常保持畦面湿润。10 月中旬,番茄拉秧后整地定植,行距 30 厘米,株距 20 厘米,翌年 1 月下旬至 2 月上旬收获。

(三)日光温室越冬甜瓜、延后番茄、早春茄子栽培技术

甘肃省酒泉市利用日光温室,采用越冬甜瓜、延后番茄、早春茄子栽培模式,充分有效地利用日光温室,3 种蔬菜种植时间安排比较合理,一定程度上避免了季节变化对日光温室的影响,且采收上市期属淡季供应期,具有一定的价格优势。甜瓜一般每 667 米²

产 3 500 千克,平均价格 3 元,产值 10 500 元;番茄产 5 000 千克,平均价格 2 元,产值达 10 000 元;茄子产 5 000 千克,平均价格 3 元,产值 15 000 元。成本(设施折价、种子、肥料、浇水、农药等)约 4 000 元,该种植模式总产值 35 500 元,纯收入 31 500 元。现将栽培要点介绍如下。

1. 生育期安排　9～10 月播种甜瓜,10～11 月定植,翌年 3 月份开始采收,6 月拉秧;7 月播种番茄,9 月定植,12 月采收;11 月播种茄子,第三年 2 月定植,3 月开始采收,收至 6 月以后。

2. 适宜品种　甜瓜选用抗病、耐寒、早熟、品质佳的品种,如伊丽莎白、劳朗、古拉巴、西布罗托、台农 2 号、玉金香等。番茄选用适应性广、抗病性强的品种,如毛粉 802、早丰、同辉、L-402 等。茄子选用抗病、高产、优质的品种,如紫光大圆茄、茄杂 2 号、二民茄、快圆茄、紫阳长茄、兰竹茄等。

3. 适栽温室　越冬甜瓜只能在甘肃二代日光温室种植,其他适合于一代、二代日光温室。

4. 栽培要点

(1)甜瓜　采用温室育苗,在 9～10 月催芽,播种于配好营养土的营养钵内。播前浇透水,水渗后每钵播 1 粒,覆细土 1～1.5 厘米厚,苗床上加盖地膜或小拱棚。

播种至出苗,白天温度掌握在 30℃～35℃,夜间 20℃～22℃,出苗后去地膜。出苗至 1 片真叶,白天 25℃～30℃,夜间 16℃～18℃;1～2 片真叶,白天 28℃～32℃,夜间 14℃～16℃;定植前 5 天炼苗,白天 20℃～25℃,夜间 8℃～12℃。

定植时间一般在 10～11 月。先用地膜覆盖栽培畦。在垄台中央开沟,行距 80 厘米,株距 38 厘米;或行距 100 厘米,株距 30 厘米。

定植后浇 1 次缓苗水,瓜核桃大小时浇 1 次膨瓜水,随水追施 5 千克尿素,以后要保持水分充足,视情况追施速效肥。当主蔓有

6～7片叶时绑蔓,绑蔓时要呈"S"形弯曲,调节植株高度,使后头处在南低北高一条斜线上。单蔓整枝,在第十一节后选1～2个瓜柄粗、瓜形正的子蔓结瓜,瓜前留2～3片叶摘心,瓜下子蔓全部摘除。在雌花开放时进行人工授粉,每天上午8～10时,将当天开放的雄花摘下去掉花瓣,在雌花柱头上轻轻涂抹即可。授粉后挂上不同颜色的纸牌,作采收标志。温度通过揭盖草苫的时间和放风早晚及风口大小来调节。

用黄板诱杀白粉虱和蚜虫。发现白粉病用20%三唑酮乳油2 000倍液喷雾,霜霉病用72%霜脲·锰锌可湿性粉剂800倍液,或40%三乙膦酸铝可湿性粉剂300倍液,或75%百菌清600倍液喷雾。

(2)番茄 播种前要进行种子消毒:把种子放入50℃温水中浸15分钟或放入50%多菌灵可湿性粉剂500倍液中浸20分钟,取出后用清水冲洗干净,再放入自然水温中浸2～3小时,取出阴干待播。7月正值夏季高温多雨,育苗应注意遮荫避雨。出苗后及时用5%井冈霉素水剂700倍液喷雾,预防猝倒病、立枯病等苗床病害。整个苗期要用75%百菌清可湿性粉剂600倍液加40%乐果乳油1 000倍液喷雾防病2～3次。定植前每平方米应用50%多菌灵可湿性粉剂5～8克进行土壤消毒。同时施入腐熟有机肥2 500～3 000千克、三元复合肥25千克或有机复合肥50千克作基肥,结合翻耕,全层深施。整地开深沟,做成畦宽连沟1.5米的高畦。

9月上旬移栽。定植前秧苗应用75%百菌清可湿性粉剂500倍液＋40%乐果乳油1 000倍液喷1次,防止幼苗带病和蚜虫等传播病害。定植行距75厘米,株距25～30厘米,双行移栽,栽后及时浇水。

栽后5～7天施好提苗肥。第一至第二穗果膨大,第三至第四穗果坐果后适当施重肥。另外,果实膨大期间,傍晚喷施2%过磷酸钙或 0.2％磷酸二氢钾溶液,促进果实生长发育。

此期栽培番茄,生长前期气温高,易使节间瘦长,茎叶细弱,可在株高 25～30 厘米时,用 250～500 毫克/升矮壮素溶液(每毫升 50％矮壮素原液对水 1～2 升)喷洒。株高 30～40 厘米时,及时立好"人"字形支架,再进行绑蔓,使枝条均匀分布。采用 2.5％防落素水剂 1 毫升,加水 0.8～1 升,保花保果。一般每穗留果 4～5个。番茄是喜温作物,在 15℃以上才能生长良好,5℃以下停止生长,要在早霜来临前扣棚,前期加强通风,降低温度,后期做好保温工作。

一般在 11 月中下旬开始采收。对未熟果实,可用 2 000 毫克/升的乙烯利溶液浸果 1 分钟催熟,经 3～5 天即可转红上市。

(3)茄子　一般于 11 月上旬,在温室或阳畦内用营养钵育苗。一般 2 月上旬,采用大小行或大垄双行定植,实行地膜覆盖。门茄开始膨大时,结合浇水追施硫酸铵 15～20 千克或磷酸二铵 8～10千克,以后每隔 10～15 天浇 1 次水,隔 1 次水追 1 次速效肥。同时要及时整枝打杈,摘除下部枯黄病叶。

生长期间可用黄板诱杀茶黄螨、白粉虱。灰霉病发病初期用40％嘧霉胺悬浮剂 1200 倍液,或 75％百菌清可湿性粉剂 500 倍液 7～10 天喷雾 1 次。黄萎病用 50％丁戊己二元酸铜可湿性粉剂 350 倍液,或 50％混杀硫悬浮剂 500 倍液,每株浇灌 300～500毫升,或用 12.5％增效多菌灵可湿性粉剂 200～300 倍液,每株灌 100 毫升,每 10 天 1 次,连灌 2～3 次。青枯病用 72％农用链霉素可溶性粉剂 4 000 倍液,或 77％氢氧化铜可湿性粉剂 500 倍液,或 50％丁戊己二元酸铜可湿性粉剂 500 倍液灌根,每株 300～500 毫升,每 10 天 1 次,连灌 3～4 次。

(四)营养块育苗甜瓜、番茄、辣椒栽培技术

近几年,河北省滦南县,摸索出了采用营养块育苗,三茬瓜果

蔬菜,即大棚甜瓜、番茄、秋延后辣椒栽培模式。该模式每 667 米²
可产甜瓜 4 000 千克、番茄 5 000 千克、辣椒 3 000 千克,平均效益
2.4 万~2.9 万元。

1. 茬口安排 初建大棚应选择背风向阳、土壤肥沃、排水良
好的沙壤土为宜,前茬作物最好是玉米、小麦、谷类作物等。11 月
上中旬搭好支架扣膜,在大棚内扣小拱棚育甜瓜苗,一般于 11 月
中下旬育苗,12 月上中旬定植,翌年 3 月上中旬开始收获,6 月 10
日前拉秧;番茄在甜瓜拉秧前 1 个月,即 5 月 1~10 日于大棚内育
苗,苗龄 25~30 天定植,8 月初开始收获;秋延后辣椒于 6 月 25
日至 7 月 5 日在大棚内育苗,8 月底番茄拉秧后定植,11 月上中旬
收获。

2. 营养块的使用 根据育苗期的长短选择合适的营养块。
一般苗龄 30 天左右的蔬菜(甜瓜、番茄、尖椒、甜椒等)选大孔薄型
(49 毫米×20 毫米)即可。在育苗场地做一宽为 1 米左右的苗床,
整平压实。苗床上铺一层地膜,防止水分下渗和幼苗根系下扎,然
后依据作物生长需要摆好营养块。先从营养块的上部喷 1 遍小
水,使表面湿润,再用小水流从苗床边缘浇水至淹没块体,水吸干
后再浇 1 次,直到营养块完全疏松膨胀(细铁丝扎无硬芯)。营养
块膨松后,如果还有多余水,可在畦上开一小口排水,或用铁丝扎
地膜使水下渗。营养块放置 12~24 小时后进行播种。

将催芽后的种子平放在营养块孔穴底部,每穴 1 粒,上覆 1~
2 厘米厚无菌土,并适当按压。

3. 甜瓜栽培技术 选肉质甜脆、香味浓郁、品质佳、市场好的
薄皮甜瓜品种,如红城 10 号、红城 15 号、永甜 7 号等。播前 2~3
天晒种 1 天,经常翻动。将晒好的种子用 55℃~60℃的热水浸泡
10~15 分钟,不断搅拌至 30℃,再浸泡 3~4 小时后捞出,放入 3~
4 倍种子量的 40%甲醛 300~400 倍液中,搅拌 4~5 次。捞出,清
水洗净后用湿布包好,放在 30℃环境下催芽,其间用清水冲洗 2~

3次,经12小时左右、种子刚露白时即可播种。一般在11月中下旬选择晴天上午播种,向营养块孔穴内平放1粒种子,覆土并适当按压。播完后在营养块上覆盖一层地膜,扣小拱棚,出苗前不通风,70%以上种子破土后揭去地膜。

播后出苗前,白天温度保持28℃～32℃,夜间18℃～20℃,最低不低于13℃。揭地膜后适当降温,用小水流从苗床底溜缝浇水,使水自下而上渗入块体,切忌喷水和苗床长时间积水。移栽前要适当降温停水炼苗,白天温度保持在18℃～25℃,夜间10℃～15℃。

在棚内深翻整地,一般结合深翻每667米² 施腐熟有机肥5 000～10 000 千克、硫酸钾复合肥80～100 千克,将土壤与肥料耙平混合后,按100厘米的行距起垄,垄高20厘米。起垄后盖一层地膜。之后,在棚内沿棚柱拉线,在线与棚之间吊一层薄膜,并距最外层棚膜20厘米以上,可提高棚温2℃～3℃,同时防止冷空气侵入。

12月上中旬在地膜上打孔,将营养块放入定植穴内,使营养块面比垄面低2厘米,用喷壶浇水,待水渗透后用土封定植穴。单行定植,株距22～26厘米。定植后要浇1次透水,一般无缓苗期。

定植后一般不放风,控制白天温度25℃～30℃,夜间不低于12℃,以利于早出子蔓早坐瓜;坐瓜后,保持白天25℃～35℃,夜间12℃以上,利于糖分积累。定植后到开花前,一般不浇水,适当控制湿度。第一茬瓜鸡蛋大时浇1～2次小水,随水追施硫酸钾复合肥30千克。

采取主蔓单干吊蔓整枝法,植株5～7片叶时将主蔓吊好,原则上第七叶以下的侧蔓全部除掉,第七叶以上开始留瓜。为防止落花落瓜,开花前1～2天用激素喷花,注意不要喷到瓜蒂部,以防出现苦味瓜,喷花的同时摘侧蔓。

甜瓜在生长过程中易发生白粉病、细菌性角斑病、蚜虫、白粉虱等病虫害。白粉病用 15％三唑酮可湿性粉剂 2 000 倍液喷雾防治；细菌性角斑病用 72％农用链霉素可溶性粉剂 5 000 倍液喷雾防治；蚜虫用 10％吡虫啉可湿性粉剂 2 000 倍液喷雾防治；白粉虱用黄板诱杀。

3 月上旬开始采收上市。甜瓜以九成熟时采收最好，这时的甜瓜色泽好，口感甜，商品价值高。

4. 番茄栽培技术 选择抗病、耐热、高产番茄品种，如奥韵 2008、1857、918 等。在甜瓜棚内预留地块，将苗畦整平铺膜，营养块摆好浇透水，于 5 月 1～10 日将已消毒、催芽的种子每穴 1 粒播于营养块的孔内，然后覆土、盖膜，出苗前营养块保持湿润。当 70％种子破土时揭膜，4～5 片真叶时定植。

甜瓜拉秧后整地开沟施肥，每 667 米^2 施优质农家肥 3 000 千克、三元复合肥 30 千克，施肥 25～30 厘米深，然后按垄距 100 厘米起垄，覆盖地膜。膜上双行定植番茄，株距 33～35 厘米，行距 50～55 厘米。定植后浇 1 次透水，一般无缓苗期。

定植后及时中耕松土蹲苗，可用矮丰灵（菜用）可湿性粉剂 800 倍液喷施 1 遍，控制植株徒长。待第一穗果核桃大时开始浇水追肥，一般追施尿素和硫酸钾各 10 千克，以后每隔 8～10 天浇 1 次水。第一穗果即将采收、第二穗果转红时，再按上述用量追肥 1 次，每次追肥与浇水结合，整个生长期可用 0.3％磷酸二氢钾溶液叶面喷肥。

用细竹竿支架并及时绑蔓。采用单干整枝，当第三穗果开花时，留 2 片叶摘心，多余侧枝全部摘除，及时摘除下部黄叶和病叶。

用番茄灵 25～30 毫克/升蘸花，保花保果。

苗期蚜虫用 10％吡虫啉可湿性粉剂 1 500 倍液喷雾防治；晚疫病用 64％噁霜·锰锌可湿性粉剂 600 倍液喷雾防治；叶霉病用 80％代森锰锌可湿性粉剂 600 倍液喷雾防治；病毒病用 20％盐酸吗啉胍·铜可湿性粉剂 500 倍液喷雾防治。

及早分批采收,减轻植株负担,确保产品质量。

5. 秋延后辣椒栽培技术　选抗病、耐高温、高产辣椒品种,如盛丰1号、勇士2000、海丰168等。将已消毒、催芽的种子播在浇透的营养块孔穴中,每穴1粒,播后覆土、盖膜。6月25日至7月5日育苗,此时正逢高温多雨季节,要注意用遮阳网遮荫。注意防治红蜘蛛、白粉虱。

番茄拉秧后,及时清理大棚,整地施肥做畦,畦高15厘米,采用单行定植,行距90厘米,株距20～25厘米。

定植后及时浇水,中耕2～3次。门椒坐稳后,结合浇水追施尿素6～7千克、硫酸钾4～6千克。第一次采收后结合浇水追2次肥,每次施尿素9千克。

用矮丰灵(菜用)或矮壮素可湿性粉剂800倍液喷施防止植株徒长。及时去除门椒以下侧枝,生长中后期摘除病叶、老叶,适当疏剪过密枝条。开花期用25～30毫克/升番茄灵溶液喷花或抹花柄,保花保果。

苗期红蜘蛛,可用20%哒螨酮乳油1500倍液,或57%炔螨特乳油2 000倍液喷雾防治;白粉虱可用10%吡虫啉可湿性粉剂1 000～1 500倍液,或25%噻嗪酮可湿性粉剂1 000倍液喷雾,或黄板诱杀;当棉铃虫百株卵量达20～30粒时,可用1.8%阿维菌素乳油3 000倍液,或50%辛硫磷乳油1 000倍液喷雾防治;疫病可用64%噁霜·锰锌可湿性粉剂500倍液喷雾防治。

门椒要及时采收,以防坠秧。后期采收可适当延后,经济效益会更好。

(五)日光温室甜瓜、长货架番茄、奶油生菜生产技术

河北省承德市滦平县付营子乡王营子村,连续几年利用日光温室每年以甜瓜为主茬生产甜瓜、越夏硬果番茄、奶油生菜,形成周年高效生产模式,平均每667米²产甜瓜2 000千克,纯收入2

万余元;番茄 6 400 千克,纯收入 5 000 元;奶油生菜 1 500～2 000 千克,纯收入 2 000 元以上。3 茬合计,纯收入 2.7 万多元。

1. 甜瓜栽培 品种选蜜露、女神、骄子、状元、新世纪、翠宝及日本田宝、红城脆等。12 月上中旬温室内扣小拱棚,用营养钵护根育苗。地深翻 30 厘米,耙平做龟背形小高畦,畦高 80 厘米,沟宽 40 厘米,畦面高 20 厘米。畦面覆黑色地膜,地膜在定植前 1～2 周铺好。翌年 1 月中下旬,苗龄 40 天左右,有 4～5 片真叶时定植,株距 50 厘米。

定植后白天温度 25℃～32℃,缓苗后白天 23℃～30℃,夜温 15℃～18℃,空气相对湿度 55％～60％。单干整枝,当母蔓长到 4～5 片真叶时摘心,促发子蔓。在母蔓基部选留 1 条健壮的子蔓作主蔓,选留主蔓上 12～16 节位上长出的侧蔓坐瓜,1～10 节长出的侧芽全部抹去。主蔓长到 25～30 片叶时打顶,厚皮甜瓜每株选留 1～2 个瓜,薄皮甜瓜每株选留 3～4 个瓜。温室的东西向和栽培行分别用铁丝固定后,在每株主蔓基部距生长点 10～15 厘米处系 2 根吊绳,呈"S"形将瓜秧向上绕。开花期,每天上午 9～11 时、温度 20℃以上时,在异株上取当天新开的雄花,摘除花冠,将雄蕊在结瓜花的柱头上轻轻涂抹,让花粉均匀附着在雌蕊的柱头上。结果后 5～10 天,幼果鸡蛋大时,选择果形发育端正、瓜色明亮且果实较大、两端略长的瓜留下,其余全部摘除。单干整枝的应留在与主蔓上相近的 2 个节位的侧蔓上,而且位于主蔓的左右两侧。双蔓整枝的,所留 2 个瓜最好在相同的节位上。定植后 7～10 天浇 1 次缓苗水。当大多数瓜长到鸡蛋大时浇膨瓜水,随水施三元复合肥 25～35 千克。用 70％代森锰锌可湿性粉剂 500 倍液,或 64％噁霜·锰锌可湿性粉剂 500 倍液喷雾防治霜霉病;用嘧啶核苷类抗菌素水剂 2 000 倍液,或 25％三唑酮可湿性粉剂 2 000 倍液喷雾防治白粉病;用 70％甲霜·锰锌可湿性粉剂 300 倍液,或 70％代森锰锌可湿性粉剂 200 倍液,或 70％甲基硫菌灵可湿性粉剂 300 倍液涂抹茎基部防治枯萎病；用农用链霉素可溶性粉剂 4 000 倍液或用 77％氢氧化铜可湿性粉剂 400 倍液喷雾防治角斑病。用杀蚜烟剂熏棚，或用 10％吡虫啉可湿性粉剂 1 500 倍液，或 3％啶虫脒乳油 1 000 倍液，或 1.8％阿维菌素乳油 3 000 倍液，或 15％哒螨灵乳油 1 500 倍液喷雾防治蚜虫、白粉虱；用 1.8％阿维菌素乳油 3 000 倍液，或 5％氟虫腈悬浮剂 25 毫升，对水 60 升喷雾防治潜叶蝇。

2. 长货架番茄栽培 用耐热、抗病、优质、高产、具无限生长习性的硬果型品种，如荷兰百利、73-571 等。7 月上旬，在塑料大棚或塑料小拱棚育苗。育苗棚配有防虫、防雨、遮荫等设施。

7 月中旬甜瓜拉秧后，结合整地，施腐熟好的有机肥 8～10 米³、三元复合肥 70～80 千克或番茄专用配方肥 80～100 千克、硫酸锌 2 千克、硼砂 1 千克，施于地表，翻地 40 厘米深。另用生物菌肥 50 千克，定植时施入沟或穴内。按 1.4 米做畦，畦宽 80 厘米，高 20 厘米，沟宽 60 厘米。定植前温室覆盖厚 0.08～0.1 毫米的塑料薄膜。通风处设在顶部和前下部，各设 1 道 32～40 目尼龙防虫网。顶部网宽 1 米，前下部网高 1.5 米。防虫网与棚室同长，门口处同时设网。

7 月下旬，苗龄 20～25 天，4～5 片叶时定植，每畦 2 行，株距 50～60 厘米。

定植后及时浇缓苗水。缓苗后抓紧中耕松土，划土保墒。第一穗果长到核桃大小时，结合浇水施肥，坐果期到果实膨大期追施三元复合肥，每次 30～50 千克。果实转色到成熟期可追施钾宝（氮、磷、钾比例为 1∶1∶2），每次 5～10 千克。另外，每 10～15 天叶面追肥 1 次，可喷 0.3％磷酸二氢钾或宝力丰等溶液，以满足坐果期的肥水需要。

通过通风及遮荫，昼温 26℃～30℃，夜温 20℃～24℃。为了防止太阳直射地面，可适当向棚内地面撒麦秸或麦糠 200 千克。

单干整枝,吊蔓,主枝留 4～5 穗果去顶。第一穗果留 3～4 个,第二穗以上每穗留 4～5 个,其余的花果全部疏掉。

3. 奶油生菜栽培 10 月上中旬拱棚内育苗。11 月中下旬定植。定植后,及时中耕 1 次。缓苗后,结合浇水,追尿素 7.5 千克,中耕松土后,进行蹲苗。当植株团棵时,结合浇水,追肥 1 次。由于碧玉品种株型小而紧凑,定植后 40～50 天收获,所以肥必须跟上。生菜根腐病用 75％百菌清可湿性粉剂 500～800 倍液灌根,或 77％氢氧化铜可湿性粉剂 2 000 倍液灌根。生菜的角斑病用 72％农用链霉素可溶性粉剂 1 500～2 000 倍液喷雾防治。

12 月上中旬温室内扣小拱棚育甜瓜苗,翌年 1 月中下旬定植,完成 1 个周年生产期。

(六)日光温室礼品西瓜、樱桃番茄栽培技术

陕西省华县果菜局林晓侠与何风华近 2 年实践、摸索出礼品西瓜、樱桃番茄周年栽培技术:7 月育礼品西瓜苗,10 月采收结束;樱桃番茄 9 月育苗,10 月定植,翌年 6 月收获结束。

1. 礼品西瓜 选台湾农友种苗公司的黑美人西瓜。该品种早熟,生长势强,单瓜重 2.5 千克左右,深红瓤,皮薄而韧,耐运输。营养钵育苗,苗龄 30～50 天,3 叶 1 心时定植,株行距 50 厘米×50 厘米,每 667 米^2 栽 1 800 株左右。定植后用地膜覆盖,用 50％多菌灵可湿性粉剂 800 倍液浇足定植水,封严定植口。

定植后温室用上茬作物用过的大膜覆盖,前沿上提 1 米,并用 1 米宽防虫网作裙膜。最上端通风口处留 1～1.5 米宽缝,逢雨天或温度低时再全部关闭,使棚室内温度白天保持 25℃～30℃,夜间 20℃以上,空气相对湿度不超过 80％。

在定植后 10 天左右,用 0.3％尿素水轻施 1 次提苗肥,营养生长期一般不再追肥,结果期要及时追肥浇水。用尼龙线吊蔓,每

株留双蔓,在主蔓 9～15 节处留瓜,其余侧蔓和小瓜及时打掉。生长期还要注意适时打顶,避免消耗养分,促进坐瓜。

第二至第三朵雌花开放时,选上午 8～10 时进行人工授粉。授粉后挂牌标明日期,以便适时采收。当瓜长到 0.3 千克时用网袋吊瓜。

蚜虫可用赛威乳油 1 500～2 000 倍液喷雾。枯萎病、白粉病、炭疽病可用 70%甲基硫菌灵可湿性粉剂 1 500 倍液,或 65%代森锰锌可湿性粉剂 600 倍液等喷雾。

礼品西瓜从开花至成熟 35 天左右,中秋节、国庆节上市。采收应在清晨或傍晚进行:用剪子将果从果柄处剪下,注意轻拿轻放,贮于阴凉处,套上网袋后装箱出售。

2. 樱桃番茄　选千禧、碧娇等优良品种栽培。9 月上旬撒播育苗。播后用防虫网和遮阳网覆盖。出苗期可选用 50%百菌清可湿性粉剂、40%霜脲·锰锌可湿性粉剂或 72%霜霉威盐酸盐水剂喷雾防治立枯病。出苗后及时在 1～2 叶期分苗。幼苗长到团棵期,25～30 厘米高时移入大棚。

前茬西瓜收获后,及时翻犁整地。结合整地每 667 米² 施腐熟猪粪 3 000～4 000 千克或鸡粪 6～10 米³、磷酸二铵 15～25 千克、硫酸钾 35～40 千克,整平地面做垄。10 月份宽窄行定植,大行宽 80 厘米,小行宽 50 厘米,小行起垄,株距 50 厘米,栽后用地膜覆盖。

植株长到 70 厘米时,吊蔓打杈,采取单干单枝或单干双枝整枝。现蕾开花时每天进行人工授粉;开花当天用喷雾器对花喷洒 0.003%的防落素溶液,注意不要喷到植株生长点和嫩叶心上。定植后温度白天 25℃～30℃,夜间 12℃～15℃。及时通风,使棚内空气相对湿度保持在 45%～60%。

病虫害的防治,灰霉病用 50%腐霉利或 50%异菌脲可湿性粉剂 1 000～1 500 倍液喷雾;晚疫病用 72%霜霉威盐酸盐水剂 800～

1 000 倍液防治。害虫主要是蚜虫,可喷施赛威乳油 1 500～2 000 倍液。

(七)番茄、黄瓜、叶菜栽培技术

河南省郑州市在日光温室种植番茄、黄瓜、叶菜,实行一年三熟,已推广应用。

1. 品种选择 早春番茄选择豫番茄 1 号、豫番茄 6 号、郑研 903、宝粉等优良品种;黄瓜选择东方明珠、郑黄 3 号、津研 2 号、津研 3 号、津研 4 号等;冬季叶菜选择耐寒性强的品种,如:苦苣、茼蒿、苏州青油菜等。

2. 茬口安排 早春茬番茄于 11 月中旬温室育苗,2 月中下旬定植,4 月中旬上市,6 月下旬结束;秋茬黄瓜 7 月 25 日直播,9 月上旬上市,12 月上旬结束;冬季叶菜 11 月中旬播种育苗,12 月中旬定植,1 月中旬结束。

3. 栽培管理 早春番茄采用温汤浸种催芽,覆膜育苗,8～9 片真叶,株高 20 厘米定植。株行距 33～35 厘米,郑州地区多在 3 月中旬定植。定植后 4 天不通风,缓苗期白天温度 20℃～30℃,夜间 15℃～25℃。一般多采用单干整枝,每株留 3～4 穗果摘心。

黄瓜一般于 7 月上中旬进行播种。2 叶 1 心时定植,行距 120 厘米,株距 25～20 厘米。7～8 月正是高温期,要昼夜放风,降低温度。进入 10 月份,以保温防寒为主。根瓜膨大期追肥浇水,黄瓜长到 30～40 厘米时,进行绑蔓整枝。侧枝见雌花后,留 2 片叶摘心。

11 月下旬播种叶菜类,施基肥做畦,行距 100 厘米,株距 10～15 厘米,定植时浇小水。白天温度保持 25℃左右,夜间 10℃左右,30 天可采收上市。

(八)春番茄、秋黄瓜、冬芹菜栽培技术

春番茄选用早粉 2 号、津粉 65、早露、早丰、强丰等适合早春温室栽培品种。1 月上旬在室内播种育苗,3 月中旬幼苗 7~9 片叶时定植,每 667 米² 栽 6 000~6 500 株,第一穗果核桃大时穴施尿素 10~15 千克,1~2 穗果采摘前分别穴施尿素 15~20 千克,5 月中旬至 6 月下旬采收,每 667 米² 产 3 500~4 000 千克。

秋黄瓜选津研 2 号、4 号、5 号、冀黄瓜 2 号等品种,6 月下旬至 7 月初播种,播前基肥施过磷酸钙 40~50 千克、碳酸氢铵 20~25 千克、硫酸钾 7.5~10 千克,采收 1 次瓜追施尿素 5~7.5 千克,8 月中旬至 9 月下旬上市,每 667 米² 产 5 000 千克。

冬芹菜选用白庙芹菜、杂交玻璃脆、实秆青等耐寒抗病适宜温室栽培品种,8 月上旬播种育苗,9 月底幼苗 5~6 片真叶时,起苗定植到温室里,按 13 厘米×10 厘米行株距带叶单棵定植。从元旦至 2 月下旬陆续掰叶采收上市,每隔 20~25 天采收 1 次,共 3~4 次,每 667 米² 产 1 万~1.1 万千克;3 茬总产量 1.85 万~2 万千克,总收入 1.1 万~1.2 万元。

(九)韭菜、黄瓜、番茄栽培技术

头茬秋铲冬捂强控早盖韭菜,选用 791 雪韭品种,4 月播种,5~7 月加强肥水管理,7 月停水控长,8 月初铲除枯叶后施肥促长;9 月覆盖棚膜,10~11 月收割 2~3 刀,产 2 000 千克。二茬黄瓜 10 月育苗嫁接,韭菜收割后栽黄瓜,春节前后上市,7 月拉秧,每 667 米² 产 5 500 千克,收入万元左右。三茬番茄用白果强丰、毛粉 802 品种,5 月育苗,黄瓜拉蔓整地施肥,9~11 月上市,每 667 米² 产 6 000 千克,3 茬总收入 1.5 万元。

(十)苦瓜、蒜苗、黄瓜、番茄栽培技术

苦瓜选用大顶、大肉 1 号等优良品种。10 月下旬播种育苗，12 月上旬幼苗 4 叶 1 心时采用 80 厘米×50 厘米大小行栽植，株距 25～27 厘米，每 667 米^2 保苗 3 400～3 500 株。翌年 1 月下旬至 2 月中旬供应春节市场。

蒜苗选用紫皮蒜或红皮蒜。2 月下旬苦瓜拉秧后整地施肥，做宽 1 米平畦，去掉蒜盘后栽植，行距 20 厘米，株距 30 厘米，每 667 米^2 用种量 55～60 千克，4 月上中旬各收割 1 次。

黄瓜选择结瓜性强、抗病高产优质的品种，如津春 3 号、津优 2 号等。3 月下旬播种育苗，采用南北向大小垄栽培，大垄宽 70 厘米，小垄宽 40 厘米。4 月下旬按 25 厘米株距栽植于垄两侧，每 667 米^2 定植 3 500～4 000 株，5 月中旬至 7 月上旬上市。

番茄选用生长势强、耐高温、抗病高产的中熟品种，如中杂 9 号、毛粉 802 等。6 月下旬用遮阳网播种育苗，8 月上旬当幼苗长至 8～10 片真叶且现蕾时移栽，做宽 1.2 米的高畦定植，株距 40 厘米，行距 60 厘米。每 667 米^2 保苗 2 800～3 000 株，9 月中旬至 11 月中旬供应上市。

(十一)温室樱桃萝卜、香菜、油菜、番茄一年四茬栽培技术

1. 栽培模式　河北省秦皇岛市实现了在温室樱桃萝卜、香菜、油菜、番茄种植模式。第一茬香菜每 667 米^2 产 3000 千克，产值 9 000 元；第二茬油菜产 3 000 千克，产值 7 500 元；第三茬番茄产 6 200 千克，产值 1 万元；第四茬樱桃萝卜产 3 500 千克，产值 7 000 元，合计每 667 米^2 产值 33 500 元，扣除生产投资成本 3 500 元，每 667 米^2 纯效益 3 万元。

2. 茬口安排　第一茬香菜于 9 月 10 日至 12 月播种，翌年 1 月上旬至 2 月上旬陆续采收；第二茬油菜分别于 11 月上旬和 12

月上旬在温室育苗,翌年1月上旬至2月上旬定植在温室中,2月上旬至3月初分别采收上市;第三茬番茄于12月中旬在温室中育苗畦内播种,翌年1月中旬分苗,3月初定植,5月上旬开始采收到7月底至8月初拉秧;第四茬樱桃萝卜于8月10日播种,9月10日上市。

3. 技术要点

(1)香菜 采用直播形式,每667米²播种量为4~5千克,行距20厘米,1米畦开5条浅沟沟播,沟深1~1.5厘米。播后覆土厚1厘米左右。播期于9月10~14日。播前需精细整地,播前半个月翻地晒地,而后再浇足水,待水渗后,每667米²施优质农家肥4000千克、磷酸二铵40千克,铺施地面翻耙搂平,按1米宽做畦。播前种子用砖碾碎皮搓开,播时一般采用干籽播。

播后5~6天喷1遍除草剂,7~8天后,香菜陆续露头,此时浇1次水以软化板结的表土,再过5~6天浇1次水,将被苗顶起的表土撤下,以免将幼苗压死或闷死。播后15~20天苗出齐。苗高2厘米时浇1次粪水,促进幼苗生长。以后每隔1周浇1次肥水,直到霜降。霜降前可根据气候情况及时扣棚,以防遇0℃左右低温受冻害,扣棚前喷1次腐霉利溶液,防治香菜烂苗病。扣棚前还要浇1次透水。扣棚后白天温度控制在14℃~15℃以下,促进叶片横向伸展,使苗壮抗病高产。若苗瘦矮,应结合施肥适当浇水。夜间最低温度在0℃以下时应加盖草苫,盖草苫时顶部应通点风,以免夜温过高,秧苗徒长,形成细长弱苗。采收前10天浇1次水,并追施硝酸铵25千克,或硫酸铵40千克。一般在春节前后待苗高25~30厘米时陆续采收。

(2)油菜 选择优良品种五月蔓。该品种耐寒性强、纤维少、品质佳。分别于11月上旬和12月上旬在温室育苗床播种,育苗畦前7~10天要烤畦保温,选晴暖天上午播种,播前浇底水,水渗后均匀撒种。播后覆盖1~1.5厘米厚的细干土,并严密覆盖薄膜,夜间加盖草苫。幼苗出土前不通风,保持 20℃～25℃ 畦温,出苗后适当通风,白天畦温 15℃～20℃,夜间 10℃ 左右。苗出齐后覆潮细土,弥合土壤裂缝。间苗 1～2 次,使苗距 3.3 厘米。移栽前 5～6 天,白天加强通风,进行栽前低温锻炼。

油菜苗 3～4 片叶时移栽定植,行距 18～20 厘米,株距 10 厘米,每 667 米^2 栽 3 400～3 700 株。一般是每收 1 次香菜定植 1 次,收多少定植多少,可达到分期采收上市。

定植后 6～7 天浇 1 次缓苗水,适当通风、降温,防止高温死苗,白天畦温在 20℃～25℃,夜间 5℃～10℃。在收获前 10～15 天,每 667 米^2 追施硫酸铵 15 千克,将肥料撒施,随即浇水。早上太阳出来后揭草苫,下午太阳落山前盖草苫,收获前 1～2 天白天不揭草苫,增加产量提高品质。定植后 35～45 天可以采收,4～5 片真叶时间拔收获上市。

(3)番茄 可选用优良品种 L402,该品种属于无限生长型,品质好,中熟,收获期较集中,前期产量高,果实商品性好,耐贮运。喜肥水,适应性广,耐低温、耐弱光。抗病毒病、耐青枯病。

在温室内采用营养钵育苗,育苗床土为腐熟马粪∶大粪土∶田园土=3∶2∶5,或大粪土∶田园土=4∶6。播前浸种催芽,用 50℃～55℃ 温水浸种,降至 30℃ 停止搅拌,浸泡 6～8 小时,搓洗 1～2 遍,用半湿纱布包好放 25℃～30℃ 下催芽,2～3 天芽长 0.5～1 毫米时,将温度降至 10℃ 左右备播。一般于 12 月中下旬选晴天,先把备好的装有 2/3 营养土的营养钵排好,每行 10～12 个,纵向不限,然后浇足底水,水渗后播种芽长 2～3 毫米的种子,每钵 1 粒,播后用过筛细潮土盖种,厚度 1 厘米。

播种至齐苗白天气温 25℃～32℃,夜间 20℃～22℃。出苗后白天 15℃～20℃,夜间 10℃～15℃;定植前进行炼苗,白天 16℃～17℃,夜间 10℃～12℃。同时,要注意南北倒苗,保证苗齐苗壮。

苗床水要足而不余,不旱不浇水,以防徒长,定植前 15 天可用喷壶浇一小水。定植苗龄 60～80 天。

于定植前 10～15 天整地,每 667 米² 施优质有机肥 6 000 千克、磷酸二铵 25 千克,深翻 30 厘米,使肥土混匀,耙平整细,做成宽 1～1.2 米南北向平畦。定植采用水稳苗法,先开沟浇水,放苗,然后覆土。密度为行株距 60 厘米×30 厘米,株高 25～30 厘米。

定植后 7 天左右不放风,保持较高温度,白天 28℃～32℃,夜间 15℃～18℃,促进缓苗。缓苗期中耕 1 次,缓苗后视墒情和天气浇 1 次水,然后中耕 2～3 次,蹲苗促根。缓苗后及时吊绳引蔓,采用单干整枝法进行整枝打杈。第一穗花开花时提高气温白天 25℃～30℃,夜间 13℃～15℃。为防止落花落果可用 20～30 毫克/升的番茄灵蘸花或涂花,开一批蘸一批。当第一穗果多数坐住时,开始浇水,并第一次追肥,每 667 米² 追饼肥 100～150 千克,或尿素 10～15 千克。以后每隔 7 天浇 1 次水,保持土壤湿润,同时加强放风排湿。一般每株留 3～4 穗果打顶,每穗留 3～4 果。

采收期管理重点是促进果实膨大和着色,注意保持较高温度,白天室温 25℃～28℃,每穗果坐住后追肥 1 次,全生育期追肥 3～4 次。每隔 3～5 天浇 1 次水,均匀勤浇,防止忽干忽湿。为争取早熟,可用 40%乙烯利水剂 500～800 倍液,涂抹青熟果。后期管理重点是防止植株老化。注意及时摘除老叶、病叶,保持每隔 3～5 天浇 1 次水。不再追肥,要加强通风,既要防止高温高湿,又要防止高温干旱,白天室内气温不低于 20℃。拉秧前可用 40%乙烯利水剂 800～1 500 倍液全株喷雾,可使果实提前 4～5 天转红。

(4)樱桃萝卜 选择 40 日大根、20 日大根品种。8 月 10 日播种,一般进行条播。行距 10 厘米左右,株距 3 厘米左右,播深 1.5 厘米。每 667 米² 用种量 100 克。播前浇足底水,播后覆土。播后温度保持 22℃～25℃,2～3 天幼苗出土。当子叶展开时进行 1 次间苗,真叶长到 3～4 片叶时,及时定苗。生长期间注意保持田间湿润,不可过干过湿,浇水要均衡。一般不需追肥,若土壤肥力不足,可随水施少量的速效氮肥。

三、温室其他轮作新模式

(一)春大棚西瓜接茬秋延后辣椒栽培技术

河南省安阳市部分乡镇,积极推广春大棚西瓜接茬秋延后辣椒栽培技术,取得了较好的经济效益。

1. 春大棚西瓜 宜选用中早熟优良西瓜品种,如金钟冠龙、京欣一号、郑杂 5 号等,这些品种产量高、品质好、耐运输。

1 月 20 日左右催芽播种,温床内营养钵育苗。营养土用肥沃田园土 5 份、有机肥 4 份、炉渣 1 份混配,每立方米营养土再加过磷酸钙 2.5 千克、尿素 0.75 千克,并用 50%多菌灵粉剂 2 千克消毒。当西瓜苗 2 叶 1 心时与葫芦靠接,4~5 片真叶时低温炼苗,准备定植。

定植前每 667 米² 施有机肥 6 000 千克、三元复合肥 100 千克、棉籽饼 300 千克、尿素 25 千克,然后开沟深翻整平。当大棚内气温稳定在 7℃~8℃以上,10 厘米地温 11℃~12℃时,选晴天上午浅沟畦栽,沟宽 50~60 厘米,深 20~30 厘米,行距 100~110 厘米,株距 40~50 厘米,每 667 米² 栽 1 200 穴,每穴 2 株。生长期实行双蔓整枝。定植后浇透水,下午晒半天,覆盖地膜,上扣小拱棚。定植后要使幼苗嫁接口高出地面,以防发生不定根。以后注意防寒。

定植后为加快缓苗,一般不通风,白天保持 28℃~32℃,夜间 12℃以上。缓苗后到开花期棚温不低于 25℃,地温在 15℃以上。伸蔓后撤去小拱棚,进行第一次追肥浇水,每 667 米² 可施三元复合肥 30 千克。现蕾 15 天后果实生长加快,应加强保温,并及时疏掉 8 节以内的瓜,选留第二个发育正常的瓜,通常在 12~14 片叶留瓜。同时要在定植前后、开花期和结果期各喷施 1 次 50%多菌灵可湿性粉剂 500 倍液防病。主蔓上留不住瓜时,可在侧蔓留瓜。当瓜直径 15 厘米左右时,结合浇水进行第二次追肥,每 667 米² 追三元复合肥 15～20 千克。浇水时应注意前期少浇水,坐瓜后勤浇水,进入成熟期后控制水分,以利于果实着色和增加果实含糖量,加快果实成熟。西瓜分枝性强,应及时整枝、压蔓、留瓜、翻瓜、摘心。坐果 20 天后,果形基本已定,可每隔 3～5 天选晴天下午翻瓜,使果实受光均匀,瓜瓤充分成熟。大棚栽培西瓜要进行人工辅助授粉,一般在上午 10 时左右,操作时选择大的雄花,露出雄蕊,在雌花柱头上轻轻触擦,使花粉均匀落在柱头上。如遇低温或天气不佳时,前 1 天下午摘下雄花,放入密闭容器内,室温保持 25℃,待早晨开花后再授粉。授粉后标记开花日期。

大棚西瓜生长期蚜虫易发生,可在定植前用 50%抗蚜威可湿性粉剂 1 000 倍液喷施苗床。病害主要是白粉病,应及早喷施 50%三唑酮可湿性粉剂 1 000 倍液,或 70%甲基硫菌灵可湿性粉剂 1 000 倍液防治。生长中后期注意加强通风和降低棚内空气湿度,减轻病害的发生。

2. 秋延后大棚辣椒　选用安椒 15、福玉、湘研 6 号品种。采用营养钵育苗,每 667 米² 用种 50 克左右。播前先将种子浸泡 8 小时,并用 10%磷酸三钠浸泡 20～30 分钟,洗净后播种。苗床浇 1 次透水,每个营养钵中间播 1～2 粒种子,并随即盖 1 厘米厚的细营养土,然后在苗床上盖一层地膜,上盖草帘。70%出苗后及时撤除地膜和草帘,适当降低苗床温度,防止“窜苗”。当子叶充分展开并露出心叶时间苗,每钵留 1 株。苗期一般不追肥,并严格控制浇水,过分干旱可浇 1～2 次小水。为防止苗床病虫害发生,每隔 10 天左右喷 1 次广谱性杀菌剂和杀虫剂,共喷 2～3 次。

秋辣椒一般于 8 月上中旬定植,定植前随整地施腐熟农家肥 5 000 千克、过磷酸钙 50 千克、硫酸钾 50 千克,深翻入土后再配施

50 千克三元复合肥。按 120～140 厘米起垄，垄宽 70 厘米，高 15 厘米，用黑色除草膜覆盖。采用一垄双行定植，定植要深浅适合，子叶应露出地面。

定植初期温度较高，应加大通风量，严防徒长。10 月份进入开花坐果期后，逐步减少通风量和通风时间，夜间注意闭棚，并增加覆盖层保温。定植后立即浇定根水，缓苗后浇 1 次水，中耕松土并蹲苗。干即浇水，浇水后加强通风，降低湿度。开花坐果期需水较多，之后可减少浇水次数。开花后每 15～20 天结合浇水施三元复合肥 15 千克，生长期用防落素等喷花或蘸花，促进坐果。及时清除弱枝，以利于通风透光。生长势弱的植株，第一、第二分权的花蕾要及早摘除，使植株健壮多结果。初霜前后摘除嫩梢，以及无效枝条上的花蕾。

病害主要有病毒病、枯萎病，害虫主要是蚜虫和茶黄螨。病毒病首先要灭蚜，并用 10% 混合脂肪酸 200 倍液喷施。枯萎病用 70% 敌磺钠可湿性粉剂或 70% 甲基硫菌灵可湿性粉剂 1 000 倍液，每株浇 0.2～0.25 千克。蚜虫用 50% 抗蚜威可湿性粉剂 1 000 倍液喷雾或用灭蚜烟剂熏蒸防治。茶黄螨用 60% 三氯杀螨醇乳油 1 000 倍液喷施或灌根。

(二)日光温室春提早菜豆、冬芹菜一年两茬栽培技术

陕西省西安市农业技术推广中心，近来推广日光温室春提早菜豆、冬芹菜一年两茬栽培技术。

1. 春提早菜豆 选用抗病性、抗逆性强、早熟、高产、品质优良的品种，如早熟 1 号、特早一尺嫩、架豆王等。

栽培地深翻 20 厘米左右，每 667 米^2 施入腐熟有机肥 3 500～4 000 千克、磷酸二铵 20～30 千克、尿素 15 千克，然后浅耕细耙，整平地面，做成高 25 厘米、宽 60～70 厘米的垄，并提前扣棚，以提高地温。

播种前 10～15 天晒种 2～3 天,种子精选后用 55℃水浸泡 15 分钟,不断搅拌至水温 30℃时继续浸种 4～5 小时,捞出沥水,然后用种子重 0.4%或 0.5%的多菌灵可湿性粉剂拌种,或用 40% 甲醛对水成 300 倍液浸种 20 分钟,可防治菜豆枯萎病和炭疽病。

西安地区一般在 2 月上中旬播种,4 月中下旬即可采收,采收可持续到 5 月底至 6 月初。播前先浇透水,水渗后在垄下近垄处用划线器按 8～10 厘米见方划切方块,每一方块上按压一小穴,深 1 厘米左右,每穴播 2～3 粒种子。播后覆细土厚 1～1.5 厘米,再覆膜,膜要拉展,四周压严。

幼苗真叶出现前,夜间均应加盖草帘,白天早揭晚盖,棚温白天保持 25℃。6～7 天后,当有 80%的苗出土时,及时放苗,棚温白天 18℃～20℃。出苗后 7～8 天,为防止幼苗徒长,可适当降温。苗期间苗 1～2 次。

及时引蔓上架。坐荚后浇第一次水,同时随水膜下冲施磷酸二铵 15 千克。此后一般每 10～15 天浇 1 次水,每次随水施入硫酸钾 15 千克和磷酸二铵 15 千克,整个生育期共浇水追肥 6～7 次。

如有潜叶蝇,用 20%除虫脲悬浮剂 3 000 倍液,或 25%灭幼脲悬浮剂 2 500 倍液等防治。灰霉病用 50%腐霉利可湿性粉剂 1 000 倍液,或 40%菌核净可湿性粉剂 1 000 倍液,或 50%异菌脲可湿性粉剂 1 000 倍液,或 50%乙烯菌核利可湿性粉剂 1 000 倍液。隔 7～10 天 1 次,连续喷 3～4 次。

病毒病用 1.5%十二烷基硫酸钠乳剂 1 000 倍液,或菇类蛋白多糖 300 倍液,或混合脂肪酸 100 倍液,每 10 天左右喷 1 次。

2. 冬芹菜 选择叶柄长、实心、纤维少、丰产性、抗倒性、抗病虫害能力强的西芹品种,如文图拉、加州王、华盛顿等。

用 40℃～45℃温水浸种后搅拌至水温 30℃以下,淘洗几遍,拌种子体积 5 倍的细沙,装入清洁小盆或大碗,放在 15℃～18℃

处,每天翻动 1～2 次,保持细沙湿润,5～7 天即可出芽。催芽正处在炎热季节,最好在水缸旁或地窖中进行。

西安地区多在 7 月中下旬露地播种。选排灌方便的地块,按温室栽培面积的 1/10 准备育苗畦,育苗畦宽 1 米、长 6～10 米。深翻细耙,结合整地每 667 米² 施充分腐熟农家肥 1 000 千克。播时浇足底水,水渗下后将催芽种子连细沙均匀撒铺在畦面上,再盖 1 厘米厚细沙或过筛农家肥与田土各 50% 混匀的营养土,每 667 米² 温室育苗用种 80～100 克。

出苗后早晨或傍晚浇水,以刚浇满畦面为宜。阴雨天或傍晚撒掉遮阳物,雨后排除积水,雨后暴晴用井水灌溉。7 月下旬播种的芹菜,初期生长慢,根系浅,浇水宜勤,既防干旱,又有降低地温的作用。4～5 片叶后适当控水,促进根系生长。

9 月下旬定植于温室,霜冻前应立好前屋面骨架并覆膜。深翻细耙后做成 1～1.2 米的宽畦,畦内每平方米施腐熟农家肥 10 千克,整平。定植前 1 天,苗畦浇水,栽苗时连根挖壮苗,并将大小相同的苗栽在一起,每畦栽 5～7 行,单株定植,株距 8 厘米。

定植水浇后,地面见干时要浇缓苗水。当心叶变绿、新根发出时,及时细致松土保墒,促进根系发育,防止外叶徒长。缓苗后控制浇水,适时中耕除草,深度以不超过 3 厘米为宜。适时蹲苗,然后交替追施氮素化肥与腐熟人粪尿。第一次每 667 米² 施尿素 15～20 千克;10 天后冲施粪尿 750～1 000 千克,再过 10～15 天追施 1 次尿素,加硫酸钾 10 千克,此次浇水与施肥相配合。采收前 20 天停止追肥,前 10 天停止浇水,以降低植株体内硝酸盐含量,利于采收、贮藏、运输,禁止使用硝态氮肥。

芹菜主要病害为斑枯病,用 50% 多菌灵可湿性粉剂 800～1 000 倍液,或 75% 百菌清可湿性粉剂 600～700 倍液,每隔 5～7 天喷 1 次,或 70% 代森锰锌可湿性粉剂 500 倍液,每隔 15 天喷 1 次,连喷 2～3 次。软腐病用 72% 的农用链霉素可溶性粉剂

3 000～4 000 倍液,或 50％丁戊己二元酸铜可湿性粉剂 500 倍液喷雾,每隔 5～7 天喷 1 次,连续 4～5 次。病毒病初发生时,用 20％盐酸吗啉胍·铜可湿性粉剂 500 倍液,或硫酸锌原粉 1 000 倍液,或 1.5％十二烷基硫酸钠乳剂 1 000 倍液喷雾,间隔期 5～7 天。

　　主要害虫为蚜虫,用 50％抗蚜威可湿性粉剂 2 000～3 000 倍液,或 10％吡虫啉可湿性粉剂 1 500 倍液喷雾防治,每隔 5～7 天喷 1 次,连续喷 3～4 次,交替用药。白粉虱用 25％噻嗪酮可湿性粉剂 1 500 倍液,或 2.5％联苯菊酯乳油 2 000 倍液,或 20％甲氰菊酯乳油 2 000～3 000 倍液喷雾防治,每隔 5～7 喷 1 次,连续防治 3～4 次,交替用药。

(三)浅水白莲藕、越冬番茄或黄瓜水旱轮作栽培技术

　　日光温室建成后连年种植蔬菜,土壤中养分失调,病虫害越来越重。近年来山东省费县采用水旱轮作法,改善蔬菜生长环境,取得了很好的经济效益和社会效益。通过水淹法可杀死大部分危害旱作蔬菜的病原菌、害虫与虫卵以及较难防治的害虫。水旱轮作为浅水白莲藕、越冬番茄或黄瓜。浅水白莲藕栽后 100 天左右,可采收部分鲜藕,9 月下旬全部收获,定植越冬菜,收益可达到 2 万元以上。

　　1. 浅水藕　选择黏质土壤的日光温室,当 4 月上旬气温达到 10℃,棚内温度夜间不低于 15℃时,清除温室内杂草、蔬菜残茎叶,在离棚前沿、走道、东墙、西墙各 80 厘米处筑高 60 厘米的围墙,并同时下挖 80 厘米,然后用高 1.5 米的农膜垂直放入沟内,用土培实,以防田内水分外渗。

　　每 667 米² 施充分腐熟的土杂肥 5 000 千克、磷酸二铵和硫酸钾各 30 千克或者三元复合肥(15-15-15)60 千克,结合深耕整地均匀施入 30～40 厘米耕层内。肥料施入后,每隔 1.6 米南北向挖一

条栽植沟,沟宽 60 厘米,深 50 厘米。然后提前放水泡田,水高出地面 5 厘米。

目前,适宜早熟栽培的品种主要有白莲 7 号、白莲 8 号和白莲特,尤以白莲特产量高,品质好,较早熟。要选无病肥大的整枝莲藕作种。

温室内栽植越早越好。一般在 3 月下旬或 4 月上旬,棚内夜温不低于 15℃时进行,株距 1.6 米,用种量 300～400 千克。藕株三角形对空交错排列呈梅花形,藕池四周离边 1 米不栽藕,靠近棚前沿的一株藕头朝向池内,其余藕头朝向棚前沿。栽植完毕,结合盖藕种,在定植沟内放入铡成 5 厘米长的麦秸,厚度 5 厘米,然后盖土(泥)。盖麦秸可增加土壤透性和腐殖质含量,并且有利于中期和后期采收。

定植结束后,前期保持 5 厘米的浅水层,生长中期保持 8～10 厘米水层,后期保持 5～10 厘米水层。莲藕长出 2～3 个立叶时追第一次肥,结合浇水追尿素 10～15 千克,在后叶出现时,追三元复合肥 30 千克。

温室内气温较高,第一个立叶出现后 100 天左右,后两节藕即可长至 1 千克以上,可采收 300 千克左右。采收时,要轻采,在后两节的藕节处用锋利的刀割开,不可伤及正常生长的藕节。9 月下旬至 10 月上旬莲藕生长期达到 200 天,要及时收获晒田,取出防渗沟内农膜,以利于下茬蔬菜及时定植。

2. 越冬番茄 选用耐寒性较强的 L402、毛粉 802 等品种,于 8 月下旬至 9 月上旬育苗,苗龄一般达到 40～50 天,高 25～35 厘米,第一花穗现蕾。如前期气温高,秧苗生长较快,可在移栽前 20 天进行分苗。秧苗期正处于高温高湿期,要及时防治病虫害。

莲藕收获后,及时排除积水晒田。土壤表面见干见湿时,每 667 米^2 施优质土杂肥 5 000 千克、三元复合肥 40 千克,均匀撒施于地面深翻 35 厘米,然后用 80% 敌敌畏乳油 0.3 千克,拌锯末 1

千克,百菌清烟雾剂 0.3 千克拌锯末 1 千克,密闭熏棚。然后整成大行 80 厘米、小行 40 厘米的条带。在小行内双行栽植番茄,株距 35 厘米,定植后盖地膜。定植一般在 10 月下旬前完成。

定植 15～20 天后及时吊蔓,采用单干整枝,留 3 穗果。第三穗果开花后,上边留 2 片叶打顶,及时疏除下部老、病、黄叶。一般每穗留果 4～5 个。

(四)日光温室球茎茴香、冬瓜栽培技术

河北省藁城市农业高新科技园区,进行球茎茴香、冬瓜的高效种植,每 667 米² 两茬总产值 15 200 元,纯效益 13 200 元。秋冬茬球茎茴香 7 月下旬育苗,8 月下旬定植,11 月下旬至 12 月上旬上市,翌年 2 月中下旬收完,每 667 米² 产 2 800 千克,产值 6 200 元。春茬冬瓜于 1 月中旬育苗,2 月下旬定植,4 月下旬开始采收,7 月中旬采收完毕,每 667 米² 产量 6 000 千克,产值在 9 000 元左右。

1. 球茎茴香　选用高产、优质、抗病的荷兰早熟品种。由于育苗期正处于气候炎热的季节,苗床应选择四面通风,排水条件好,浇水方便的场地。为了防雨降温,在搭遮阳棚后,在上面配备 65％遮阳率的遮阳网。每育 667 米² 苗需苗床 30 米²,可做成 3 个小畦,每畦施肥 120 千克后深翻整平,浇透底水,水渗后撒一薄层过筛的细土。

每平方米播种量 4 克,每 667 米² 播种量 100 克。播前将种子用 50℃温水浸种 25 分钟,然后在冷水中浸种 24 小时,放在阴凉处催芽。在 7 月下旬将催好芽的种子均匀撒播于苗床上,然后撒盖 1 厘米厚细土。

播种后 5 天内,四周围上遮阳网。5 天后早、晚四周卷起 50 厘米高,10 天后卷起 120 厘米左右,15 天后揭去棚膜,早、晚揭去遮阳网开始炼苗,22 天后全部揭去遮阳网。出苗后向畦面撒 0.5 厘米厚的细土,有 1～2 片真叶时分苗。

定植前施优质腐熟的有机肥 5 000 千克、三元复合肥 50 千克,精细整地,做成行距 40 厘米的高垄。8 月下旬,幼苗长有 5～6 片真叶、高 20 厘米时按株距 30 厘米定植。

定植后,10 月中旬扣上薄膜。刚扣膜时,应打开大的通风口,逐步提高温室内的温度,不宜使温度突然升高,以日温 15℃～20℃、夜温不低于 10℃ 即可。立冬后气温持续下降,要及时加盖草帘,每天及时揭盖。

定植后浇 1 次缓苗水。缓苗后中耕蹲苗 10 天。当苗高 30 厘米时追第一次肥,每 667 米^2 随水追尿素 15 千克。球茎开始膨大时追第二次肥,追三元复合肥 30 千克。球茎迅速膨大时追第三次肥,肥量同第二次。浇水掌握球茎膨大期前少浇水,膨大期后增加浇水量。浇水要均匀,不能忽干忽湿。当球茎长至 250 克时开始采收。

2. 春冬瓜 选择单瓜重在 2.5 千克以下、早熟、优质、高产、抗病的品种,如高桩一串铃、清心、吉乐等品种。1 月中旬在保温性能良好的日光温室中营养钵育苗。

2 月下旬定植,深翻,耙平,做成宽 50～80 厘米的长畦,覆上地膜。株行距为 30 厘米×40 厘米,栽后及时浇水。

缓苗期间白天保持 28℃～32℃,夜间温度不低于 15℃。缓苗后白天保持 25℃ 左右,夜间 13℃ 左右。开花、坐果期白天保持 25℃～28℃,夜间 15℃～18℃。待 80%～90% 坐瓜时,白天可提高至 28℃～30℃,夜间保持 15℃～18℃。

浇缓苗水后立即中耕松土,及时蹲苗,提高地温。由于小冬瓜的生育期短,缓苗后追催苗肥,坐瓜后追催瓜肥,每次施复合肥 15～20 千克。

小冬瓜甩蔓时,及时绑蔓上架。每株只留 1 蔓,侧蔓及早摘除。应选留第二、第三个雌花坐果,雌花授粉后,在最上 1 个花的上方留 4～5 片叶摘心,每株保留 12～14 片叶。果实"弯脖",开始膨大时,只选留 1 个发育良好、茸毛密、果形周正的瓜,其他都摘去。

疫病、霜霉病可在发病初期用 70%乙铝·锰锌可湿性粉剂 500 倍液或用 72.2%霜霉威盐酸盐水剂 800 倍液喷雾防治。灰霉病在发病初期,可用 75%的好速净(有效成分:多菌灵、异菌脲、代森锰锌)可湿性粉剂 600 倍液,或 50%利霉康(有效成分:多菌灵、福美双、乙霉威)可湿性粉剂 800 倍液喷雾防治。注意交替用药,每隔 7~10 天喷 1 次,连喷 2 次。

有蚜虫、白粉虱时,可用黄板诱杀:用纤维板剪成 100 厘米×20 厘米的长条,涂上黄漆和机油,挂在行间高出植株顶部,每 667 米² 挂 30~40 块,粘满虫后重涂 1 次机油和黄漆。也可用丽蚜小蜂防治白粉虱:在植株中上部枝杈上挂丽蚜小蜂卡,每 667 米² 温室内挂 20~30 片,利用丽蚜小蜂对白粉虱若虫的寄生性防治白粉虱,效果很好。

小冬瓜栽培以早熟为目的,所以应采收嫩瓜,果实 1~1.5 千克时,即可采收上市。

(五)日光温室春青花菜、夏空心菜、秋青花菜栽培技术

辽宁省锦州市奚秀珍等通过试验,探索出早春青花菜、夏季空心菜、晚秋青花菜 3 茬高产、高效栽培方法。2 年平均每 667 米² 收获春青花菜 772 千克,产值 7 300 元;空心菜 1 600 千克,产值 1 060 元;秋青花菜 550 千克,产值 4 129 元。三项产值共计 12 489 元。

1. 早春青花菜栽培 品种为绿岭。12 月中旬在做好苗床畦上或营养盘中浇透底水,水渗下后,将种子均匀地撒在苗床上或营养盘中,覆 1 厘米厚过筛细土,然后将地膜平盖在播种床或播种盘上。苗床温度保持 20℃~25℃,出苗后及时撤去地膜,将温度逐渐降至白天 15℃~20℃,夜间 10℃~12℃。当幼苗长出 2~3 片

真叶时(1月中旬)移植,营养面积9厘米×9厘米或直接移入营养钵内(10厘米×10厘米)。缓苗期间白天保持20℃～25℃,夜间15℃。5～7天缓苗后温度逐渐降低,白天15℃～20℃,夜间10℃。

2月上旬当幼苗长至5片真叶时定植。定植前整地施肥,每667米² 施优质农家肥5 000千克,磷肥20千克,尿素20千克,然后做畦,高15厘米,宽100厘米,每畦定植2行,行株距50厘米×45～55厘米,定植后及时浇水。

定植后地面覆盖地膜。

要获得产量高,品质好的花球,必须有强大的叶簇作保证。这就要求及时满足其对水分和养分的需求,让植株适时旺盛生长,使其在现球前叶片形成足够的营养面积,在整个生长期中都应以氮肥为主。进入结球期,适当增加磷、钾肥。在花球出现前追1次肥,结合浇水每667米² 追施尿素20千克。现球后,追施尿素15千克,磷、钾肥各10千克。花球采收后,为促进侧芽生长,再追1次复合肥。

花球即将采收之前,要适当控制浇水,一是避免花球松散,二是减少室内湿度,防止花球霉烂。

一般4月上旬花球充分长大,花蕾紧密,还未松散时,是采收最佳时期,必须适时采收。收晚了花球易散或采收后花球变黄色,品质迅速下降,同时还会抑制侧枝花球的生长发育,使总产量降低;采收过早,产量也会受到影响。

2. 空心菜栽培 空心菜为耐热耐湿、不耐寒的蔬菜,可以忍耐35℃～40℃的高温。所以,春青花菜拉秧后在温室覆盖情况下栽培,可以大大提早上市供应期,比露地栽培提早20天左右,且经济效益显著。

5月10～15日直播于1米宽畦中,每畦4行,均匀条播、覆土约2.5厘米厚,并顺着行沟用脚踏实,然后浇水。为避免畦面板结,第二或第三天用钉耙疏松表土,切忌搂土过深,以免将种子搂出。

空心菜对水肥需求量很大,当苗高 3 厘米左右时加强水肥管理,经常保持土壤呈湿润状态,还要追肥,以氮肥为主。每采收 1 次后都要及时浇水追肥,每 667 米^2 追尿素 20 千克,叶面喷赤霉素 40～50 毫克/升,每隔 20 天 1 次,促其快速生长。

大约生长 34 天,主蔓或侧蔓长达 30 厘米,可及时采收,每隔 7 天采收 1 次。空心菜采收方法有几种,有多次割收、间拔收获、掐蔓采收。掐蔓采收时,从基部 1～2 节(芽)上面掐蔓,促进萌发较多的侧蔓,提高产量。

3. 晚秋青花菜栽培 品种为绿岭。秋茬青花菜直接在露地育苗。7 月中旬播种,此时正是炎热的夏季,高温多雨、蚜虫和菜青虫盛行,有条件最好搭遮荫棚防雨、降温,及时防治蚜虫和菜青虫,减少病虫害的发生。

8 月中旬定植。定植时因气温高,应想尽办法降低温度,温室前脚卷起 1 米左右高,上面风带全部揭开。还可利用遮阳网或在薄膜上涂抹稀泥,要求花荫,既遮荫又透光。9 月末将薄膜擦洗干净或将遮阳网撤掉,让光照充足。当外界最低气温降至 8℃左右(10 月下旬)时,将卷起的薄膜夜间放下,白天卷起,以后随着气温下降不再通风。

秋茬因处于高温干旱季节,浇水次数要比春季多,但切忌大水漫灌,以免引起沤根。

花球开始形成,温度避免超过 20℃。若连续超过 20℃,很容易出现凹凸不平的花球和松散的花球,或花球表面出现粟粒大的着色粒,降低商品价值。

青花菜的病害主要是黑根病和根朽病,大多在幼苗期和定植后一段时间发生。防治方法,主要采取种子消毒和土壤消毒的方法预防。药剂防治可用 70%百菌清和 80%代森锌可湿性粉剂,配制成 600 倍液喷洒茎基部。

秋季青花菜害虫,主要是菜青虫和蚜虫,前者可用 2.5% 溴氰菊酯乳油 3 000 倍液,或 80% 敌敌畏乳油 1 500 倍液防治,后者可用 40% 乐果乳油 800~1 000 倍液防治。

(六)抱子甘蓝、小西瓜、茼蒿栽培技术

河北省藁城市农业高科技园区通过引试新品种,合理安排茬口,进行抱子甘蓝、茼蒿、小西瓜"三种三收"获得较高的产量及效益,每 667 米² 3 茬总产值 19 100 元,纯效益 15 300 元。抱子甘蓝 7 月中旬育苗,8 月中旬定植,12 月上旬开始采收,翌年 2 月中下旬采收完毕,每 667 米² 产量 1 200 千克,产值 9 600 元,成本 1 800 元,收入 7 800 元;春小西瓜于 1 月中旬育苗,2 月底定植,"五一"节前收获完毕,产量 5 000 千克,产值 8 000 元,纯效益 6 500 元;小叶茼蒿 5 月上旬干籽直播,7 月底收完,产量 3 000 千克,产值 1 500 元,纯效益 1 000 元。

1. 抱子甘蓝 选用荷兰品种探险者。7 月中旬露地采用遮荫棚苗盘育苗,每 667 米² 用种量为 15 克。

施足基肥,精细整地后按行距 70 厘米做小高垄,垄高 15 厘米。8 月中旬植株长有 3~4 片真叶时按株距 40 厘米定植。在采收前分 3 次追肥,定植后 4~5 天追活棵肥,定植 1 个月后追催苗肥,使其在结球前外叶要达到 40 片,在芽球膨大期追第三次。以后在采收 2~3 次芽球后追 1 次肥。施肥结合浇水冲施尿素,第一次尿素 5 千克,以后每次施尿素 10~15 千克、磷肥 10 千克、钾肥 10 千克。叶球形成前白天保持 16℃~20℃,夜间 10℃ 左右,叶球形成期白天 13℃ 左右,夜间 8℃ 左右。加强根际培土工作。在 12 月上旬开始采收,翌年 2 月下旬采收完毕。

2. 春茬小型西瓜 选皮薄、可食率高、含糖量高的小型礼品瓜品种,如"红小玉"等。2 月底按大行 70 厘米、小行 50 厘米,株

距50厘米定植。整枝时每株选留大小、长短差不多的2～4条子蔓，其余的全部去除。开花期易受低温、连阴天、光照不足等不良影响，坐果困难，应选择晴天进行人工授粉，授粉宜在早晨7～10时进行。坐果后注意室内通风换气，避免温、湿度过大。

果实成熟时，花纹清晰，色泽鲜明，瓜柄附近茸毛脱落，此时应及时采收。

3. 茼蒿　采用小叶茼蒿。5月上旬干籽直播。播前，精细整地后做成平畦，每667米² 撒种4千克。播后1周出齐苗，长出1～2片心叶时进行间苗，苗距4厘米见方，并拔除杂草。生长期保持土壤湿润。植株长到12厘米时开始施尿素15千克。

当长至15厘米高时，即可采收嫩梢。每次采收后需浇水追肥1次，使侧枝旺盛萌发生长，7月底采收完毕。

(七)日光温室秋辣椒、春厚皮甜瓜栽培技术

近几年，山东省胶东地区节能日光温室发展迅速，在当地科技人员的指导下，经过几年的试验示范，总结出一套日光温室周年生产模式：7月初育辣椒苗，9月上中旬定植，翌年1月采收完毕；厚皮甜瓜11月中旬育苗、嫁接，翌年1月中下旬定植，5月上市。该模式技术简单、效益显著，每667米² 产值达18 000余元。

1. 秋辣椒栽培技术　选用耐低温、耐弱光、短日照、前期产量高的早熟品种，如湘研系列等。选择地势高燥、排水良好的地块做苗床。床土由8份田园土，加2份腐熟粪土配制而成，每平方米加入硫酸钾复合肥50克，充分混匀后装入直径8厘米的育苗钵中。播前浇透底水，水渗下后播种。辣椒种子先用55℃热水浸种30分钟后，再投入30℃温水中继续浸泡10～12小时，取出后置于28℃条件下催芽，待芽出齐后播种。播后，覆土厚约1厘米。苗床上扎竹弓，覆遮阳网，遮荫降温，如遇雨天要加盖塑料薄膜。苗期床温白天控制在25℃～28℃，夜间15℃～18℃。若发生猝倒病或

立枯病,要加大通风量,并用40％甲霜·锰锌可湿性粉剂750倍液喷洒。

辣椒幼苗长到8～10片叶、花蕾初现时定植。定植前深翻土层,施入腐熟豆粕500千克、过磷酸钙100千克,充分混匀,做成1米宽的小高畦,畦高10～15厘米。双行定植,大行距50～60厘米,小行距30～40厘米,株距30～35厘米。定植后随即浇水,有条件的可使用滴灌。

辣椒幼苗期要求温度较高,缓苗前白天控制在28℃～30℃,夜间不低于18℃。缓苗后温度白天可适当降低,但不应低于23℃,夜间维持在14℃～16℃。开花结果期白天24℃～28℃,夜间保持12℃以上。

由于辣椒根系浅,根系再生能力差,所以喜肥、喜水,但不耐肥水。因此,定植成活后需细致中耕,以利于扎根。以后,根据植株长势、天气及土壤含水量决定浇水施肥。浇水应在晴天上午进行,水量不可过大,浇透即可。辣椒幼苗期需追肥,进入结果期后,第一次追肥于门椒坐住后进行,每667米^{2}施入复合肥15～20千克,以后每隔15～20天追施复合肥15千克。也可叶面追肥,用0.3％的磷酸二氢钾溶液叶面喷施2～3次。

辣椒生长盛期,枝叶繁茂,会影响光照,使产量下降。因此,要及时去除门椒以下基部长出的侧枝,结果中期应将基部变黄的老叶、细枝及空枝及时去除。为增加坐果率,可用30毫克/升防落素蘸花,最好上午8～10时进行,以防发生药害。

病虫害主要有疫病、炭疽病、疮痂病和蚜虫。疫病和炭疽病可用68％甲霜·锰锌可湿性粉剂500倍液或乙铝·锰锌可湿性粉剂500倍液防治,每隔5～7天1次,共喷2～3次;疮痂病可用72％农用链霉素可溶性粉剂4 000倍液防治,每隔7～10天1次,连喷2～3次;蚜虫可用10％吡虫啉可湿性粉剂1 500倍液防治,每隔7～10天1次,连喷2～3次。

2. 厚皮甜瓜栽培技术 厚皮甜瓜选秀玉四号、秀玉七号、绿网蜜等品种,砧木选用青研砧木 1 号。育苗在日光温室中进行。播前厚皮甜瓜和砧木南瓜都用温汤浸种,将精选好的种子用 55℃温水浸种 15 分钟,然后进行常温浸种,甜瓜种子需浸泡 6～8 小时,南瓜种子浸泡 10～12 小时。浸种后,用清水搓洗掉种子上的黏液,用湿纱布包住,放在 28℃～30℃的环境中催芽,待有 60％种子露白时播种。播后通电加温,外覆草苫保温,控制温度 25℃左右,幼苗出土后断电。苗床白天要多见阳光,夜间注意保温,最低不低于 15℃。待砧木两片子叶展平时,采用靠接法嫁接。嫁接苗栽入育苗钵内进行遮荫,前 3 天保持 25℃～30℃,5 天后可逐渐通风,10～12 天伤口愈合,15 天时断根,定植前 1 周进行低温锻炼。

定植应选择寒流过去的晴天上午进行,采用 1 米宽的小高畦双行定植。为提高地温,定植前畦上覆地膜,定植时破膜挖穴,将幼苗放入穴中浇水,水渗下后封土。定植后为促进缓苗,白天温度保持 25℃～30℃,不高于 32℃,缓苗后,可适当通风,保持夜温不低于 15℃。若定植后温度达不到要求,可适当加盖草苫等防寒。

除结合整地施入基肥外,可于缓苗后、果实膨大初期、网纹形成期进行追肥。一般每 667 平方米施入三元复合肥 20～30 千克。由于前期地温低,浇水要严格控制,定植后若遇晴天,缓苗水应早浇;伸蔓期要根据土壤温度而定;坐果期要严格控制水分,以防落果;进入果实膨大期要保持地面湿润,采收前 1 周要少浇水,以利于成熟。果实生长过程要防止忽干忽湿,以防裂瓜。

该茬甜瓜多为直立栽培,当幼苗长至 6～7 片叶时,需及时吊蔓,常采用单蔓整枝。主蔓长至 25～30 节时摘心,在一定节位的蔓上坐瓜,每株留瓜 1～2 个。开花后进行人工授粉。授粉后 5～10 天,当幼果长至鸡蛋大小时,选择果形周正的果实保留。为减轻茎蔓负重,可在幼瓜 200 克左右时将瓜装入网袋或塑料薄膜袋中吊到横杆上,以便于管理。待瓜表现出本品种的特征时采收。

厚皮甜瓜春茬栽培，易发生白粉病和霜霉病。前者可用 25％三唑酮可湿性粉剂 1 500 倍液，或 50％多菌灵可湿性粉剂 500 倍液防治，后者可用 70％甲霜·锰锌可湿性粉剂 500 倍液防治。主要害虫有蚜虫、白粉虱等，可用 10％吡虫啉可湿性粉剂 1 500 倍液防治。

（八）日光温室甜瓜、番茄一年两茬栽培技术

北京市顺义区日光温室上茬甜瓜、下茬番茄种植，已有十几年历史，产量和效益一直比较稳定。近年来，种植面积稳中有升，2007 年全区达到 133 公顷，每 667 米² 上下两茬产量在 8 000～9 000 千克，产值 1.5 万～2 万元。如李遂镇东营村郭秀芝，2007年在她的 667 米² 日光温室中，上茬甜瓜产量 2 225 千克，产值13 250 元；下茬番茄产量 7 500 千克，产值 12 000 元。全年总产值25 250 元，扣除生产开支 3 870 元（不含工资），全年纯收入 21 380元。

1. 上茬甜瓜　选用京玉系列、京蜜系列和伊丽莎白等高产抗病品种。1 月上旬温室育苗，2 月上旬温室定植，苗龄 30 天。

定植后缓苗期白天控制在 28℃～32℃，夜间 15℃ 以上；膨瓜期白天 32℃，夜间 18℃～20℃；结果后期加大昼夜温差管理，白天28℃～30℃，夜间前半夜 15℃，后半夜至清晨为 10℃～15℃，利于糖分的积累和提高果实品质。

基肥施用鸭粪 5 米³，膨瓜期追施三元复合肥 30 千克，钾肥 10千克。全生育期浇 4 次水，分别为"定植水""伸蔓水"和 2 次"膨瓜水"。"定植水"浇足，"伸蔓水"小浇，"膨瓜水"重浇。

单蔓整枝，前期打掉卷须和雄花。在 13 片叶以上留 3～4 个子蔓准备坐瓜，其余子蔓及时摘除，接近顶端留 2～3 个子蔓。

用番茄丰产剂 2 号 1 支，对水 1 升，再对入 0.1％害立平延展剂混匀，将配好的溶液装入小喷壶，喷整个果实。坐果后当幼果长

到鸡蛋大小时,选留 1 个果形长圆、周正、无伤病的幼果,其余去掉。

5 月上旬开始采收上市。

2. 下茬番茄　选用抗线虫番茄品种仙客 1 号。6 月底遮荫防雨育苗,种子用 10%磷酸三钠溶液浸泡 20 分钟,苗出齐至 2 片真叶阶段,喷施矮壮素 1 000 倍液防止幼苗徒长。2 叶 1 心分苗,苗龄 25 天。

定植时施优质腐熟鸭粪 6 米³、三元复合肥 30 千克,行距 75 厘米,株距 41 厘米。

定植 1 周后浇缓苗水。缓苗后控制浇水,促进根系生长。第一穗果核桃大小时浇膨果水,结合浇水,施钾宝 5 千克,以后每穗果膨大时都浇水追肥 1 次。

缓苗后,及时插架绑蔓。每株留 4～5 穗果,每穗留果 3～4 个,留足果穗后摘心。

番茄花开放时,用沈农 2 号番茄丰产剂,每支对水 0.5 升蘸花,促进果实膨大。

(九)旱池藕、芹菜、菠菜、甘蓝的多茬轮作栽培技术

旱池藕种植不但可节约水、产量高、品质好、效益佳,还可以美化环境,充分利用土地资源,一次投资多年受益,是一种高效种植模式。但是如果在 7 月中旬前后采扒"谢花"嫩藕抢鲜上市后,就会出现一段时间的空塘,不能充分利用土地资源。山东济宁学院张红梅报道,如果把旱地节水池藕,改为保护地栽培,6 月中旬收完藕,再进行芹菜、菠菜、甘蓝多茬轮作,"一藕加三菜",每 667 米²可产菜 10 000 千克左右,收入 1 万～1.2 万元。

1. 茬口安排　2 月上中旬覆棚定植莲藕种苗,6 月中下旬收藕让茬,8 月上旬定植提前育好苗的芹菜,10 月中旬扣棚,11 月上旬收完芹菜,然后直播菠菜,春节前后收完菠菜,再定植提前 60～

70 天育的甘蓝苗,翌年 2 月上中旬收完甘蓝再植藕。

2. 池藕的保护地栽培 保护地栽植莲藕应选当地早熟品种。基肥应以腐熟有机肥为主,每 667 米² 用量应不少于 3 米³,化肥可施入磷酸二铵 15～25 千克或过磷酸钙 50～70 千克。氮肥和钾肥可以只作追肥使用。另外,还需施入锌肥 3.5 千克、硼肥 1 千克,耕翻平整好土地备用。建棚时大棚以南北走向为好,长度 70～80 米。棚体宽度越大,早期莲藕长势越好。为提早成熟期,棚体宜宽不宜窄,一般以 6～8 米为好。大棚应于 2 月下旬前建成,并扣棚增温。当土壤温度升至 8℃ 以上时播种,每 667 米² 用种量 200～250 千克,母藕、子藕均可作种。种藕应按大小分片播种,边行藕芽应朝向棚内。播后灌水,水深保持 15 厘米左右。这样,既可抑制杂草,又能使温度迅速提升。4 月上旬立叶出现后,水位可提高至 20～25 厘米。大棚栽植莲藕,追施碳酸氢铵、尿素及含尿素的复合肥,均易引起烧苗,确需追施氮肥应把肥料施入土壤,并日夜通风 3～4 天。莲藕出现立叶后,开始生根吸收肥料,之后进入旺盛生长阶段,而莲藕地下茎生育期很短。因此,4 月初立叶出现后,应大量追施速效性的肥料,每 667 米² 可用尿素 20 千克、硫酸钾 25 千克。尿素应穴施、掩埋,硫酸钾撒施,并注意通风。为防止烧苗,可用充分腐熟的饼肥、鸡粪或从田头粪堆中冲淡出的肥液代替尿素,效果也很好。6 月中下旬采收,采收完毕后,加盖遮阳网栽植芹菜。

3. 芹菜的栽培 芹菜多用育苗移植栽培,播种前进行浸种催芽,种子用清水浸种 12～24 小时后,置于阴凉处催芽,待有 80% 种子发芽后播种。播后,覆一浅层细土,再盖稻草等覆盖物。为了防热防旱,应搭荫棚遮荫。育苗期间加强水肥管理,防止干旱及暴雨,并注意防治蚯蚓等造成土壤疏松而引起死苗。当幼苗长至 10 厘米、3～4 片真叶时定植。定植前苗床应浇 1 次透水,然后带土起苗。按 10 厘米见方丛植。每丛 3～4 株。除在定植前施基肥外,追肥应勤施、薄施,干旱时结合浇水追肥,经常保持土壤湿润,养分充足。在肥料种类上以氮肥为主,配施磷、钾肥。8月下旬至10月上旬采收,采收完毕后再直播菠菜。

4. 菠菜的栽培　种植菠菜应选择抗严寒的品种。在前茬收获后,及时倒茬秋翻,细致整地,每667米² 施有机肥4 000千克,用镐刨几遍,打碎坷垃,拌匀粪肥,做成1~1.2米宽平畦,搂平畦面,以备播种。菠菜种子播种前1天,要用温水浸泡12~24小时,然后搓洗掉种子上的黏液,稍加阴干后即可播种。播前如墒情差,应浇1次小水。播种方法多为条播。不宜用散播法。每畦开5~6条沟,沟深6厘米左右,播种后略踩实,覆土后再踩一踩,以利于保墒。每667米² 播种量为15~20千克。当幼苗"拉十字"后,见土壤干燥可浇1次水,结合浇水每667米² 追硫酸铵10~15千克,以促壮苗。以后,直到土壤开始结冻时,基本上不浇水不施肥,以防幼苗徒长。到春节前后收完。

5. 甘蓝的栽培　种植甘蓝时,应选用抗寒性强、结球紧实、品质好、不易抽薹、适于密植的早熟品种,利用阳畦或日光温室育苗。播前育苗床要施足腐熟圈粪或土杂肥,并用多菌灵进行杀菌消毒,深翻耙平。播种时选择饱满种子,用18℃温水浸泡2小时,然后保持15℃~18℃催芽:晴天上午,浇足底水,水渗后将发芽的种子均匀撒播在畦面上,覆土厚1厘米,播种量每平方米播4克,每667米² 栽培田需播种床面积为5米²。出苗前不通风,白天畦温保持20℃~25℃,夜间为10℃~16℃。苗出齐后适当通风,白天畦温18℃~20℃,夜间10℃~12℃,在秧苗5片真叶后畦温不能低于10℃,防止秧苗通过春化阶段,发生先期抽薹。定植前8天,可加大通风,进行秧苗低温锻炼。精细整地后,每667米² 施腐熟圈粪5 000~7 500千克,深翻20厘米,做成1米或1.5米宽的平畦,在定植前25天扣棚烤地。移苗时,保护好土坨。刨开沟后,浇水摆秧,水渗后覆土。也可先开沟,再顺沟栽苗,后浇明水。定植后注意防寒保温,围绕改善温度条件加强管理,下午 4 时至早晨 9 时,四周要盖草苫,缓苗期间 7～10 天内,一般不通风,提高棚温,白天 25℃～27℃,夜间 11℃～15℃;缓苗后进行降温蹲苗,约 7～10 天,白天 15℃～20℃,夜间 12℃～14℃。生长前期,棚内气温超过 20℃时开始通风。定植后 15 天左右第一次追肥,每 667 米² 施硫酸铵 15 千克,并浇水。以后,适当控水蹲苗。当球叶开始抱合时结合蹲苗,并进行第二次追肥,每 667 米² 施磷酸二铵 30 千克,或随水冲施腐熟人粪尿 800 千克。此后,每隔 7 天浇 1 次水,但在收获前几天应停止浇水,以利于运输。当叶球八成紧时即可陆续上市供应。一般开始时 3～4 天采收 1 次,以后隔 1～2 天采收 1 次。

(十)越冬茬西芹、早春厚皮甜瓜、夏大白菜栽培技术

越冬茬西芹、早春厚皮甜瓜、夏大白菜栽培模式,西北地区日光温室应用较多。

越冬茬西芹选用美国文图拉、日本西芹 1 号等优质、抗病品种,9 月份露地育苗,11 月份定植,每 667 米² 栽 1.1 万～1.2 万株。翌年 1～2 月份收获,一般每 667 米² 产 5 000 千克。

早春厚皮甜瓜选用伊丽莎白、状元、蜜世界等优良品种,1 月上中旬采取营养钵温室育苗,2 月中下旬西芹采收后定植,行距 65 厘米,株距 35 厘米,每 667 米² 栽 2 500 株。5 月上中旬开始上市,7 月初拉秧,一般每 667 米² 产量 1 500 千克。

夏大白菜选用夏珍白 1 号、津白 45、夏阳 50、优夏王等耐热、抗病的夏伏茬早熟结球大白菜品种。甜瓜拉秧后整地直播,行距 50 厘米,株距 40 厘米,每 667 米² 栽植 3 000 株。9 月初上市,一般每 667 米² 产量 2500 千克以上。

(十一)冬春茬甜瓜、伏茬茄子、秋冬茬菜豆栽培技术

冬春茬甜瓜、伏茬茄子、秋冬茬菜豆栽培模式西北地区应用

较多。

冬春茬甜瓜选用伊丽莎白、蜜世界等抗病、耐寒、早熟、品质佳的品种,12月上旬温室营养钵育苗,翌年1月中下旬定植,每667米² 栽植2 000~2 200株。5月上旬采收结束,一般每667米² 产2 000~2 500千克。

伏茬茄子选用紫光大圆茄、茄杂2号等抗病、高产、优质品种,2月上旬阳畦营养钵育苗,5月中旬定植,每667米² 栽植2 200~2 500株。7月上中旬开始采收,9月下旬采收结束,一般每667米² 产量4 500~5 000千克。

秋冬茬菜豆选用法国芸豆、83-3、泰国架豆王等早熟、采收期集中的矮生型品种,10月上旬按行距60厘米、穴距30厘米垄上直播,每穴留2株,每667米² 栽6 500~7 500株。11月底至12月初开始采收嫩荚,翌年1月中下旬结束,一般每667米² 产1 500~2 000千克。

第三章　大棚蔬菜轮作新模式

一、大棚一年两作轮作新模式

(一)屋式塑料大棚早春架芸豆、越夏番茄高产栽培技术

李锡志等报道,山东省临沂市推广屋式塑料大棚,外盖一层稻草苫种植早春架芸豆、越夏番茄,据李官镇三官庄村连续 5 年的统计,平均每 667 米² 产鲜豆荚 3 144.63 千克,收入 5 266.96 元,产番茄 9 595.76 千克,收入 3 894.58 元。两季合计每 667 米² 年平均收入 9 161.54 元,高者收入 1.2 万元。

1. 早春架芸豆高产高效抓六巧

(1)巧建合格屋式塑料大棚　选背风向阳、地势平坦、灌排方便、土壤肥沃的地段,建南北向长 50~80 米,东西向宽 8~10 米的大棚,竖 5 排立柱,其中中间脊柱地面以上高 1.8~2 米,两根左右二脊柱地面以上高 1.5~1.6 米,两根边缘立柱地面以上高 0.9~1 米。屋顶每隔 1~1.5 米用直径 3~4 厘米鸭蛋竹弯成"∩"形并固牢于四道拉杆上。选聚乙烯白色无滴膜覆盖,低温季节夜盖 5 厘米厚的稻草苫。棚门留在大棚南头。

(2)巧选适宜芸豆品种　实践证明,鲁南地区适于早春大棚种植的架芸豆品种有:九粒白架豆王、沂蒙特选九粒白、老来少、丰收 1 号和绿龙。每 667 米² 备优质良种 2.5~3 千克。

(3)巧育适龄壮苗　鲁南地区宜在 1 月中下旬育苗。将种子用 0.1% 高锰酸钾溶液浸种 30 分钟清水冲洗后下种,采用 10 厘米×10 厘米×10 厘米的营养钵或营养方块育苗。历经 20~25

天,幼苗长出 2 片复叶,保证 2 月上中旬定植。

(4)巧定植合理密植　定植前每 667 米² 施腐熟有机肥 5 000～6 000 千克、三元复合肥 40～50 千克、草木灰 80～100 千克、50%多菌灵可湿性粉剂 1～1.5 千克(掺细土 30～40 千克),均匀撒于地面再深翻 25～30 厘米。耙细整平地面、南北向筑成宽 1.2～1.3 米平畦,扣上地膜,高温闷棚 3～5 天,待 10 厘米地温达 15℃以上即可定植。每畦定植 2 行,穴距 25～30 厘米,每穴栽 2 株。

(5)因时因苗科学巧管理　架芸豆是喜温蔬菜,生长适温为 18℃～20℃,开花结荚期 18℃～25℃。10℃以下生长不良,32℃以上花粉发芽力减弱,易引起落花落荚。0℃即受冻害,2℃～3℃低温叶片会暂时失去绿色,当温度升至 15℃以上经 2～3 天又可恢复正常。另外,芸豆在浇水时切忌"浇荚不浇花"的特性。依据架芸豆对外界环境条件的要求,结合早春屋式大棚保温性能进行科学管理。特别对缓苗期、甩蔓期、开花结荚期、结荚后期要巧施肥、巧浇水、巧进行营养调整、巧用生长调节剂和叶面追肥等措施。

(6)巧防病虫害　据多年调查,鲁南早春大棚架芸豆病害有炭疽病、根腐病、白粉病、枯萎病、锈病、疫病等。害虫主要有白粉虱、蚜虫、斑潜蝇。在病虫害的防治上必须掌握"以防为主,综合防治"原则,要因病虫选用适宜农药,严格掌握农药使用浓度、次数和安全间隔期。

2. 越夏番茄必须抓好六改

(1)改盛夏露地种植为覆盖"两网一膜"　过去早春大棚菜收获后整地做畦露地栽植番茄,多数年份因遭病毒病和涝害而绝产。自 1997 年改露地栽植,原为冬季使用的塑料膜不撤掉防暴雨。高温季节覆盖银灰色遮阳网降高温。通风口处全部封严防虫网,隔绝传毒(病)昆虫入棚。再辅以药物防治,可免除病虫害威胁。这一改是越夏番茄成败的首要条件。

(2)改用适宜夏季栽培的配套品种 选用适宜配套品种是越夏番茄成败之关键。要选用相对耐强光、耐高温、耐潮湿、抗病性强、抗逆力强的高产优质中熟或中晚熟品种,毛粉 802,佳粉 2 号、佳粉 10 号,L-402,夏宝,茄抗 7 号,中杂 8、9、12 号等。国外引进品种有奉宝、爱吉、鲜宝、达尼亚拉(R-144)、爱莱克拉(FA-516)、阿比盖尔(FA-870)、合作 908、尼加拉 868、鲜明番茄、红桃番茄等。每 667 米² 大田备种 40～50 克。

(3)改露地撒播分苗为营养钵(块)一次育苗 鲁南地区屋式大棚早春芸豆,多在 6 月 20～25 日拉秧。为了地茬衔接越夏番茄的适宜播期在 6 月 20～25 日。

越夏番茄苗龄从播种至定植 30～40 天,单株 5～7 片真叶,株高 12～15 厘米,不需分苗即可定植。壮苗标准是:节间较短,茎秆粗壮且上下一致,叶片掌状,小叶片较少,叶柄粗短,叶色浓绿,子叶不过早变黄或脱落,苗龄 20～25 天且大小整齐,无病虫危害。

选地势平坦高燥、灌排水方便、离栽植棚较近,近 4～5 年内未种植过同科作物的肥沃田作育苗地。苗床宽 1.2～1.5 米,长视定植面积而定,一般每 667 米² 计划定植 4 000 株,需要苗床 50 米²。

用 1%高锰酸钾或 10%磷酸三钠溶液浸种子 20 分钟后,用清水冲洗干净,再浸泡 4～6 小时,置于 25℃～30℃条件下催芽,待50%种子"吐白"即可下种。

苗床所用的有机肥和大棚内施用的肥料,都必须经过高温发酵。有机肥经过筛与无菌土按 1∶3 配制成营养土,每 1 000 千克营养土再掺入 50%甲基硫菌灵或 50%多菌灵可湿性粉剂 80 克、2.5%敌百虫粉剂 50～60 克,混合均匀装钵或制作营养块。

苗床畦底铲平后均匀撒 0.3～0.5 厘米厚的细沙或炉灰渣,接着向苗床填营养土,搂平后浇足水,营养土沉实厚度 8～10 厘米,水渗下后 20 分钟,用铲刀按 10 厘米见方划成方块,并向划的缝隙中填上细沙。每个方块播 2～3 粒种子,盖上细营养土 1 厘米,立即盖上薄膜。齐苗后撤去薄膜。苗高5~6厘米时只间苗不分苗。

苗床管理应掌握前促、中保、后控、抓好四防。播种后在苗床上搭上拱棚，先覆盖30~40天防虫网，再视天气、床温、苗势灵活覆盖塑料布，实施小拱棚保护育苗。整个育苗过程中，巧用遮阳网、防虫网、塑料布。一要防暴雨(雹)、二要防高温、三要防病虫害，四要巧用生长调节剂防徒长。

(4)改大苗定植为适龄壮苗定植　以往由育苗期和苗床管理不当，幼苗徒长，栽时苗高往往达70~80厘米，势必采取卧式船底形栽植。现在改为苗高20厘米左右，6~7片真叶栽植。定植前施入发酵有机肥5 000~6 000千克、过磷酸钙80~100千克，深翻25~30厘米，高温闷棚5~6天后起垄。垄宽1.2米(其中背宽80厘米，垄沟40厘米)，垄高15~20厘米，结合起垄施入尿素和硫酸钾15~20千克，定植时再施发过酵的豆饼或芝麻饼100~150千克。采取大小行定植，大行80厘米，小行40厘米，株距35厘米。单干整枝，留4穗果打顶，每穗留果3~4个，多余果及时疏除。

(5)改露天定植为"两网一膜"栽植　定植前3~4天，在旧棚架上先覆盖银灰遮阳网，把旧塑料布覆在遮阳网上，所有防风口都用防虫网封严。有条件的村(户)覆网(膜)后用5%菌毒清水剂150~200倍液全棚喷药消毒，再封闭棚膜进行高温消毒、4~5天后进行栽植。徒长植株喷150毫克/升助壮素(25%助壮素30毫升对水50升)进行化控。

(6)改用乙烯利青果催熟为早覆膜促自然成熟　10月中旬早霜就会来临，菜农怕番茄受冻，青果就用乙烯利溶液涂抹催熟。现改为10月上中旬早霜来临之前覆盖棚膜，夜晚加盖5厘米厚的草苫提高棚温，促使第四穗果于11月中下旬在棚内植株上自然成熟。

(二)早春番茄、秋冬大白菜栽培技术

甘肃省泰安县采用早春番茄、秋冬大白菜的栽培技术。早春

番茄 11 月上旬播种育苗,2 月上中旬定植,4 月上中旬开始采收上市,6 月中旬收获结束。随后揭膜晒棚,耕翻土壤,清理菜园,整体覆盖防虫网。8 月上旬露地直播大白菜,11 月下旬采收。

1. 早春番茄 选择早熟优质品种,如佳粉 15 号、中杂 9 号等。2 月上中旬,在大棚中间走道两侧建垄覆膜定植。垄面宽 70 厘米,垄沟宽 30 厘米,垄高 20 厘米。每垄 2 行,行距 50 厘米,株距 25 厘米。定植前 1 个月及时搭建大拱棚,外层选用无滴膜或转光膜,内二层顶盖选一张厚 0.06~0.07 毫米的顶膜,棚两侧各挂一张厚 0.05~0.06 毫米的边膜,边膜宽 1.8 米,顶膜与边膜相叠45 厘米,顶膜用压膜线固定,边膜上部固定在边纵梁上,下部用泥土压实。形成内外双层薄膜覆盖,同时苗期采用小拱棚覆盖,增加棚内温度,防止春寒、倒春寒。棚内四周防寒沟用麦衣填充,中间行走空行埋 5~20 厘米的麦衣。

定植后浇 1 次缓苗水,坐第一穗果前一般不再浇水。第一穗果核桃大时,适当浇水,追施尿素 10 千克,共追肥 2~3 次。

定植后草苫晚揭早盖,以后随着气温升高早揭晚盖。定植后7 天内不揭小拱棚,以后逐步揭膜放风。

单干整枝,及时绑蔓、疏花疏果。每株留 2 穗果,每穗留果 3个左右。当花穗第一朵花开放时,用 20~50 毫克/升防落素溶液喷花。

及时防治叶霉病、早疫病、灰霉病、蚜虫、斑潜蝇等病虫害。

2. 秋冬大白菜 选用抗病丰产、抗逆性强的中晚熟品种,如改良青杂 3 号、丰抗 90 等。将种子放在 50℃ 温水中浸 20 分钟,并不停地搅拌,捞出后晾干播种。还可用 50% 福美双可湿性粉剂拌种消毒。

种植前对土壤进行耕翻,深 25 厘米左右,压糖,防止跑墒。结合整地,施充分腐熟的有机肥 5 000~8 000 千克、磷酸二铵 25 千克、硫酸钾复合肥 15 千克作基肥。整平后做垄,垄距 60 厘米,垄高 15 厘米,宽 70 厘米。

8 月上旬直播,每垄 2 行,株距 50 厘米,品字形穴播,每穴 3～4 粒,深 1 厘米。

幼苗出土后,分别在拉十字期和 4～5 片真叶时,间苗 2 次,拉开苗距。8～9 片真叶时,定苗。

莲座前中耕 2～3 次,间苗后,结合中耕及时培土。

莲座期、结球始期结合浇水各追肥 1 次,每次施入尿素 10 千克。莲座期和结球期还可用 0.1％磷酸二氢钾或 1％尿素等溶液,叶面追肥 1～2 次,促进结球和防止干烧心。

收获前 10～15 天束叶。

(三)拱圆棚早春西瓜、夏秋番茄栽培技术

近年,山东省平阴县积极推广拱圆棚早春西瓜、夏秋番茄栽培模式,每 667 米^2 产西瓜 4 000 千克、番茄 5 000 千克,总收入 9 000元。该模式充分利用拱圆棚设施,冬春季节覆盖薄膜种植西瓜,夏秋季节利用棚顶部旧薄膜,在棚裙处覆盖防虫网种植番茄,既保证了早春西瓜生产所需的棚内温度,又能够在夏季防雨防虫、降低棚温,大大减少病虫害的发生。

1. 茬口安排　早春西瓜进行嫁接育苗,5 月上中旬采收,6 月中旬拉秧。番茄播种期为 5 月中下旬,9 月中上旬采收。

2. 品种选择　西瓜接穗选用京欣一号,砧木选用当地葫芦种。番茄选用毛粉 802 或鲁番茄 3 号为主栽品种。

3. 栽培管理　按 3 米间距挖西瓜定植沟,沟宽 90 厘米,深 40厘米,填入基肥,做成高 15～17 厘米的垄背。3 月上旬,按大行距250 厘米、小行距 50 厘米、株距 60 厘米,将西瓜穴栽,栽后覆地膜。6 月中下旬定植番茄,行距 60 厘米,株距 38 厘米。定植后在棚顶,南北方向每 5 米东西向增设 1 米宽的草苫,遮荫降温。其他措施同常规管理。

(四)大棚春早熟萝卜、延后生姜栽培技术

近几年来,山东省平邑县菜农在种植大棚春早熟萝卜的基础上,摸索出一套接茬延后生姜生产的高效栽培模式,春早熟萝卜满足了蔬菜淡季的市场需要,生姜提前 20 天左右播种,生长后期又在大棚内延后生长 20~30 天,增产明显。该模式在全县推广面积逾 667 公顷,春早熟萝卜每 667 米² 产量 2 500 千克,产值 2 500元;延后生姜产量 3 500 千克,产值 10 500 元,经济效益较为显著。

1. 春早熟萝卜栽培技术 选用耐寒、冬性强、不易先期抽薹,且早熟、速生、单根质量较小,外观品质好的优良品种,如四缨萝卜、五缨萝卜、文登青萝卜、春早生等。

选择疏松、肥沃、通透性好的沙壤土,土壤封冻前每 667 米²施充分腐熟的有机肥 4 000~5 000 千克,精耕细耙,做好平畦,畦宽 1.2 米。采用竹木结构大棚,东西向,棚宽 8~12 米、高 2~2.2米。用木桩或水泥柱做立柱,东西方向立柱距离为 2 米,南北方向3 米,其中两根中柱高为 2~2.2 米,两根腰柱高 1.7 米,两根边柱高 1.3 米,全部立柱均埋入地下 0.4 米,下垫柱脚石。也可根据地形建简易小拱棚。播前 15 天,在 1 月上旬扣严大棚,提高地温。

1 月下旬播种,催芽播种或干籽直播均可。播种时先浇水,水量渗透 10 厘米土层,水量过大易降低地温,过小则土壤易干燥。待水渗下后撒种,一般每 667 米² 播种量为 1.5 千克,撒种后覆细土 1~1.5 厘米厚。播后,白天温度保持在 25℃ 左右,夜间不低于7℃。如夜温过低,要加盖草苫。苗出齐后适当通风,白天温度控制在 18℃~20℃,夜间 8℃~12℃。要注意防止幼苗长期处于8℃ 以下的低温中,以免通过春化,发生先期抽薹。生育后期外界气温渐高,要及时通风散热,棚内温度保持在 20℃ 以下,长期的高温易使萝卜糠心、粗纤维增多。子叶期、2~3 片真叶期各间 1 次苗,4~5 叶期定苗,株行距 10~15 厘米见方。从播种到 4~5 叶

期,应尽量不浇水。如土面有干裂缝,可覆 0.5 厘米厚的细土保墒,并及时划锄 1～2 次。在直根破肚时浇破肚水,促进肉质根膨大。7～10 天后再浇 1 次水,此后保持土壤湿润。如需追肥,要尽量提早,定苗后追施尿素 10～15 千克,肉质根迅速膨大期再施三元复合肥 15～20 千克。

　　病害主要有病毒病、霜霉病、黑腐病、软腐病。可通过保持土壤湿润,防旱防涝;防止氮肥偏多;避免连作;注意田间排水等农业防治措施预防。发病后,霜霉病可用 25％甲霜灵可湿性粉剂 600 倍液,或 50％三乙膦酸铝可湿性粉剂 400 倍液喷雾,每隔 5～7 天 1 次,连喷 3～4 次;黑腐病、软腐病可用农用链霉素可溶性粉剂 150～200 毫克/升,或 60％琥铜·乙膦铝可湿性粉剂 600 倍液喷雾。为防止病毒病的流行应彻底防治蚜虫。

　　害虫主要有蚜虫、菜粉蝶、小地老虎等。可用 2.5％溴氰菊酯乳油 2 000 倍液喷雾防治蚜虫、菜粉蝶幼虫,用麦麸拌敌百虫诱杀小地老虎。

　　春萝卜一般 50～60 天即可收获上市。

　　2. 延后生姜栽培技术　选用莱芜大姜、片姜等品种,于 3 月中旬选择健壮姜块,晾晒 2～3 天,在 20℃～25℃下困姜 2～3 天,置于 20℃～24℃下催芽,催芽后掰成大小约 75 克的姜块,每块只留 1 个壮芽。萝卜收获后,施充分腐熟的有机肥 8 000～10 000 千克和三元复合肥 50～70 千克。深耕细耙,整平地面。当 10 厘米地温稳定在 16℃以上时,一般为 4 月中旬播种。大姜行距 55～65 厘米,株距 18～20 厘米,小姜行距 50～55 厘米,株距 16～18 厘米。按行距开沟后浇足底水,等水渗下后水平排放姜块,并使姜芽朝南或东南,覆土 4～5 厘米厚,随即覆盖地膜,出苗后沿沟割破地膜并压实。同时,利用春早熟萝卜种植棚的立柱,于出苗后覆盖遮阳网,并于立秋前后撤除遮阳网。播种后及整个苗期用扑草净等除草剂除草,每 667 米² 用 1 千克左右。幼苗前期少浇水,以中耕保墒为主,土壤含水量保持75％左右;幼苗后期加大浇水量,土壤含水量75％～80％,雨后注意排水,防止姜田积水引起姜块腐烂;旺盛生长期勤浇水,4～6天浇1次,土壤含水量80％～85％;收获前5～7天浇1次水,以后不再浇水。苗高30厘米、1～2个分枝时施壮苗肥,每667米² 施磷酸二铵15～20千克;立秋前后进入旺盛生长期,施三元复合肥40～60千克、豆饼75～100千克或煮熟的豆子50～75千克;9月上旬为促进姜块肥大,再施三元复合肥40～50千克。立秋前后第一次培土,变沟为垄,以后结合浇水追肥,进行第二、第三次培土,逐渐加宽、加厚垄面。利用春萝卜种植棚的立柱,在霜降前5～7天覆盖薄膜,形成竹木结构棚或简易小拱棚,使生姜在大棚内延后生长20～30天。前期温度30℃以上时要通风换气,后期温度低时下午要早封棚,并盖严棚膜,保持棚内温度不低于15℃。

姜瘟病的防治,严格选用姜种;严禁用病株残体沤肥;防止水源污染,确保净水灌溉;发病季节不要大水漫灌、防止病害蔓延;如发现病株尽早拔除,并就地用石灰或漂白粉等消毒;雨季防止田间积水;发病后可用50％多菌灵可湿性粉剂2 000倍液灌根。姜斑点病和炭疽病可用75％百菌清可湿性粉剂,每667米² 用100～120克对水100升,或70％甲基硫菌灵可湿性粉剂1 000倍液,或30％氧氯化铜悬浮剂600～800倍液喷雾防治。姜螟、小地老虎、异形眼罩蚊等可用90％敌百虫晶体1 000～2 000倍液,或80％敌敌畏乳油1000倍液,或25％溴氰菊酯乳油2500倍液喷雾防治。

立冬后5～7天收获,如遇特殊年份大幅降温时,要适当提前收获,以防冻害。

(五)大棚西葫芦、秋葱栽培技术

大棚西葫芦复种秋葱栽培方式,被吉林省双辽市那木乡前进村农民所接受,易管理,经济效益好,社会效益高,其栽培技术如下：

西葫芦品种选择花叶西葫芦，2月中旬温室播种育苗，营养土用马粪、大粪面、细炉灰、田土混合后加水配制，比例 5：1：2：2，和成泥状，抹干，切成 10 厘米×10 厘米方坨播种。种子进行浸种、催芽，播种时种子要平放，芽朝下，每坨 1 粒。播前浇透水，播后覆土 1 厘米，然后覆上塑料膜，做到双层保温，苗期保持土壤湿润。播种后，温度保持在 25℃～32℃，苗出齐后及时把温度降至 20℃～25℃。定植前 10 天，通风炼苗，白天保持 15℃～22℃，夜间 8℃～15℃，提高秧苗抗寒能力。及时松土，保墒提温，田间保持土壤湿润，促发新根，以利于缓苗。

秋葱选五叶齐大葱，5月末露地育苗，每 667 米² 施有机肥 4 000 千克，做畦，长 7 米，宽 1 米。种子用清水浸种 24 小时，捞出晾干后撒播，覆土 2 厘米厚，播后浇透水，保持畦面湿润。出苗后及时除草、浇水，结合浇水追硝酸铵 15 千克，当葱苗长到 40 厘米时起葱移栽。

西葫芦采用畦作，长 7 米，宽 1 米，搂平，每畦 2 行，株距 100 厘米。大葱移栽前，清理前茬，做畦，浇透水，打眼定植，一眼一棵葱，每畦 6 行，株距 3 厘米，西葫芦收获后移栽。

大棚栽培西葫芦关键是抢早，提早扣棚，提早整地施肥。定植前 30 天扣膜，这时棚内秋葱开始缓苗，鲜葱 3 月末收完。施农家肥 5 000～6 000 千克、磷酸二铵 15 千克，保证生育期对养分的要求，然后做畦，长 7 米，宽 1 米。

4月初，当西葫芦苗长出 5 片叶时定植，定植后覆地膜 4～5 天，破膜引苗。定植后防寒保湿，控水，锄地，促根促苗。棚内白天温度 25℃～30℃，夜间 15℃～18℃，地温 18℃以上。缓苗后适当降温，白天 22℃～25℃，夜间 15℃。定植时浇底水，缓苗后补浇 1 次小水。根瓜膨大时再浇 1 次水。每次浇水后注意放风，降低空气湿度，并要及时松土。雌花开放时，进行人工授粉。当根瓜长到

250 克时,及时采收。结果盛期追肥 2 次,追硝酸铵 10～15 千克,摘瓜前 2 天浇水,保持湿润。每株采收 4～5 个瓜后,植株开始衰败,不再进行特殊管理。

西葫芦收获后栽葱。生育期追 1 次硝酸铵 15 千克,葱栽后浇透水,以后不干不浇水,越冬前浇 1 次封冻水。翌年春天清除积雪残叶,培土扣棚,返青后结合浇水追 1 次硝酸铵。

西葫芦 6 月末收获,收获期 30 天。鲜葱 3 月中旬收获,收获期 10 天。

(六)大棚早春薄皮甜瓜、秋延后辣椒栽培技术

甘肃省庆城县瓜菜蚕桑技术指导站赵淑梅报道,早春在塑料大棚中种植薄皮甜瓜,甜瓜收获后再定植秋延后辣椒,每 667 米^2 产值比传统的单一种植早春薄皮甜瓜和一大茬辣椒均高,提高了土地利用率,增加了经济效益。

1. 茬口安排 薄皮甜瓜 2 月初嫁接育苗,3 月底定植,5 月初至 6 月中旬收获;辣椒 4 月初育苗,6 月下旬定植,8 月初至 10 月中下旬收获。

2. 品种选择 薄皮甜瓜选择月妃、红城 7 号、红城 11 号、先锋骑士 203、天香等品种;辣椒选择湘研 38 号、湘研 30 号、兴蔬 301、航椒 4 号、航椒 5 号、航椒 6 号等品种。

3. 早春薄皮甜瓜 在日光温室中采用营养钵进行嫁接育苗,嫁接砧木可选甜瓜王子二号、青萌砧木 1 号。当接穗第一片真叶展开、第二片真叶露心,砧木 2 片子叶展开、真叶露心时采用靠接法嫁接。嫁接后加强管理,苗龄达到 40 天左右、3～4 片真叶时定植。

每 667 米^2 施充分腐熟农家肥 3 000～4 000 千克、磷酸二铵 20 千克、大民钾王 3～4 千克或硫酸钾 10～15 千克。施肥后深翻 30 厘米,精细整地后做成 1 米宽的垄,垄面宽 60 厘米,垄高 20 厘

米,垄沟宽 40 厘米,垄沟浇水后覆地膜。定植前 10～15 天扣棚,提高地温。选晴天上午进行定植。定植时,每 667 米² 用大民钾王 3 千克,配成肥液施入定植穴内,水渗后栽嫁接苗,使嫁接口露出畦面 2～3 厘米,株距 55～60 厘米。

定植后及时浇少量水。缓苗后 5～7 天浇 1 次缓苗水。幼苗期和伸蔓期土壤湿度保持 70%。开花坐果期控制浇水,坐瓜后适时浇水,保持地面湿润。当幼瓜鸡蛋大时浇催瓜水,果实膨大期应保证水分充足,土壤湿度 80%～85%。结第二茬瓜时及时浇催瓜水,果实成熟期土壤湿度保持 50%～60%。在伸蔓期、膨瓜期和结二茬瓜时分 3 次追肥,每次每 667 米² 施磷酸二铵 10 千克、硫酸钾 10 千克。植株 4～5 叶后每隔 10 天喷 1 次 1000 倍液的大民绿兴;果实膨大期每隔 10 天喷 1 次钾宝或磷酸二氢钾,提高产量,改善品质。

整枝宜选晴天中午进行,采取三蔓整枝。即在第四片真叶上方摘心后,各个叶腋中长出 1 条子蔓,及时摘除子叶和第一叶腋下长出的子蔓;子蔓 3～4 叶时再摘心,促叶腋长出孙蔓;孙蔓坐瓜后,根据瓜秧生长情况,在瓜前留 3 片叶摘心,每个瓜保留 8 片功能叶。

人工辅助授粉,晴天上午 9～11 时摘下当日开放的雄花,使其露出雄蕊,在雌花柱头上轻轻涂抹,或用毛笔尖蘸花粉抹到雌花柱头上。

病虫害防治,防治炭疽病用 70%代森锰锌可湿性粉剂 500 倍液或甲羟鎓(强力杀菌剂)500 倍液,或 50%甲基硫菌灵可湿性粉剂 700 倍液喷雾。白粉病发病初期用 15%混合氨基酸铜·锌·锰·镁水剂 200 倍液,或 6%氯苯嘧啶醇可湿性粉剂 1 000 倍液,或 40%氟硅唑乳油 8 000 倍液喷雾,每 10 天喷 1 次,连防 2～3 次。病毒病发病初期喷洒 20%苦参碱·硫磺·氧化钙水剂 400 倍液,或 0.5%菇类蛋白多糖水剂 300 倍液,或用 20%盐酸吗啉胍·铜可湿性粉剂加 50 克高锰酸钾,对水 30 升喷雾。用 1.8%阿维菌素乳油 3 000~4 000 倍液,或 3%啶虫脒乳油 1 500 倍液,或 10%吡虫啉 3 000 倍液,或 2.5%溴氰菊酯乳油 3 000 倍液等喷雾,连续 2~3 次,可有效防治白粉虱、斑潜蝇、瓜蚜等害虫。

采收时应带果柄和一段茎蔓剪下,轻拿轻放,套上发泡网后装箱出售。

4. 秋延后辣椒　苗床选择 3 年以上未种过瓜菜、地势高、通风好、排灌方便的肥沃地块。播前 3 天将苗床深翻整平,喷施 40%辛硫磷乳油 1 500 倍液防治地下害虫。播种前苗床浇透水,水下渗后均匀播籽,播后覆细土厚 0.8~1 厘米,盖 2~3 厘米厚麦秸保湿,再搭建小拱棚并覆遮阳网降温。播后 4~5 天幼苗出土,去掉 60%的麦秸,苗出齐时去掉剩余麦秸,保持苗床湿润。雨前及时加盖棚膜,雨后揭除,防暴雨引起倒苗及徒长。2~3 片真叶时用营养钵分苗,移入罩防虫网的拱棚内,保持营养土湿润并防雨。经 60~70 天,苗茎粗 0.4~0.5 厘米、8~10 片叶、叶厚浓绿、50%以上植株现蕾时定植。定植前 5~7 天,每 10 米² 用 0.5 千克硫酸钾,配成 0.3%肥液进行浇灌,并喷 10%吡虫啉可湿性粉剂 1 000 倍液防蚜虫,做到带肥、带药定植。

选择 3 年以上未种过茄果类蔬菜的大棚作定植地。每 667 米² 施腐熟有机肥 5 000 千克、三元复合肥 30 千克。6 月中下旬晴天上午选壮苗带营养土坨定植,边定植边浇水,每 667 米² 栽苗 2 200~2 500 株。定植后在垄沟间铺草。

生长中后期外界气温较低,应维持适宜棚温,使果实正常膨大。9 月初扣棚顶膜,根据气温(一般 9 月中下旬)及时扣侧膜。前期每 667 米² 施三元复合肥 25 千克,以后每采 1 次施 1 次钾肥水,每 667 米² 追硫酸钾 20 千克。盛花期喷爱多收、0.2%磷酸二氢钾溶液,以促进结果。

病毒病发病初期用 20%特效病毒净可湿性粉剂 500 倍液,或

20％盐酸吗啉胍·铜可湿性粉剂 400 倍液,或 1.5％十二烷基硫酸钠乳剂 1 000 倍液喷雾,每隔 7～10 天 1 次,连喷 3～4 次。疮痂病初期选 72％农用链霉素可溶性粉剂 4 000 倍液,或 90％链霉素·土霉素可湿性粉剂 4 000～5 000 倍液,或 77％氢氧化铜可湿性粉剂 500 倍液喷施,每隔 7～10 天 1 次,连喷 2～3 次。大棚四周用网纱围住,可防止蚜虫等进入,减少虫害。

门椒及早采收,其他果实待充分发育后分批采收,以减轻植株负担,促进后期果实膨大。

二、大棚一年三作轮作新模式

(一)大棚番茄、半夏黄瓜、秋季黄瓜栽培技术

辽宁省营口市老边区柳树镇利用塑料大棚生产番茄、半夏黄瓜、秋季黄瓜的三种三收模式,每 667 米² 产番茄 6 500 千克、半夏黄瓜 1 600 千克、秋黄瓜 2 000 千克,纯收入达 1 万元。

1. 茬口安排　番茄于 1 月上旬温室育苗,3 月中下旬定植,6 月中旬拉秧。半夏黄瓜于 5 月 20 日营养钵育苗,6 月中下旬定植,7 月末拉秧。秋黄瓜则于 6 月下旬营养钵育苗,8 月初定植,10 月末采收完毕。

2. 品种选择　番茄选用 L402、辽园多丽等早熟、抗病、高产、耐贮运的品种;半夏黄瓜选用抗病、高产、耐热、商品性好的园丰 6 号;秋黄瓜选用丰研 3 号、园丰 6 号等品种。

3. 栽培管理　番茄行株距为 50 厘米×25 厘米,1 畦栽 2 行。定植后以保温为主,白天温度 25℃～28℃,夜间 7℃以上。浇完定植水一般不浇大水,结合除草进行中耕。单干整枝,留 2 穗果,每穗果留 4 个。适时追施"催果肥",并积极预防灰霉病。

半夏黄瓜株距 20 厘米,1 畦 1 行,每穴 2 株。40 厘米以下侧

枝全部摘除,40 厘米以上侧枝见瓜留 1 叶打尖,瓜秧长到架顶时打尖,用竹竿插立架固定在棚骨架上,生长期结合防病喷施叶面肥。

秋黄瓜 1 米 1 畦,每畦 1 行,株距 25 厘米。立秋后 8 月上旬扣棚,东西向,卷起南北底脚 1 米高,两侧放风,8 月末放下两侧棚膜压实。50 厘米以下侧枝全部打掉,50 厘米以上侧枝见瓜留 1 叶打尖。其他管理同常规栽培。

(二)大棚蒜苗、芸豆、黄瓜栽培技术

山东省兖州市高子燕等报道,秋季利用大拱棚种植蒜苗,春节前后收获;早春整地后在大拱棚内移栽地芸豆,5 月下旬至 6 月初收获;6 月份清地、整地,直播露地黄瓜,8 月下旬至 9 月初收获。

大拱棚周年生产,青蒜苗每 667 米^2 产 9 000 千克,按市场价每千克 3.8 元,可获 3 万元左右;芸豆产 2 000 千克,按市场价每千克 3.6 元,可获 7 000 元左右;黄瓜产 7 500 千克,按市场价每千克 1.8 元,可获 1.3 万元左右,总计产值可获 5 万元左右。

1. 蒜苗 9 月中旬,一次施足基肥,一般每 667 米^2 施优质土杂肥 5 000 千克以上、过磷酸钙 50 千克、尿素 25 千克、饼肥 50 千克、锌肥 1 千克、草木灰 150 千克、生石灰 1 千克。

整地做畦后,9 月底至 10 月初播种,株距 2~3 厘米,行距 8~10 厘米。播后平均覆土厚 1~1.5 厘米。

冬前幼苗期需水较少,播种出苗后,除冬前浇水 1 次,提高土壤湿度外,一般不浇水,促进根系和茎的发育。11 月上中旬扣好大拱棚。于 12 月底持续到翌年 2 月初陆续收获。

2. 芸豆 苗床设在大拱棚中间,以南北方向为好,用营养钵或营养块育苗。

一般播种时间为惊蛰前 5 天,把催好芽的芸豆种每钵 2 粒,覆土厚 2~3 厘米,随后扣好小拱棚,四周压严。营养块育苗,按 7 厘

米开沟浇水,墩距 7 厘米,每穴 2 粒,覆土厚 1.5～2 厘米。

播种后 15 天,苗龄 2 叶 1 心时为最佳移栽期。方法是:把挤在一起的营养钵搬开降温降湿,这样虽然损伤了部分根系,但更有利于定植后的根系发育和花芽分化。移栽前一般不浇水,如土壤过于干旱,可喷小水。移栽时,开沟放大水定植,墩行距 18 厘米×60 厘米。缓苗期内覆盖地膜,保温增温。

开始现蕾时,若土壤干旱,可浇 1 次水,随后进行浅中耕蹲苗。谢花后,豆荚长到 3～4 厘米长时浇水、追肥,结束蹲苗。可随水追施尿素 8～10 千克或碳酸氢铵 20～25 千克。每次采收后浇 1 次水,并追肥。此外,在开花结荚期可用 0.1%～0.3%的磷酸二氢钾溶液根外追肥 1～2 次。注意防治蚜虫、红蜘蛛等。

3. 黄瓜　6 月收获芸豆,及时灭茬、整地。6 月下旬至 7 月初为播种适期。要选择耐热、抗病、适应性强的品种,如津研 4 号、津研 7 号等品种。采取直播,播前整平畦面,然后开沟点籽,小高畦播种在畦背两侧,高垄播在垄背中央,瓦垄畦播在坡面中部,播深 1.5～2 厘米,覆土后稍加镇压。

如土壤较干,播种当天即浇一水,水量宜小,以淹湿种子扎根的部位为准,不能漫过播种沟。3～4 天后苗基本出齐时,再浇 1 次水。

收获前期,一般隔 5～6 天浇水 1 次。采收腰瓜后,隔 3～4 天浇水 1 次。每浇水 1～2 次,追 1 次肥,每次追尿素 8～10 千克或硫酸铵 15～20 千克。主蔓每伸长 3～4 节绑蔓 1 次。当主蔓到架顶时掐尖。此后,侧蔓长出雌花,可在雌花后留一叶掐尖。

高温干旱时,注意防治红蜘蛛。对黄瓜易发生的细菌性角斑病,可采用丁戊己二元酸铜杀菌剂或农用链霉素防治。生长期应注意霜霉病的防治,可用 75%百菌清可湿性粉剂 600 倍液,或 40%三乙膦酸铝可湿性粉剂 250～300 倍液,或 25%甲霜灵可湿性粉剂 600～800 倍液等喷洒。

(三)大棚春西葫芦、夏萝卜、秋延后番茄栽培技术

利用塑料大棚进行早春西葫芦、夏萝卜和秋延后番茄一年三熟栽培，一般每 667 米² 产西葫芦 4 000 千克、夏萝卜 4 000 千克、番茄 5 000 千克。该模式适合河北、山东、河南、陕西、安徽等地区。

1. 茬口安排 西葫芦 1 月上旬用营养钵育苗，2 月中旬定植，3 月下旬开始采收，5 月上旬清园；夏萝卜 5 月下旬直播，7 月份采收并清园；番茄 7 月上旬播种，8 月上旬移栽，10 月下旬扣棚，元旦、春节上市。

2. 主要栽培措施 春西葫芦选茎蔓短、节间密、耐低温、结瓜密和结瓜早的矮生短蔓品种，如早春 1 代、中葫 3 号，在温床或冷床内用营养钵、营养袋、平盘、营养土块育苗。采用三高三低的变温管理，即播种后保持高温促进出苗，白天 25℃～30℃，夜间 18℃～20℃，地温 15℃以上，一般 3～5 天即可出苗；待大部分幼苗出土后，开始通风，适当降低温度，白天维持 25℃左右，夜间 13℃～14℃；从子叶展开到第一片真叶展开时，再降低夜温，保持白天 20℃～25℃，夜间 10℃～13℃，促进幼苗粗壮和雌花分化，防止徒长；定植前 10 天逐渐加大通风量，降温炼苗，白天保持 20℃～25℃，夜间 10℃左右，以提高秧苗抗性。

先翻犁、耙细、整平，然后做成宽 70 厘米、高 15～20 厘米的高畦，基肥可普施、沟施或穴施。定植前 7～10 天上棚膜，提高地温。定植覆膜时选冷尾暖头的晴天进行，膜宽以 90 厘米为宜，单行种植，株距 40～50 厘米。早播早栽的西葫芦，结瓜前期温度低、昆虫少、雌花多、花粉不足，不利于授粉受精，容易落花、落果，每天 9～10 时雌花开放时，用小喷雾器对雌花喷 30～50 毫克/升的保果灵或防落素。中期采用人工授粉，8～10 时采摘当日开放的雄花，去掉花瓣，雄蕊对准雌花柱头涂抹授粉。以采食嫩瓜为主，开花后

10～15 天即可采收。特别是第一瓜更应早收。

　　夏萝卜选耐热、抗病的品种,如超早抗病 38 天、夏抗 40 或夏长白 2 号等。地要多犁多耙多晒,结合深翻施入充分腐熟的农家肥、草木灰、过磷酸钙等,起垄栽培,垄距 80 厘米,高 15～20 厘米,每垄 2 行,株距 20 厘米,每穴 2 粒,6～7 叶时定苗。播种时用敌百虫或辛硫磷药土拌种,同时每 667 米² 穴施 50% 多菌灵可湿性粉剂 1.5 千克,防治真菌病害。播后盖土,并用谷壳、灰肥等覆盖,厚约 2 厘米,同时盖遮阳网。夏季炎热,日照强烈,田间一般较干旱,应特别注意浇水。播种时要充分浇水,土壤含水量应达 80% 以上,保证出苗快而整齐。幼苗期土壤含水量以 60% 为宜,要掌握少浇勤浇的原则;叶部生长盛期,即从破白至露肩要适量灌溉,但不可浇水过多;根部生长盛期应注意供水充分而且均匀,土壤湿度以 70%～80%,空气相对湿度 80%～90%,若供水不均匀,易引起裂根。夏萝卜忌中午浇水,最好傍晚浇水。追肥时期原则上着重在膨大期以前施用,追施氮肥可用人粪尿,切忌浓度过大或过分靠近根部,以免烧根;浓度过大会使根部硬化。一般应在浇水时对水冲淋。人粪尿与硫酸铵等施用过晚,或施用未经发酵腐熟的人粪尿,会使肉质根起黑箍,品质变劣或破裂,生出苦味。

　　秋延后番茄选择抗热、高抗病毒病的品种,如金棚 5 号、合作906、中蔬 6 号等。适宜播期应在当地气候达到 −5℃ 左右时向前推移 110 天,如每株只留 2 穗果,适宜播期可以向后延迟 4～5 天。河南、山东等地以 7 月中下旬播种为宜。播种过早,苗期正遇高温雨季,病毒病生病率高;播种过晚,生育不足,顶部第三穗果不能成熟。秋延后番茄可以直播,也可育苗移栽。直播根系不受损伤,植株生长健壮,单产较高,但前期中耕松土和喷药等较费时费力。育苗移栽可以采用小苗移栽,也可育大苗移栽。小苗移栽一般在 2 叶 1 心时进行,苗龄 15～18 天,定植时浇水要及时,否则土壤板结,易卡脖死苗。大苗移栽普遍采用,育苗时在小苗 2～3 片叶时,分苗 1 次,长出 5～6 片叶、苗龄 25 天左右时切坨定植,或去掉营养袋定植。这种方法的优点是苗期便于集中管理,定植晚,有利于轮作倒茬,而晚定植病害较重。实际生产中秋延后番茄采用直播或小苗移栽,往往比大苗移栽对高产稳产更为有利。秋番茄采用畦栽或起垄栽培,栽培密度较春番茄为大。最好选阴天或傍晚定植,定植后加强通风降温,及时中耕松土。如植株徒长,应及时喷洒矮壮素,花期及时喷或蘸防落素等利于坐果的激素,及时整枝、打杈、绑蔓,一般采用单干整枝,留 2～3 穗果,后摘心。9 月中旬后外界气温开始下降,要注意夜间保温。当第一穗果坐住后,要加强肥水管理。秋延后番茄果实转色后陆续上市,当棚内温度下降至 2℃时要全部采收,进行贮藏。一般不用乙烯利催熟,以延长贮藏时间。

(四)大棚春芸豆、夏秋黄瓜、秋大白菜栽培技术

利用大棚种植春芸豆、夏秋黄瓜和秋大白菜,每 667 米^{2}产芸豆 4 000 千克、夏秋黄瓜 5 000 千克,秋大白菜 5 000 千克,技术简单,效益较好。该模式适合西北、华北及东北部分地区。

1. 茬口安排 春芸豆 2 月下旬播种,5 月中旬至 6 月上旬上市;夏秋黄瓜 7 月上旬播种,8 月中旬至 9 月上中旬上市;秋季大白菜 8 月中旬育苗,9 月中旬定植,11 月中旬收获。

2. 主要栽培措施 春芸豆选用抗锈病和根腐病的蔓生品种如双丰 2 号、双丰 3 号和绿芸 1 号等。结合整地施基肥,做畦,定植前 10～15 天扣棚增温。种子用 25℃温水浸泡 3～4 小时,捞出在 20℃～25℃下催芽。播种时大行距 80 厘米,小行距 40 厘米,穴距 30 厘米,每穴 3～4 粒。出苗前一般不通风,出苗后开花前白天保持 18℃～25℃,夜间 12℃～15℃,一般不浇水,不施肥,以免落花。当初花坐住果后开始浇水,从果实膨大至顶花凋谢,一般追肥 2 次。甩蔓时,在大棚内插支架,人工引蔓。进入 4 月份后,逐

渐加大通风量,直至将大棚两边全部掀起。根腐病可于发病初期用 50%甲基硫菌灵可湿性粉剂 500 倍液灌根,每隔 10 天 1 次,连浇 2 次;细菌性疫病发病初期,可用 72%农用链霉素可溶性粉剂 3 000～4 000 倍液喷雾防治。

夏秋黄瓜,可选择耐热、耐涝、抗病的津春 5 号、神农春 5 号和宁阳新 7 号等,前茬芸豆收获后及时腾茬清园,整地施肥,耙平后做成小高畦,宽 60 厘米,畦沟宽 70 厘米。种 2 行,行距 50 厘米,穴距 20～25 厘米。黄瓜长至 3～4 片真叶时定苗,定苗后中耕,施肥浇水,浇水后插架,结合绑蔓进行整枝,去掉下部侧蔓,中上部侧蔓瓜后,留 2～3 片叶摘心。第一雌花开放时暂停浇水,根瓜坐住后适当追肥 1 次,然后中耕,肥土混合均匀,然后浇水。进入采收期后,每收 2～3 次,追肥 1 次,注意防旱排涝。

秋大白菜选抗病毒病、霜霉病、软腐病和耐贮运的北京新 3号、郑研中包等品种,必须提前至 8 月中旬育苗。幼苗长到 5～6片真叶时定植。缓苗后施速效氮肥 20 千克,促进莲座叶旺盛生长,以后在开始包心和结球中期分别追施三元复合肥 30 千克。进入莲座期后每隔 5～6 天浇 1 次水,保持土壤含水量达 70%～80%,收获前 7～10 天停止浇水。病毒病、霜霉病、软腐病是大白菜生产中的三大病害。病毒病在注意防治蚜虫、白粉虱的前提下,一般从苗期开始用 1.5%十二烷基硫酸钠乳剂喷 3 次,间隔期 10天;霜霉病可用 50%百菌清可湿性粉剂 400～500 倍液,或 25%甲霜灵可湿性粉剂 1 000 倍液喷雾;软腐病可于结球初期喷 200～250 毫克/升浓度的农用链霉素可溶性粉剂 3～5 次。

(五)大棚出口洋葱、越夏番茄、秋白萝卜栽培技术

利用塑料大棚进行洋葱、越夏番茄和白萝卜三种三收栽培,每667 米^2 产出口洋葱 3 500～4 000 千克、越夏番茄 7 500 千克、白萝卜 3 000～4 000 千克。该模式适合河南、河北、山东、山西等地区。

1. 茬口安排　出口洋葱 9 月上旬播种育苗,10 月底至 11 月初定植大棚中,翌年 4 月中旬收获;越夏番茄 4 月上旬育苗,5 月初定植,8 月中旬拉秧;白萝卜 8 月中旬播种,10 月底收获。

2. 主要栽培措施　出口洋葱选用日本锦毯玉葱等极早熟品种,9 月上旬播种。定植前 10~15 天,每 667 米² 施腐熟有机肥 3 000 千克、三元复合肥 40~50 千克、磷酸二铵 30~40 千克,深翻整地,每 667 米² 喷洒异丙甲草胺 100 毫升对水稀释,扣棚增温。10 月底至 11 月初移栽定植,一般 1.2 米宽畦面栽 8 行,行距 15~20 厘米,株距 13~15 厘米。11 月下旬小雪后浇 1 次越冬水,立春后覆盖大棚塑料膜开始提温,保持棚内白天 20℃~26℃,不高于 26℃,夜间 10℃~15℃,并注意通风排湿,保持空气相对湿度 60%~70%。视墒情可浇返青水,并追肥。鳞茎膨大期应控制浇水,人为创造干旱条件,结合叶面喷施 0.3% 磷酸二氢钾溶液,促进鳞茎提前成熟,也可提高鳞茎产品的品质和耐贮性。植株长出 8~9 片叶、球茎 6~8 厘米、单球重 250~300 克,2%~3% 的植株倒伏时,可选晴天收获。

越夏番茄选耐热、抗病的欧莱红等品种,4 月上旬采用营养钵或营养土块育苗,苗龄 25 天左右,4~5 片真叶时,于 5 月初,最晚不超过 5 月 10 日定植。一般按 1~2 米畦栽 2 行,小行 40~50 厘米,株距 40 厘米。定植 5~7 天,缓苗后中耕,并覆盖黑色地膜。开花后上午点花,坐果期第一穗果留 3~4 个,第二穗以上留 4~5 个,每株留 5~7 穗果。第一穗果长到核桃大小时结合浇水追肥,每次施尿素 30~50 千克。

果实转色期至成熟期,可追施钾宝,每次 10 千克左右,每隔 10~15 天叶面追施 0.3% 磷酸二氢钾溶液。单干整枝,可吊蔓,也可搭架子。7~8 月高温,多雨,棚内应尽量降低温度,一般应控制在日温 26℃~30℃,夜温 20℃~24℃。

秋白萝卜选超级玉春、白玉春等优质品种。越夏番茄收获后,及时清理大棚,施腐熟有机肥 3 000 千克、硫酸钾 50 千克、硼砂 3 千克和"812"药粉 2 千克,深翻 30 厘米,整平耙细,做宽 90 厘米、高 15 厘米的南北垄,双行播种,行距 40 厘米,株距 22 厘米。及时间苗,4~5 片叶时定苗。幼苗期少浇、勤浇,"破白"前后适当蹲苗。破白至露肩叶部生长旺盛,要适当增加浇水量,但忌大水漫灌,始终保持表土见干见湿。肉质根膨大期需水量大,应充分均匀浇水,维持土壤含水量在 70%~80%。也可叶面喷施 0.2%尿素和 0.3%磷酸二氢钾混合液,每隔 6~7 天 1 次,连喷 2~3 次。10月下旬,单株重达 1~1.5 千克时收获。

(六)早春西葫芦、越夏白菜、秋延后辣椒栽培技术

陕西省宝鸡渭河川道区,菜农采用塑料大(中)棚覆盖方式,推广早春西葫芦、越夏白菜、秋延后辣椒一年三熟高效栽培模式,经济效益显著。

1. 早春西葫芦　结合深翻,每 667 米² 施腐熟有机肥 7 000~8 000 千克、磷酸二铵 25~30 千克、硫酸钾 15~20 千克,混合后均匀撒施,深翻 25 厘米以上。整平做畦,畦宽 40 厘米,高 10~15 厘米,畦沟宽 30 厘米,畦面覆盖地膜。定植前 10 天左右插拱扣棚,烤地升温。

选择低矮紧凑、早熟高产的抗病品种,如银青一代、早青一代等,1 月上中旬用日光温室或阳畦加拱棚覆盖育苗。播后棚温保持 25℃~30℃。出苗后白天 20℃~25℃,夜间 12℃~15℃,至定植前适当控制水分,低温蹲苗,增强抗性,以利于壮苗。

待幼苗 3~4 片真叶时,选晴好天气定植。此时外界气温较低,定植时不宜浇大水,可采用垄顶打穴、浇水、摆苗、围土、封口的定植法。行株距为 70 厘米×50 厘米。定植后逐窝浇足定植水,棚内温度白天 25℃~30℃,夜间 18℃~20℃,空气相对湿度 80%左右,促根缓苗。缓苗后通风降温,白天 20℃~25℃,夜间 12℃~

15℃,防止徒长。坐瓜前不旱不浇水。坐瓜后适当提高棚温,白天25℃～28℃,夜间15℃～18℃,满足秧果同时生长的需求。结果期小水勤浇,每15天追肥1次,每次可施磷酸二铵15千克、尿素10千克,也可每次随水冲施腐熟人粪尿1 000千克。开花期棚内无传粉昆虫,需进行人工授粉。若无雄花出现或因温度过低影响授粉受精时,可用25～35毫克/升的防落素溶液加入0.1%～0.2%的50%腐霉利溶液点花。5月上旬,外界气温稳定时揭去棚膜。西葫芦开花后8天左右,即应提早采收嫩瓜,促进其他幼瓜生长。

2. 越夏大白菜 选择耐热、抗病、生育期短、结球紧实的优良品种,如日本夏阳、夏抗50等,于5月下旬用营养钵育苗。播后覆盖遮阳网,勤洒水,及时防治蚜虫。经20天左右,幼苗5～6片真叶时移栽定植。

6月中旬西葫芦拔秧清园后,及时整地,做成间距45厘米、宽20厘米、高15厘米的垄,结合起垄,每667米² 于垄下条施尿素15～20千克、磷酸二铵和硫酸钾各20～25千克。选阴天或晴天傍晚带土移栽,在垄上按30厘米株距挖穴定植。栽后覆盖遮阳网,昼夜通风,降低棚内温度。

夏白菜生育期短,水肥管理应一促到底。定植后浇水1～2次,以利于缓苗。生长期间要小水勤浇,降低地温,保持土壤潮湿。缓苗后穴施尿素15千克,莲座期、结球初期随水追施尿素20～25千克。

越夏白菜收获期不严格,一般定植后40天左右、叶球基本形成时可采收上市。

3. 秋延后辣椒 选用中椒六号、湘研19、中信椒六等抗病、耐低温品种,7月上中旬采用纸钵或划方格方式育苗,并覆盖小拱棚、遮阳网降温。真叶展开后,及时间苗,小水勤浇,保持苗床湿润。苗龄35天、幼苗8～10片真叶时,带花蕾移栽定植到大棚内。

畦垄宽 40 厘米、高 15 厘米,垄间距 60 厘米。在畦垄两侧按 33 厘米株距定植 2 行辣椒。

定植后及时浇缓苗水,覆盖棚膜。门椒坐果前控制浇水,保墒中耕。门椒坐果后,结合浇水追施尿素 10～15 千克、硫酸钾 5～10 千克。早期注意通风,光照充足时,加盖遮阳网适当遮荫。保持棚内温度白天 20℃～28℃、夜间 15℃～20℃,后期逐渐减少通风量。当外界气温降至 15℃以下时将棚膜压严,只在白天打开通风口适量通风。大量坐果后,及时打顶防止徒长,促进果实膨大。10 月底开始采收上市,也可用保鲜袋分级贮存,延长供应期,增加效益。

(七)西瓜、大白菜、青花菜栽培技术

山东省鲁南地区,地处沂山附近,全年无霜期约 200 天,大于 10℃积温 4 100℃～4 600℃,适合蔬菜生产。近年来,青岛市农业科学研究院蔬菜研究所,总结出一套蔬菜周年生产模式,春大棚种植西瓜,"五一"上市,每 667 米^2 产量 2 000 千克,收益 3 500 元;腾茬后种植早熟耐热大白菜,生育期 40～45 天,产量 2 500 千克,收益 2 000 元左右;大白菜收获后定植青花菜,产量 1 600 千克,收益 1 500 元左右。经过 6 年的种植推广,该模式面积已达 500 公顷。

1. 春茬西瓜栽培技术　选用京欣类型的西瓜品种,嫁接砧木选用青研砧木 1 号或葫芦。12 月中下旬至翌年 1 月上旬播种。砧木也需浸种催芽,但应比西瓜晚播 3～5 天,采用靠接法嫁接。一般在日光温室中育苗,也可在背风向阳处搭建小拱棚育苗,内加塑料膜,外加草苫。出苗后注意保温降湿,浇水应随揭随浇随盖,最好用喷壶浇 30℃的温水。即使在阴天,白天也要揭开草苫增加光照,严防猝倒病的发生。

搭建竹木结构东西向大棚,棚宽 9 米左右、高 2～2.2 米。定植前 15 天左右扣棚。选择冷尾暖头的晴天定植。定植后立即扣

小拱棚,夜间大棚上加盖草苫。双蔓整枝,每株留1个瓜,每蔓第2~3朵雌花开放时,于当日7~10时人工授粉。

病害主要是白粉病和炭疽病,可用30%氟菌唑可湿性粉剂5 000倍液,或65%代森锌可湿性粉剂500倍液喷雾防治。害虫主要是瓜蚜,可用10%吡虫啉可湿性粉剂2 000倍液防治。

为确保果实成熟,一般在授粉后35~40天采收。收后撤去棚膜,可不撤去立柱。

2. 夏茬早熟大白菜栽培技术   选用耐热、早熟、抗病性强的优良品种,如夏阳、耐热5号等。

清除西瓜残茬,深耕细耙,整地起垄,垄高15~25厘米、宽50厘米,也可做成小平畦,6月中下旬穴播,株距35厘米,行距40厘米。播后覆大土堆,土堆底部直径以不超过垄宽为宜,以防大雨冲出种子或强光晒干种子,2天后拉平土堆,3天后出齐苗。

及时中耕除草,幼苗5片真叶前间2次苗。由于早熟大白菜生长期短,结球初期随水冲施尿素15千克。此时天气炎热,应加强水分管理,结球后期保持地面湿润。

夏季高温多雨,易发生病毒病和软腐病。病毒病发病初期可喷施20%盐酸吗啉胍·铜可湿性粉剂1 000倍液进行防治;软腐病株要及时拔除,并喷施72%农用链霉素可溶性粉剂4 000倍液。害虫主要是蚜虫和黄曲条跳甲,黄曲条跳甲的幼虫为害更重,一中午可将全部幼苗吃光,可在播种时穴施40%辛硫磷乳油500倍液,或于幼苗期用40%辛硫磷乳油1 500倍液灌根。

3. 秋茬青花菜栽培技术   选择万绿、新万或绿秀等品种。为使青花菜在霜降前上市,就在大白菜未收获前、8月上中旬采用营养钵育苗,播前浇透底水,每钵播1粒已催芽的种子,播后覆细土0.8~1厘米厚。覆盖遮阳网,2~3天齐苗后撤去遮阳网。苗期不追肥,保持水分供应充足。有条件的可覆盖防虫网。

清除大白菜残茬后,耕翻耙平,起高垄。一般于下午带土坨定植,株距 40～45 厘米,为增加成活率,第二天早上再浇 1 次缓苗水后覆土。15～20 天缓苗后施三元复合肥 15 千克,现蕾后再追施三元复合肥 15 千克。每次追肥后要及时浇水。一般每隔 7 天浇 1 次水。雨后及时排涝。生长期间田间易滋生杂草,封垄前要进行 2～3 次中耕除草培土。

青花菜抗逆性强,灾害性病虫害发生较少。黑腐病可用 72%农用链霉素可溶性粉剂 4 000 倍液防治;霜霉病可用 40%多菌灵可湿性粉剂 750 倍液,或 25%甲霜灵可湿性粉剂 600 倍液喷雾防治;小菜蛾和菜青虫可用 2%阿维菌素乳油 2 500 倍液,或甲基阿维盐类乳油 2 500 倍液防治。

当花球充分长大,小花蕾尚未松开,整个花球尚紧实时采收。一般在花球出现后 10～15 天,即 10 月下旬,选冷凉的早晨采收。

(八)大棚西瓜、耐热白菜、胡萝卜栽培技术

河南省中牟县西瓜栽培总面积 1 万公顷,其中保护地早熟栽培 2 000 公顷。为了提高土地利用率,郑州市蔬菜研究所近 4 年来推广大棚西瓜、耐热白菜、胡萝卜一年三熟栽培技术,每公顷收获西瓜 45 吨、耐热白菜 30 吨、胡萝卜 67.5 吨,纯收入 9 万元以上,经济效益极为显著。

1. 茬口安排及品种选择 西瓜每年 1 月底双膜覆盖育苗,2 月底定植到大棚中,4 月中旬至 5 月底上市;耐热白菜 6 月初播种,7 月上中旬上市;胡萝卜 7 月中下旬播种,11 月初收获。西瓜选用花龙欣美、花龙早霸、京欣一号等早熟优质高产品种。耐热白菜选用郑早 50、早抗王或日本夏阳等抗病耐热品种。胡萝卜选用郑参丰收红或郑参一号等高产早熟、优质抗病、耐寒耐热三红柱状品种。

2. 西瓜早熟栽培技术 1 月底采用营养钵或营养方,在日光温室或塑料大棚内套小拱棚育苗。苗龄 25～30 天,3～4 片真叶

时定植。垄宽50~60厘米,垄距2厘米,定植前10天扣棚升温。双膜覆盖,2月底采用单垄双向交错呈三角形定植,小行距25厘米。

西瓜3~4片叶摘心,双蔓整枝,子蔓5~6片叶压蔓,每蔓留瓜1个。第一雌花尽早摘除,第二雌花结的瓜坐稳后,多余雌花和幼果全部摘除。雌花开放后在上午7~11时辅助进行人工授粉。

3. 耐热白菜 西瓜拉秧后,精耕耙细起垄,垄高20厘米,垄宽50厘米,每垄播种2行,三角播种,穴距30厘米,每穴点播3~4粒种子。播种后用遮阳网适当遮荫。盘棵后穴施尿素,施后浇水。高温多湿条件下软腐病危害较重,发病期用72%农用链霉素1 500倍液和井冈霉素1 000倍液喷雾防治。害虫有小菜蛾、蚜虫、菜螟和菜粉蝶等,可用拟除虫菊酯、乐果、青虫菌等防治。

4. 胡萝卜 白菜收获后起垄,垄高15厘米,垄宽45厘米,一垄双行,三角播种,小行距20厘米,穴距15厘米。播后覆土0.5厘米厚,并镇压。播后苗前,用除草通、扑草净进行化学除草。

幼苗长至3~4片真叶时定苗。定苗后结合浇水追施复合肥。封垄前再追施复合肥1次。胡萝卜破土期结合浇水,追腐熟人粪尿,隔15天后再追第二次肥。肉质根膨大期是对水分需求最多的时期,应及时满足供水,小水勤浇。后期应注意控水,以防烂根、裂根和刺瘤根。

11月上旬,胡萝卜植株下部叶片发黄衰败后,收获上市,或在酷霜来临前就地掩埋贮藏。过晚易冻不耐贮藏,过早影响产量。

(九)大棚早春西葫芦、越夏白菜、秋延后芹菜栽培技术

甘肃省高台县巷道乡是城郊蔬菜大乡,近年积极探索早春西葫芦、越夏白菜、秋延后芹菜一年三熟高效栽培模式,每667米^{2}产西葫芦5 000千克,产值3 000元;大白菜3 000千克,产值2 400元;芹菜3 500千克,产值3 500元,年产值8 900元。

1. 早春西葫芦 结合深翻，每 667 米² 施腐熟有机肥 7 000～8 000 千克、磷酸二铵 40 千克、硫酸钾 10 千克，深翻、耙耱、整平、做垄，做垄时磷酸二铵、硫酸钾混合后均匀集中施入垄下，垄宽(畦宽)120 厘米，水沟宽 50 厘米，浇透水。定植前 10 天左右垄面覆盖地膜，插拱扣棚，烤地升温。

选择低矮紧凑、早熟高产的抗病品种，如碧波、法国冬玉、纤手、双丰特早等。1 月中下旬，在日光温室或阳畦加拱棚覆盖的方法育苗。

幼苗 3～4 片真叶时，选晴天定植，株距 50 厘米。

定植后棚内白天 25℃～30℃，夜间 18℃～20℃，空气相对湿度保持在 80％左右，促根缓苗。缓苗后通风降温，白天保持20℃～25℃，夜间 12℃～15℃。坐瓜前不旱不浇水，坐瓜后适当提高棚温，白天 25℃～28℃，夜间 15℃～18℃，以满足秧果同时生长的需求。结果期小水勤浇。每 15 天追肥 1 次，施磷酸二铵 25千克、尿素 15 千克。开花期棚内无传粉昆虫，需进行人工授粉。若无雄花或因温度过低影响授粉受精时，可用 25～35 毫克/升的防落素加入 0.1％～0.2％的 50％速克灵(腐霉利)可湿性粉剂醮花。5 月上旬外界气温稳定时揭去棚膜。西葫芦开花后 8 天左右，提早采收嫩瓜上市，促进幼瓜生长，提高产量。

2. 越夏大白菜 选择耐热性强、抗病、净菜率高、品质细嫩、外叶少、高产、生育期短、结球紧实的白菜品种，如春秋王、四季王等，5 月下旬用营养钵育苗。播后覆盖遮阳网，勤洒水，及时防治蚜虫。经 20 天左右，幼苗 5～6 片真叶时移栽。

6 月上中旬，西葫芦拔秧清园后，及时整地，按行距 50 厘米、株距 40 厘米划线挖穴。穴施磷酸二铵 20 克，覆土，选阴天或晴天傍晚带土移栽。定植后浇水 1～2 次，生长期间要小水勤浇，保持土壤潮湿。缓苗后穴施尿素 20 千克，莲座期、结球初期随水追施尿素 20～25 千克。

越夏白菜收获期不严格,定植后 40 天左右,叶球基本形成时,可采收上市,以取得较高经济效益。

3. 秋延后芹菜 选用美国四季西芹、文图拉等品种。6 月中下旬覆盖遮阳网播种育苗,防止强光暴晒。播后即浇水,使苗床表土始终保持湿润。2~3 叶时,结合浇水随水追施 1 次速效性氮肥。当苗高 10~15 厘米、5~6 叶时及时定植。定植后浇 1 次透水,促进缓苗。

缓苗后浇 1 次透水,然后控制水分,并及时进行中耕松土。新叶开始旺长,浇 1 次提苗水,施碳酸氢铵 20 千克。10 月中旬水肥齐攻,每隔 10~20 天,追施硝酸铵 15~20 千克,采收前 5~7 天停止浇水。采收前 1 个月,喷施赤霉素 2 次,增加产量。10 月中旬扣棚。随着气温下降,逐渐减少通风量,霜降后少通风或不通风。

1 月上中旬采收上市。采收芹菜可分次间拔,也可劈叶采收。一般秋延后芹菜多采用整株采收。整株采收的芹菜要及时,不可收获过晚,否则养分易向根部输送,造成产量和品质下降。

(十)大棚秋冬芹菜、早春白菜、越夏冬瓜栽培技术

山东省兖州市通过对一些典型蔬菜种植户生产经验的总结,筛选出大拱棚秋冬芹菜、早春白菜、越夏冬瓜一年三种三收高效种植模式。该模式每 667 米^2 可产芹菜 3 000 千克、白菜 6 000 千克、冬瓜 7 500 千克,经济效果显著。

1. 茬口安排 秋冬芹菜 7 月中旬采用防虫网覆盖育苗,苗龄 60 天左右,约 9 月中下旬定植到大拱棚内,11 月下旬至 12 月上旬开始陆续采收。早春白菜元旦前后温室育苗,2 月上中旬定植大拱棚,4 月中下旬收获。冬瓜 4 月中旬采用阳畦育苗,5 月中旬定植,8~9 月份陆续收获上市。

2. 秋冬芹菜 选用美国加州西芹、文图拉西芹、朝华实芹、天津实芹等芹菜优良品种。播种前应深翻栽培地,施腐熟有机肥

5 000 千克、氮磷复合肥 50 千克、尿素 20 千克、硼砂 1 千克,将各种肥料掺和均匀,结合整地施入。然后将栽培地耙细整平,做成宽 1.8～2 米的平畦。

壮苗是丰产的基础,苗床面积应比常规育苗面积增加 1/3,而播种量要减少一半左右。一般每 667 米^2 定植田需要苗床 90 米^2,播量 60～90 克。当苗高 4～5 厘米时及时间苗除草,使苗距保持 4～5 厘米。幼苗 5～6 片叶时选壮苗定植,采用单株稀植,保持株距 10～12 厘米。栽后及时浇水,促进缓苗。

缓苗后加强肥水管理,一促到底,防止植株因缺水导致纤维增多,影响产品质量。田间土壤保持见干见湿,并结合浇水冲施碳酸氢铵 50 千克。生长后期结合防病治虫,叶面喷施 0.3％磷酸二氢钾溶液,促进茎叶旺盛生长。10 月中下旬拱棚覆盖保温。定植前、缓苗后和扣棚前均要用百菌清或甲霜灵防治芹菜叶斑病,用吡虫啉防治蚜虫、白粉虱。

11 月下旬后,芹菜株高 40 厘米以上时,采收上市。

3. 早春白菜 早春拱棚白菜应该选择耐低温、抗抽薹、高产优质的品种,如春秋王、强势、胜春、阳春等。越冬芹菜收获后,每 667 米^2 施腐熟有机肥 2 000 千克、三元复合肥 25 千克,将地深翻耙匀,整成垄距 50 厘米、高 15 厘米、垄面宽 20～30 厘米的小高垄。

大拱棚早春白菜,一般元旦左右在温室育苗,采用垄上开沟点播,播后盖细土 1 厘米厚。出苗后用精喹禾灵进行化学除草,每 667 米^2 用量 50 毫升。苗期控水控温,培育壮苗。一般当苗龄 35～40 天、立春前后定植到大拱棚。定植时先在垄顶上开浅沟,按行株距 50 厘米×40 厘米定植。

定植后及时浇水,莲座期、结球初期结合浇水分别施氮、磷肥 15 千克、20 千克。

早春白菜在生长期间易感染病毒病、软腐病、霜霉病,应及时分别喷洒 20％盐酸吗啉胍·铜可湿性粉剂 500 倍液、72％农用链霉素可溶性粉剂 4 000 倍液、64％噁霜·锰锌可湿性粉剂 400 倍液进行防治。收获前 10 天内禁止用药。

一般从 4 月中下旬开始可挑选结球紧实的植株分批收获上市。

4. 越夏冬瓜 选用抗病、丰产、耐贮藏、商品性好的广东黑皮冬瓜。白菜收获后及时清除田间杂草及植株残体，将地深翻整平，做成垄距 1.5 米、垄顶宽 15 厘米、垄底宽 20～25 厘米的小高垄。

4 月上中旬在拱棚内育苗。提倡使用营养钵，这样定植的冬瓜不伤根，生长健壮，没有缓苗期。苗期注意及时通风降温排湿，通风时要小心，以免"闪苗"。之后逐渐增加通风量，进行低温炼苗。5 月中下旬，冬瓜苗龄 40 天左右、幼苗 3～4 片真叶时要及时定植。定植宜早不宜晚。定植前 7～10 天浇水，以利于起苗。定植时先在整好的垄顶上挖坑，株行距 60 厘米×150 厘米，栽后浇水稳苗。之后中耕松土，提高地温。秧蔓长到 5～6 片真叶时施 1 次发棵肥，可顺畦的一侧施尿素 15～20 千克。抽蔓时搭架，每 2 株搭 1 个三角架。用高 1.8 米、粗 2～3 厘米的竹竿搭成 1.4 米高，然后用横杆连接；也可在植株间每 20 米埋 1 根水泥立柱，立柱间用 8 号铁丝相连，然后把三角架固定在铁丝上，增加牢固性。选横杆以下 10～15 厘米、植株第二、第三个雌花处留 1 个瓜，其他雌花疏去。当冬瓜坐住后达拳头大小时施攻瓜肥，每 667 米^{2}可施硫酸钾复合肥 15 千克。长至 0.5～1 千克时，及时吊瓜。生长期可用 2.5％联苯菊酯可湿性粉剂 2 000 倍液防治黄守瓜、瓜实蝇等害虫，用 72％霜脲·锰锌可湿性粉剂 600～800 倍液防治霜霉病、疫病，用 65％甲霜灵可湿性粉剂 600 倍液防治白粉病。

冬瓜坐住后 30～40 天，瓜皮变成深黑色，表面茸毛褪尽后要及时采收。为延长冬瓜的贮存期，在瓜接近成熟时要控制浇水次数及浇水量。

(十一)大棚早春西瓜、夏白菜、秋延后辣椒栽培技术

山东省费县谭雷等报道,大棚早春西瓜、夏白菜、秋延后辣椒,1月下旬在日光温室内进行西瓜育苗,3月上中旬定植,5月上旬开始采收;5月下旬种植夏白菜,7月下旬收获;7月下旬进行辣椒育苗,元旦至春节收获。该模式一般每667米^{2}产西瓜4 000千克以上,夏白菜1 200千克,辣椒1 700千克以上,纯收入在8 000元以上。

1. 大棚早春西瓜栽培技术 西瓜选用京欣一号、鲁青七号、抗病苏蜜、富丰帝龙、西农八号等品种。砧木选用南砧一号、全能铁甲、青砧一号或当地白皮葫芦等品种。

适宜播期为1月下旬。采用靠接育苗,西瓜砧木应提前5～10天播种;插接育苗,砧木应比西瓜提前5～7天播种。播种前3～4天进行浸种催芽。温汤浸种后置30℃发芽床上,经25小时后,50%以上露白时分批播种。营养土由大田或葱蒜地表土6份,优质腐熟圈肥30份,腐熟大粪干1份,过筛后每立方米加入三元复合肥1.5千克、草木灰5千克、50%多菌灵粉剂80克。营养钵育苗,每钵播1粒种子,播后盖1.5厘米厚细土。采用靠接法,在砧木和西瓜苗均长出1心叶,砧木、西瓜苗大小相近时嫁接;采用插接育苗,在砧木出现心叶、西瓜苗两片子叶展平时进行嫁接。嫁接完的幼苗要随接随栽随浇水,并盖草苫遮荫。嫁接后密封管理,使空气湿度达饱和状态,不必换气,3～4天后在清早、傍晚空气湿度高时换气,并逐渐增加通风时间和通风量,10天后按一般苗床管理。

一般每667米^{2}施优质圈肥4 000～5 000千克、饼肥100～150千克、过磷酸钙75～100千克、硫酸钾20～25千克。施肥时将全部圈肥和1/2磷肥施入沟底部,填入部分熟土,并将土肥混匀,然后把其余肥料施入10厘米左右的表层土壤中。整地时按

1.7 米左右的行距,挖宽 50 厘米、深 40～50 厘米左右的瓜沟,生、熟土分别放两侧,待晾晒风化一段时间后分别将土回填到沟内。

3 月上中旬,西瓜苗龄 40～45 天即可定植。定植时在垄中央开 10～12 厘米深阳沟,沟内浇水,按 50～55 厘米株距栽苗,栽后平沟,覆盖地膜。

定植后白天温度保持在 28℃～32℃,夜间不低于 14℃。从缓苗到坐瓜后,棚温保持在 30℃,夜间 15℃～20℃、空气相对湿度 50%～60%。每次浇水后都应通风换气,降低湿度。采用三蔓紧靠式整枝法,即保留主蔓和 2 条健壮侧蔓,其余均及时剪除。选择主蔓第二朵雌花坐瓜,并在第二朵雌花蕾前留 3～5 片叶摘心,及时淘汰其他雌花。雌花开放时,于开花的当天上午 7～9 时进行人工授粉,授粉后插牌标记授粉日期。第一茬瓜采收后,在第三蔓基部留 10 厘米左右的茎蔓,剪去其余部分,留二茬瓜。

苗期适当控制肥水,若幼苗表面缺水时,可进行点浇或小水暗浇。伸蔓后浇水量适当增加,以浇小水为主。植株甩龙头后,在植株一侧 20 厘米处开沟,施用三元复合肥 15～20 千克。开花坐瓜期一般不再浇水。结果期要肥水紧促。坐瓜后 5～7 天追施三元复合肥 25～30 千克、尿素 5～6 千克。结瓜后喷叶面肥,提高西瓜品质和质量。

合理轮作,减轻枯萎病等病害的发生;用高锰酸钾或 40% 甲醛溶液浸种,对苗床进行土壤处理和嫁接育苗,培育无病壮苗;用 66.5% 霜霉威盐酸盐水剂 1 000～1 500 倍液,或 64% 噁霜·锰锌可湿性粉剂 400～500 倍液喷施防治猝倒病;定植时用 50% 多菌灵可湿性粉剂 2 千克,拌细土 100 千克,放定植穴内,或用 70% 甲基硫菌灵 1 000 倍液灌根预防炭疽病;在枯萎病发病初期,以病株根际为中心,挖深 8～10 厘米,半径 10 厘米的圆形坑,使主根部分裸露,用 25% 多菌灵可湿性粉剂 800 倍液,或 50% 多菌灵可湿性粉剂 500 倍液,或 70% 甲基硫菌灵可湿性粉剂 1 000 倍液灌根,防治枯萎病,并可兼治蔓枯病。

2. 夏白菜栽培技术 选择夏阳 50、夏优 3 号、优强等品种。播种前深耕 25 厘米以上,做成南北向的高垄。垄底宽 30 厘米,垄顶宽 20 厘米,垄高 15 厘米,垄距 50 厘米。垄的东坡面要高大一些,西坡面要陡一些,以利于排水、通风和防止沤根。

5 月下旬播种。夏白菜宜直播。播种时,先在垄的东坡面的中上部划一条深约 0.6~1 厘米的浅沟,按株距 45 厘米,将种子均匀地播在沟中,然后覆土平沟。因直播白菜出土后最忌太阳暴晒,所以播种时间宜选在下午到傍晚之间。

在 3~4 叶期进行定苗,雨后及时划锄;同时,要在施足基肥的基础上,根据长势补施化肥。中间还要喷绿芬威、沼液、高乐等高效浓缩叶面肥 4~5 次,促进营养生长。在病虫防治上,采用残效期短的低毒农药和生物农药,如苏云金杆菌杀虫剂等防治菜蚜和菜青虫。霜霉病可用 72% 霜脲·锰锌可湿性粉剂 800 倍液进行防治;软腐病和细菌性叶斑病可用 50% 丁戊己二元酸铜 400 倍液,或 47% 春雷·王铜可湿性粉剂 600 倍液等防治。

3. 秋延后辣椒栽培技术 秋延后辣椒应选择抗热及耐低温、植株生长势强、果穗整齐、个头大,抗病高产的优良品种,目前表现较好的品种有沈椒 4 号、苏椒 5 号、江蔬 2 号等。

7 月下旬开始育苗。播种前 5~10 天,要及时整地并施足腐熟优质圈肥及少量复合肥。为防病虫害,10 米^2 需施 50% 多菌灵可湿性粉剂或 70% 甲基硫菌灵可湿性粉剂 70~80 克、1.5% 辛硫磷颗粒剂 0.25~0.5 千克。整好苗床要及时扣棚。播前严禁雨水淋地,并在周围挖好排水沟。

每 667 米^2 栽培面积需用种 150~200 克,需播种面积 25~30 米^2。采用撒播法播种,播后覆盖细土厚 1 厘米。如不分苗,可开沟条播。撒种要稀。播后及时扣上拱棚。待辣椒 3~4 片真叶时分苗,行距 10~12 厘米,株距 8~10 厘米。

秋延后辣椒苗期正处于高温、高湿季节。播种后白天要把棚四周薄膜掀起至 1 米高处,以利于通风。温度超过 35℃时,白天要适当遮荫降温,如下雨要及时把薄膜放下,千万不要让雨水进入苗床。

一般在 8 月下旬至 9 月初定植,苗龄 35～40 天,有 1～2 个分枝。耕翻土地时施腐熟优质土杂肥 5 000 千克以上,并注意减少氮肥施用量。在整好地、扣好薄膜的棚内定植,行距 50 厘米,株距 30 厘米,每穴单株。定植时用 40％多菌灵 1 200 倍液浇穴。

定植后气温仍很高,要加大通风量,并进行遮荫。遇旱要浇井水,切不可进行大水漫灌,严禁雨淋、防止发病死棵。浇水最好在早、晚进行。夜间温度不低于 15℃,可小通风,低于 15℃时要关闭通风口。气温下降后,白天气温不超过 30℃可不通风,超过 30℃时中午进行短期通风。随着气温的下降,在棚外加盖草苫。若植株长势旺盛,出现徒长,对旺长的棚及地块,在坐果较多的情况下要及时打顶,促进分枝,便于坐果。对门椒以下生出的毛脚小分枝,以及内膛徒长的分枝和旺长枝要及时去掉,以免影响通风,造成减产。

发生病毒病,可用 20％盐酸吗啉胍·铜可湿性粉剂 500 倍液,高锰酸钾 1 000 倍液或植病灵等进行防治。

秋延后辣椒可随时采收,但一般以元旦至春节行情较好时陆续采收,同时不影响西瓜定植。

(十二)大棚香菜、番茄、莴笋栽培技术

北京市大兴区张海芳等探索出了第一茬香菜、第二茬番茄、第三茬莴笋一年三茬的大棚高效栽培模式。

第一茬香菜 11 月下旬至 12 月初直播,翌年 4 月上中旬采收。第二茬番茄 4 月上中旬播种育苗,5 月中下旬定植,7 月中旬开始采收,8 月下旬采收完毕。第三茬莴笋 8 月下旬育苗,9 月初

定植,11 月中下旬采收。

1. 越冬香菜 越冬香菜选择大叶香菜,品种有莱阳芫荽、山东大叶芫荽、北京大叶香菜等。

每 667 米² 施腐熟有机肥 5 000 千克,深耕整平,做成 1.5 米宽的平畦。播种时把圆粒种子搓开,采用撒播或条播,播后搂平、踩实、浇水。

翌年 2 月中旬,大棚的土壤已经解冻,浇 1 遍水,使香菜发芽。10 天左右出苗,苗出齐后控制浇水。苗高 4~5 厘米时,及时锄草、间苗。生长盛期浇水 2~3 次,切忌大水漫灌。随水追施硫酸铵 10~15 千克。白天棚温不超过 25℃,温度高时要及时放风,夜间保持 10℃~15℃。香菜在生长过程中,主要害虫是蚜虫,可用 50%抗蚜威可湿性粉剂 2 000~3 000 倍液喷洒,用烟剂熏蒸防治效果也较好。在 4 月上中旬株高约 20~30 厘米时,即可分批采收,也可一次性收获。

2. 晚春早夏番茄 由于此茬番茄生长中后期,处于高温阶段,需选择耐热、高产抗病的品种,如蒙特卡罗、金棚 1 号等。采用穴盘或营养钵育苗,播种时间在 4 月中旬。为防苗期病害,可拌成药土撒在种子上。药土可用 50%多菌灵,每平方米 8~10 克,加土拌匀后撒于种子上,再覆盖细土 5~6 毫米。

5 月下旬,日历苗龄 40~45 天、4~5 片真叶时定植。采用小高畦,畦高 15~18 厘米,小行距 60 厘米,大行距 80 厘米。定植后,白天 28℃~32℃,超过 32℃时开顶风口放风,夜间 15℃~20℃,保持 5~7 天;开花坐果期,白天 25℃~28℃,超过 30℃时开始放风。由于外界温度越来越高,6 月下旬以后需加盖遮阳网,降低棚内温度。在傍晚采用小水勤浇的方法降低地表温度。

定植后及时吊绳,采用单干直立架整枝,留 4 穗果,每穗留 3~4 个果。在第四穗果实上留 2~3 片叶掐尖。采收下部果实后及时将底部的老叶、黄叶打掉,利于通风。

3. 秋莴笋 秋莴笋生长前期温度高、后期温度低,因此应选用特耐热二白皮品种。

8月中旬播种育苗。播种前先对种子浸种催芽,使用穴盘或营养钵育苗。

秋莴笋可在封垄前中耕2～3次,注意蹲苗。在10月底将大棚膜扣上,莴笋生长最适宜的白天温度为15℃～20℃,夜温以12℃～15℃为宜。定植后15～20天,进行1次追肥,施尿素15千克或硫酸铵20千克;定植后30天,进行第二次追肥,追三元复合肥15～20千克,追肥后及时浇水;当茎开始膨大时,每隔10～15天施三元复合肥20千克,生长后期,可采用0.2%～0.3%磷酸二氢钾溶液进行叶面喷肥,以满足莴笋生长后期对营养的需要。

霜霉病可使用64%噁霜锰锌可湿性粉剂500倍液或72%霜脲·锰锌可湿性粉剂800倍液。菌核病可选用50%腐霉利可湿性粉剂1500倍液防治。软腐病用72%农用链霉素可溶性粉剂4000倍液防治。

莴笋平尖后为最佳采收期,11月中下旬采收完毕。

(十三)大棚番茄、菜花、越冬菠菜栽培技术

河北省辛集市耿庄村,充分发展蔬菜种植传统。在大棚种植中,摸索并总结出了早春番茄、菜花、越冬菠菜一年三茬种植模式。早春番茄1月初温室育苗,3月中旬定植大棚,7月中下旬拉秧。菜花6月中旬育苗,7月中旬定植,9月中旬开始采收,9月底腾茬。越冬菠菜9月下旬至10月初播种,翌年元旦前后开始采收上市,一直供应到3月初。每667米^{2}产番茄5000千克、菜花2500千克、越冬菠菜3500千克,总产值9800元。扣除折旧、投资共2000元,每年纯收益7800元。

1. 早春番茄 品种选用L402、1856,1月初温室育苗。幼苗长出2片真叶时,按株、行距10厘米分苗。苗高15～20厘米,7～

9片真叶,现大花蕾时开始定植。南北向大棚,东西向等行距,行距50厘米,株距30厘米。浇定植水后,地膜覆盖栽培。定植后浇缓苗水,5～7天内,棚内保持白天22℃～30℃,夜间13℃。第一穗花开时逐渐放风,保持白天30℃以下。第一穗花开过半时,用番茄灵涂花柄。采用单干整枝,及时打杈。每穗留果3～4个,每株留果穗3～4穗。第一穗果核桃大小时浇水,追施膨果肥,以后每隔7～10天浇一水,每隔一水追施1次肥,每次每667米^{2}追尿素10～15千克。及时防治病虫害。5月中下旬开始采收,7月中旬拉秧。

2. 菜花 品种选用丰花60,6月中旬露地育苗。播种后及时在育苗畦上搭荫棚。幼苗5～6叶时定植,行、株距40厘米。浇定植水、缓苗水,中耕锄划蹲苗。在花球3厘米左右时,浇水追肥,每667米^{2}追尿素20千克。以后,每隔5～7天浇一小水,保持土壤湿润,注意降雨后排水。结球后为防止日晒,可折外叶盖在花球上。注意及时防治病虫害。9月中旬开始采收。

3. 越冬菠菜 选菠杂10号。9月下旬整地做畦。一般5米^{2}畦播纯净种子50克。干种直接撒播后,用耙子沿畦面从头到尾耙一遍,深度1～1.5厘米,而后再踩一遍,踩后浇透水。在苗前苗后要保证畦表面湿润。下霜前(一般10月中旬)扣上大棚膜,温度再降低时,白天要将棚底脚封严。如果以后遇到高温,可以打开大棚门稍微放风,温度控制在15℃～20℃。扣棚膜前2～3天要浇1次水,扣棚后至采收前可不浇水。当株高25厘米时即可采收,一直供应到春节前后。

(十四)可移动大棚甘蓝、莴笋、娃娃菜栽培技术

甘肃省张掖市经济作物技术推广站经过2年多,成功研制了一种成本低、效益高的可移动塑料大棚,每栋大棚成本仅4 000元左右。2005年张文斌在张掖市甘州区梁家墩镇一栋占地432米^2

的可移动大棚采用甘蓝、莴笋、娃娃菜的种植模式,头茬甘蓝产量3 100千克,收入3 010元,第二茬莴笋产量3 900千克,收入4 200元,第三茬娃娃菜产量4 100千克,收入3 070元,折合每667米²产值15 872元。2006年在甘州区周围乡(镇)示范推广了3公顷,2007年上半年示范推广面积达到15公顷,2008年全市计划推广200公顷。

1. 可移动大棚结构 大棚为南北走向,长54米、宽8米、高2.8米,总面积432米²。用直径5厘米的钢管做成半圆形拱杆,拱杆间距4米。每隔40厘米拉一根镀锌钢绞线并有钢丝固定在拱杆上,两端拉紧拴在地锚上,然后在钢绞线上每隔50厘米与拱杆平行插一根竹条。大棚东西设通风口,配备防虫网。采用单栋钢管大棚结构,具有土地利用率高、通风采光好、建造成本低、避开严冬季节定植、不用覆盖草帘、劳动强度小、可移动等优点。利用大棚的可移动性,可使土壤得以轮换休整。

2. 种植模式及茬口安排 甘蓝于1月下旬育苗,3月下旬定植,5月上旬采收;莴笋4月中旬育苗,5月中旬定植,7月中旬采收;娃娃菜7月下旬直播,9月下旬采收。

3. 甘蓝栽培技术 选用早熟结球甘蓝品种8398、中甘11号、庆丰等。适时播种是春甘蓝栽培的重要技术措施之一。张掖市一般于1月下旬在日光温室内设小拱棚,苗床面积3.6米²,采用干籽撒播的方式育苗,播种前将苗床浇透水,播后覆约1厘米厚细土,每667米²用种量50克。出苗期温度控制在白天20℃～25℃、夜间10℃左右,齐苗后温度可适当降低,无论晴天或阴雨天都要通风。定植前进行炼苗,温度白天15℃～18℃,夜间不低于8℃。

3月下旬,幼苗6～7叶时定植于大棚。垄宽60厘米、沟宽30厘米、垄高15厘米,垄上覆盖80厘米宽的地膜。

一般在5月上旬当叶球充分长大、紧实,单球质量达0.8～1

千克时即采收。也可根据市场行情,如果菜价较低,可延迟采收,以不耽误下茬作物播种为宜。

4. 莴笋栽培技术　选择长日照、不易抽薹的花叶笋、新疆白尖叶、西宁莴苣等品种。4 月下旬选晴天上午播种,育苗畦先浇足水,待水渗下后,再均匀撒播,播后覆 0.5 厘米厚的细土,立即覆膜,夜间加盖草帘保温。苗龄 25～30 天,于 5 月中旬选晴天上午定植。定植后立即浇水。

定植后结合施肥浇水 1～2 次,待表土稍干即中耕,进入莲座期茎开始膨大时,一般每隔 7～10 天浇 1 次水,结合浇水可追肥2～3 次,每次施尿素 8～10 千克。为防止莴笋裂口,要适当控制浇水,切勿在长时间干旱和高温天气下大水漫灌。

5. 娃娃菜栽培技术　娃娃菜一般生育期 45～55 天,商品球高 20 厘米,直径 8～9 厘米,帮薄甜嫩,味道鲜美,单株净菜重150～200 克。宜选用春玉黄。在原畦面上按株距 18 厘米、行距40 厘米直播,每穴 1～2 粒,或 1 穴 2 粒和 1 穴 1 粒交叉点播,播种后 15 天要间苗、定苗、补苗、除草。苗期及时防治蚜虫,小水勤浇,降低地温,切忌干旱,及时中耕松土,促进根系发育。夜温应保持在 13℃以上;生长中后期白天要特别注意通风降温和除湿,最高温度保持在 25℃左右。缓苗后开穴追施腐熟有机肥 500 千克或三元复合肥 20 千克;进入结球期后,再开穴或随水追施三元复合肥 25 千克。生长期间叶面追肥 3 次,可用 0.3%磷酸二氢钾＋0.5%尿素混合液喷施。收获前 15 天停止浇水,以利于贮藏。

叶球纵径约 15 厘米,最大横径 7 厘米,中部稍粗时采收。采收时,一般将整株娃娃菜连同外叶采收,包装时按商品标准大小剥去外叶,每包装 2～3 个小叶球。包装和运输应在冷藏条件下进行。

(十五)春黄瓜、豇豆、青菜栽培技术

吉林省延吉市于文利等报道,春黄瓜、豇豆、青菜三茬高效栽培,效果好。春黄瓜于1月上旬播种育苗,2月中旬大棚内定植,4月上中旬至6月中旬收获。豇豆于6月下旬直播,8月中旬至10月上旬收获。青菜于10月中旬播种,11月中下旬至翌年1月下旬收获。

1. 春黄瓜 春黄瓜大棚栽培时,应选择耐低温、耐弱光、早熟、丰产、抗病性强、商品性好、适应市场需求的优良品种,主要选用宝杂2号、宝杂7号以及津春系列、津研系列黄瓜品种。

1月上旬播种,采用大棚内电加温育苗。每667米²用种量100~150克。播前需配制好营养土,准备好苗床。营养土按(体积比)菜园土6份、腐熟筛细的商品有机肥3份、砻糠灰1份配制,并且每立方米加入1千克左右的三元复合肥(氮:磷:钾为15:15:15,总养分45%,以下相同)和少量50%多菌灵可湿性粉剂,充分混合拌匀后晾开堆放待用。

选择3年以上未种过葫芦科蔬菜的大棚地块做苗床,提前深翻晒白,先挖去深10~15厘米的床土,整平后按每平方米80瓦铺设电加温线,线间距离为10厘米左右,中间可稀一些,边上要密一些。

将营养土装入直径约8厘米的营养钵内,排列于已铺电加温线的苗床上。播种前1天,营养钵需浇足底水。播种时需种子处理:先将黄瓜种子浸于55℃温水中15分钟,不断搅拌水温与室温相同,捞起后用清水冲洗,去除杂籽、劣籽和瘪籽。将处理好的种子横放于营养钵内,每钵1粒,播后浇少量水,用营养土盖籽,厚0.5~1厘米。然后盖地膜,搭小拱棚,夜间加盖无纺布,保温保湿,防止霜冻。

播种至出苗期间,小拱棚内白天保持28℃~30℃,夜间保持

25℃。出苗后揭去营养钵上的地膜,白天保持 25℃～28℃,夜间20℃、不低于 15℃。

整个苗期以防寒、保暖为主,晴天气温高时可揭去小拱棚上的覆盖物,让秧苗多照阳光,夜间再盖好,白天保持 20℃～25℃、夜间 13℃～15℃。苗期不宜多浇水,苗床湿度过高,将加重病害发生。若秧苗叶色黄、长势弱,可适当追施叶面肥,追肥在晴天中午进行,肥液浓度要低。定植前 7 天进行炼苗,逐渐降低苗床温度,白天保持 15℃～20℃、夜间 8℃～10℃。

选没有重茬的大棚,每 667 米^2 施腐熟有机肥 3 000 千克、三元复合肥 50 千克作基肥,翻入土中,旋耕深度 20～25 厘米,旋耕后平整土地。标准大棚做成 4 畦,畦宽 1.1 米左右,畦与畦之间沟宽 30 厘米,沟深 20～25 厘米。整平畦面后铺地膜,将膜绷紧铺平后四周嵌入泥土中,以利于保湿、保温。

于 2 月中旬定植,苗龄 35～40 天,每畦 2 行,株距 33 厘米。定植要选在晴天进行,用打洞器或移栽刀开挖定植穴,脱去钵提起苗,将苗放入定植穴内,用土壅根,密封地膜定植口,浇搭根水。同时,搭好小拱棚,盖薄膜,夜间覆盖保暖物,定植最好在下午 3 时前结束,以利于缓苗。

定植后 3 天内不通风,白天保持棚温 25℃～28℃,夜间不低于 15℃,缓苗后,白天不超过 25℃,夜间保持在 10℃～12℃,超过30℃以上,应立刻通风降温。进入采收期后,保持白天温度 25℃最为适宜。

施肥应掌握先轻后重的原则。定植后 7～10 天施提苗肥,每667 米^2 追施尿素 2.5 千克左右;抽蔓至开花,每 667 米^2 追施三元复合肥 5 千克;采收后视生长和采收情况追肥 2～3 次,每次每667 米^2 施三元复合肥 5 千克逐步增加至 15 千克。

黄瓜前期需水量小,进入开花结果期后需水量大增,应采用滴灌、浇灌等方式及时补充水分。

黄瓜抽蔓后及时搭架、绑蔓。第一次绑蔓在植株高30厘米左右时进行,以后每3～4节绑1次,宜下午进行,避免发生断蔓。及早摘除10节以下的全部侧枝,主蔓满架后及时打顶。

黄瓜病害主要有霜霉病、疫病、白粉病、病毒病等。霜霉病可选用72%霜脲·锰锌可湿性粉剂800～1000倍液,或50%烯酰吗啉可湿性粉剂3000倍液防治;疫病可用72.2%霜霉威盐酸盐可溶性液剂1000倍液防治;白粉病用40%氟硅唑乳油4000～5000倍液防治;病毒病选用2%宁南霉素水乳剂250倍液,或盐酸吗啉胍·铜可湿性粉剂700～1000倍液进行防治。

黄瓜害虫主要有蚜虫、瓜绢螟、美洲斑潜蝇等。蚜虫可用70%吡虫啉水分散粒剂3000～4000倍液防治;瓜绢螟可用苏云金杆菌乳油5000倍液防治;美洲斑潜蝇用75%灭蝇胺可湿性粉剂2500～3000倍液等高效、低毒、低残留农药科学防治。

及时采收,前期要适当采收,根瓜应及早采收,以免影响蔓叶和后续瓜的生长。结果初期,每隔3～4天采收1次,盛果期1～2天采收1次。勤于采收,有利于延长结果期和提高产量。后期瓜根据市场需求可适当留大、留老。

2. 豇豆 豇豆秋栽品种主要有秋豇512、香穗豇等。豇豆对日照长度要求不严格,因此春季栽培的品种如上豇一号、长豇一号、3347等品种也可使用。

前茬黄瓜拔秧后,及时清洁田园。秋豇豆采用直播方式,于6月下旬播种,每畦栽2行,可在黄瓜定植穴之间穴播,株距22～25厘米,每穴3～4粒。播后覆土,浇足出苗水。

出苗后及时施提苗肥,每667米^{2}施三元复合肥3～5千克。抽蔓后应及时引蔓,引蔓应在露水未干或雨天进行。当蔓爬至架顶时,要打顶摘心。植株开花结荚后,追肥2～3次,每次追施尿素10～15千克。由于秋豇豆生长处于高温季节,浇水最好在下午4时进行,切忌漫灌。豇豆耐旱,不耐涝,雨水多时,及时排除。秋豇豆生长期间正值台风季节,注意加固棚架,防止倒塌。杂草多时应中耕除划,减少虫害。

豇豆的病害主要有白粉病、锈病、煤霉病等。白粉病可用10%噁醚唑水分散性粒剂1000～1500倍液防治;锈病用43%戊唑醇悬浮剂4000～6000倍液防治;煤霉病选用80%代森锰锌可湿性粉剂800倍液,或50%腐霉利可湿性粉剂1000倍液防治。

豇豆害虫主要有豆野螟、蚜虫、美洲斑潜蝇。豆野螟用苏云金杆菌粉剂1000～1500倍液喷雾防治;蚜虫用70%吡虫啉水分散性粒剂3000～4000倍液,或21%增效氰·马乳油5000倍液,或10%吡虫啉可湿性粉剂2500倍液防治;美洲斑潜蝇用75%灭蝇胺可湿性粉剂2500～3000倍液喷雾防治。

嫩荚已饱满,而种子尚未显露时,为采收适期。秋豇豆播种后60天就可以采收,扎成把,装箱上市。

3. 青菜　可选用605青菜、锦园新矮青、红明青菜等品种。

播种前翻耕、平整土地。整地时做到深沟高畦、排灌方便。每667米²施用腐熟有机肥1500～2000千克,每标准棚做3畦。

作为原地菜直播,播种量每667米²用0.7千克左右,播种前浇足底水,播后畦面浅耙1次再浇水,然后在畦面上覆盖遮阳网,出苗后将遮阳网揭掉。

前期温度高,每隔3～4天浇1次水;后期适当浇水。追肥视苗情,一般追肥1～2次,每次每667米²施尿素15千克左右。

病害以病毒病为主,注意防治蚜虫;害虫主要有小菜蛾、菜青虫等,使用农药防治时应选用高效、低毒、低残留的农药,如5%氟虫腈胶悬剂2000～2500倍液喷雾防治小菜蛾效果好。

播种1个月后就可以陆续采收。

(十六)冷暖棚番茄、番茄、芹菜栽培技术

河北省滦南县采用番茄、番茄、芹菜栽培:第一茬番茄一个棚

产量3 500千克,产值6 000元;第二茬番茄产量3 500千克,产值2 200元;第三茬芹菜产量3 200千克,产值2 100元。单棚总产值13 000元,3茬成本4 000元,纯收入9 000元,折合每667米² 收入15 000元。

1. 选种及茬口安排 第一茬番茄选用美国4号、L400。11月下旬播种,翌年2月上旬定植,4月中旬采收,5月下旬拉秧。第二茬番茄选用1857、东圣,5月下旬播种,6月上旬定植,8月上旬采摘上市。第三茬芹菜选用美国西芹文图拉,7月中旬播种,9月中旬定植,11月中旬采收。

2. 春茬番茄栽培技术 选用高产抗病品种L400、美国4号。11月下旬将已经浸好种的种子,放在25℃～30℃环境中催芽,50%出芽后播种。在冷暖棚内整地做畦,每667米² 施优质基肥5 000～6 000千克、三元复合肥25千克。深翻30～40厘米,搂平做垄,垄宽60～70厘米,垄沟宽30～40厘米,垄高20～25厘米,上覆地膜。当幼苗有7～9片真叶现花蕾,苗龄60～70天时定植,株行距25～35厘米×40～50厘米。采用单干整枝,每株留2穗,每穗3～4个果。每穗有2～3朵开花时用防落素喷花。定植时浇定植水,第一穗果有核桃大小时结束控秧,第一次浇水,施硫酸钾复合肥20～30千克。此后,每隔8～10天浇1次水,第二穗果膨大时,随水冲施硫酸钾复合肥15～25千克。在生长中后期喷施0.2%磷酸二氢钾溶液2～3次。4月中旬采摘上市,5月下旬拉秧。

3. 越夏番茄栽培技术 选用1857、东圣。5月上旬在育苗畦内播种,播前用10%磷酸三钠溶液浸种10分钟,后用清水冲洗,待种子吸足水分直接播种,播后保持苗床湿润,确保出苗整齐。苗龄25～30天,6～7叶时定植。撒施有机肥整地做畦。定植时沟施磷酸二铵50千克,硫酸钾30千克。定植后浇透缓苗水,然后中耕封垄,吊线绑秧。采用单干整枝,每株留2穗果后摘心,每穗3～

4个果。加强肥水管理,一般3天左右浇1次,在第一和第二穗果膨果期各追1次肥,每667米²用磷酸二铵20千克、硫酸钾15千克、尿素15千克。保持好棚膜,防止雨水进入。放风时扒大两边风口,顶风口留小缝。

8月上旬采摘上市。

4. 秋延后芹菜栽培技术　选用美国西芹文图拉。7月中旬播种,苗龄50天,9月中旬定植。定植后浇3~4次水,然后蹲苗5~7天。当苗高33厘米左右时,加强肥水管理,随水追肥4次,每667米²施入尿素或复合肥10千克。掌握好温度,芹菜在0℃以下受冻害,25℃以上不生长。收获前5~7天停止浇水。

11月中旬芹菜即可采收。

(十七)大拱棚蒜苗、芸豆、黄瓜栽培技术

山东省兖州市秋季利用大拱棚种植蒜苗,于春节前后收获,每667米²产9000千克,可收入3万元左右;早春整地后在大拱棚内移栽地芸豆,5月下旬至6月初收获,每667米²产2000千克,收入7000元左右;6月份清地、整地,直播露地黄瓜,于8月下旬至9月初收获,每667米²产7500千克,收入13000元左右。蒜苗、芸豆、黄瓜三种三收,总计产值可达5万元。

蒜苗9月中旬整地、做畦,9月底至10月初播种,11月上中旬扣好大拱棚。从12月底开始陆续收获,持续到翌年2月初,采收期正值春节前后。

芸豆采用营养钵育苗。惊蛰前5天播种。播种后15天,苗龄达2叶1心时移栽。6月份收获芸豆。

黄瓜选择耐热、抗病、适应性强的品种,如津研7号等。收获前期,一般隔5~6天浇水1次,采收腰瓜后隔3~4天浇水1次。每浇水1~2次,追1次肥。苗期用甲基硫菌灵防猝倒病及炭疽病,中后期注意防治霜霉病、白粉病等,坚持定期喷药,雨后及时补

喷。7 月份多雨时注意防治疫病和炭疽病。高温干旱时注意防治红蜘蛛。对黄瓜易发生的细菌性角斑病,可采用丁戊己二元酸铜杀菌剂或农用链霉素防治。生长期应注意霜霉病的防治,可喷75%百菌清可湿性粉剂 600 倍液,或 25%甲霜灵可湿性粉剂600～800 倍液等。

(十八)大棚冬春茬芹菜、早春黄瓜、秋延后番茄栽培技术

2003 年,河南省开封市蔬菜研究所在禹王台乡左楼村,选定大棚冬春茬芹菜、早春黄瓜、秋延后番茄一年三茬栽培。通过几年的运作,效益稳定提高,经开封市农产品质量安全检测,符合无公害质量标准,土壤无盐渍化和病害严重残留情况发生,可持续利用率高。

1. 茬口安排   在简易大棚内栽培冬春茬芹菜,8 月末至 9 月初露地育苗,11 月上中旬定植,翌年 3 月上旬采收结束。早春大棚黄瓜,2 月上旬育苗,3 月中旬定植,6 月底收获结束。7～8 月进行高温闷棚和土壤处理。秋延后番茄,6 月下旬育苗,7 月下旬定植,9 月下旬扣棚,11 月上旬采摘结束。2006－2008 年全村平均每 667 米² 产黄瓜 7 500 千克,价格 1 元/千克;番茄 2 500 千克,价格 2 元/千克;西芹 7 500 千克,价格 0.6 元/千克。除去投资,每667 米² 纯收入 15 000 元左右。

2. 冬春茬芹菜栽培技术要点   播种前先用 48℃的热水浸泡30 分钟并不断搅动,杀死附着在种子表面的病菌,然后用冷水浸泡 4 小时,再用布包好,放在冷凉潮湿的地方催芽。催芽适温15℃～22℃,每天用冷水冲洗 1 次,7～12 天即可出芽 50%以上。苗床要选择在排灌方便、土质疏松、不含病虫害的地方,一般每667 米² 大田需苗床 50～60 米²。将苗床浇足底水,将刚出芽的种子掺人 3～5 倍细沙,均匀撒播,播后盖过筛细沙土 0.5 厘米厚,并盖遮阳网。待苗出齐后,加强苗田管理,培育壮苗。

11月上中旬,待上茬番茄全部收获完毕后,及时清理棚内枯枝残叶,每667米² 施优质农家肥5 000千克、尿素4～5千克、磷酸二铵11～13千克、硫酸钾4～5千克。有机肥和化肥混合均匀撒施,深翻30厘米,整平耙细,做平畦,畦宽1.5米。采用湿法定植,株行距12厘米×10厘米。

定植后2～3天浇1次小水,缓苗后10天左右,随水冲施尿素6～8千克、硫酸钾3～4千克。保持棚温10℃～12℃,白天超过25℃时放风。上冻前选晴天浇越冬水,严冬季节为了防芹菜受冻,夜间加盖小拱棚。及时浇返青水,苗高15厘米时结合浇水冲施尿素8～11千克、硫酸钾3～5千克,以后每隔3～5天浇1次水;旺盛生长期每667米² 施尿素6～8千克、硫酸钾3～4千克。棚温白天控制在20℃～25℃,超过25℃时放风,夜间温度保持10℃～18℃。3月上旬采收结束。

3. 早春大棚黄瓜栽培技术要点 2月上旬,选择背风向阳的地方,搭建育苗阳畦棚,选用10厘米×10厘米育苗钵育苗。播前,将育苗钵摆放整齐,钵与钵之间不留空隙,钵内装土深度一致,播种前1天晚上放水洇透育苗钵。将种子投入55℃～60℃温水中处理10分钟,处理过程中不断搅拌,待温度降至28℃～30℃时浸种4～6小时,淘洗干净后催芽。24小时后开始出芽,待50%～70%的种子出芽时即可播种。每钵1粒种子,播后覆土1厘米厚,并盖地膜保温保湿。

播种后出土前,密闭阳畦,保持棚温20℃～35℃;出苗后,昼夜地温均要降低,白天25℃～27℃,夜温13℃～16℃,地温20℃;第一片真叶开始生长时加大昼夜温差,白天30℃～32℃,夜间9℃～11℃,最高不超过30℃。苗龄45天左右,4～5片真叶,茎粗0.5厘米,株高20～25厘米时定植。

3月中旬芹菜收获后,清理枯枝烂叶。每667米² 应施充分腐熟鸡粪1 000千克、尿素4～5千克、磷酸二铵13～17千克、硫酸钾

3~4 千克、石灰 30 千克作基肥。均匀施肥后，浅耕 1~2 次，使肥土混合均匀。做高畦，覆地膜，每畦栽 2 行，行距 40~50 厘米，株距 20~25 厘米，打孔定植，浇暗水，水要小。

定植后 7 天内为缓苗期，其间以提高地温，促进光合作用为重心，白天密闭大棚，35℃ 以下不放风，夜温控制在 12℃ 以上。缓苗后每天应保持 24℃~28℃ 8 小时以上，同时掌握好下午关闭通风口时间，以保持夜温在 12℃ 以上。结果早期，应根据幼苗长势、土壤干湿度决定浇水量。盛果期需水量较大，应 2~3 天浇 1 次水，以早晨浇水为宜。全生育期追肥 3~4 次，第一次追肥在根瓜收获后，结瓜盛期每 10~15 天追肥 1 次，每次每 667 米^2 施尿素 7~8 千克、硫酸钾 5~6 千克。及时整枝，搭"人"字架，绑蔓上架；及时采收。

4. 秋延后番茄栽培技术要点 秋延后番茄，开封地区以 6 月下旬播种为宜，采用 10 厘米×10 厘米育苗钵播种。播种前，搭好育苗棚，备好营养土，装钵，摆放整齐，高低一致。晒种 1~2 天，用 10% 磷酸三钠浸泡 20 分钟，然后用清水充分洗净，放在阴凉处，用毛巾包裹，每天用温水淋 1 次，催芽 3~4 天，即可播种。播前苗钵充分灌水，待水洇下后，每钵放 2~3 粒种子，然后覆土 1 厘米厚，并盖地膜保湿。50% 的种子出苗后及时揭去地膜。小苗 2~4 片真叶时间苗和定苗，每钵留 1 株。苗龄 25~30 天，5~6 片真叶时定植。

每 667 米^2 施腐熟优质有机肥 1 000~1 500 千克、石灰 40 千克、尿素 5~6 千克、磷酸二铵 13~17 千克、硫酸钾 7~8 千克、硼砂 0.8 千克，均匀撒施后旋耕均匀，做高畦。7 月底至 8 月上旬定植，每畦 2 行，株距 25~30 厘米，行距 40~45 厘米。

定植后及时浇水，保持土壤湿润，及时中耕。采用轻蹲苗方式，浇小水，至第一穗果坐齐后浇大水，并结合浇水，追施尿素 8~9 千克、硫酸钾 5~6 千克；苗高 30 厘米时搭"人"字架，及时绑枝。

第二穗果膨大期,施尿素 11～13 千克、硫酸钾 6～8 千克。第三穗果膨大期,施尿素 8～9 千克、硫酸钾 5～6 千克。9 月下旬后,天气渐凉,减少浇水次数,拉秧前 15～20 天停止浇水。秋延后番茄留 3 穗果打顶,最上层果穗留 2 片叶摘心,每穗留 3～4 个果,多余花果及早疏去。每穗花均用番茄灵 30～40 毫克/升溶液蘸花。

9 月下旬及时盖棚膜,最低气温降至 10℃时,夜间要闭棚保温,棚内温度保持白天 25℃～28℃,夜间不低于 15℃。9 月下旬至 10 月底是果实膨大成熟期,既要注意保温催果,又要注意防风排湿,降低发病率。

果实转色时及时采收,集中放在棚内行间,下垫草帘,夜间盖草帘棉被保温,挑拣果实完全转色者集中上市。立冬前,一次性采收完毕,装筐放在室内贮藏,适宜温度 10℃～12℃,不宜低于 8℃,空气相对湿度保持 70%～80%,以延长供应期。

(十九)大棚春青花菜、越夏甘蓝、秋延后番茄栽培技术

山东省临沭县周玉玲报道,推广春青花菜(西兰花)、夏甘蓝、秋延后番茄种植模式,能充分利用大棚,提高土地产出率,实现一年三种三收,经济效益可观。

1. 茬口安排　春青花菜于 11 月下旬至 12 月中旬在塑料大棚内育苗,翌年 2 月中旬定植,4 月下旬至 5 月下旬采收。越夏甘蓝 5 月上中旬播种,5 月下旬至 6 月上旬定植,7 月下旬至 8 月上旬采收。秋延后番茄 7 月下旬至 8 月上旬播种,苗龄 30 天,及时定植,11 月上旬至 12 月上旬采收。

2. 品种选择　青花菜宜选择早熟、抗病、丰产性好的品种,如天绿、秋绿、黑绿及中晚生绿等。甘蓝选耐高温、结球性好的早熟品种,如夏光、日本的 KK 等。番茄选择早期耐热、后期耐寒、抗病的早、中熟品种,如合作 906、合作 908、苏抗 5 号、申粉 3 号等。

3. 技术要点

(1)春青花菜　11月下旬至12月中旬播种。播前先用种子量0.3%的65%百菌清(或65%代森锰锌)可湿性粉剂拌种,每平方米苗床播种量约为3克。播种后白天棚内温度控制在25℃左右,夜间10℃以上。3片真叶时分苗,保持苗距7～8厘米。幼苗5～6片真叶时定植,株行距40厘米×50厘米。定植前应深耕细耙栽培地,结合深耕每667米²施腐熟有机肥1500～2000千克、复合肥25千克。定植后为促进缓苗,应密闭大棚3～4天。缓苗后白天棚温控在25℃左右,夜间10℃以上。追肥以氮肥为主,配施钾、磷肥及硼、镁、锰等微量元素肥料。定植后15～20天、叶片6～7片时追第一次肥,每667米²施尿素7～10千克、过磷酸钙5千克。再过15～20天追施第二次肥,施肥量同第一次。进入采收期,每次采收后要追肥1次,促进侧花球生长,一般每667米²施复合肥15～20千克。莲座叶和花球形成期要及时灌水,保持土壤湿润。雨季应及时排水,以免引起沤根。青花菜易产生侧枝,主球未收获前应先打去侧枝。生长期病害主要有霜霉病、褐腐病等。霜霉病用58%甲霜灵·锰锌可湿性粉剂600倍液喷雾防治,褐腐病可喷施50%异菌脲可湿性粉剂1000倍液。害虫主要是小菜蛾和菜青虫等,可用苏云金杆菌、杀螟杆菌或青虫菌粉剂500～800倍液喷雾防治。

(2)越夏甘蓝　甘蓝采用营养钵或营养土块播种育苗,每个营养钵或营养土块播1粒种子。幼苗3片真叶时进行分苗,苗距7～8厘米。7天后为促进幼苗健壮生长,结合浇水追施1次氮肥,每667米²施尿素2～3千克。青花菜采收后,结合整地每667米²施优质腐熟有机肥1000千克作基肥。缓苗后5～7天追肥,每667米²施尿素10千克,促进秧苗生长。每隔10～15天再追施1次,追肥量同上。定植后25～30天植株即将封垄,并开始包心,此时应控水蹲苗。等大部分植株叶球形成时及时追肥,结合浇水每

667 米² 施尿素 20～25 千克。田间管理时注意防治小菜蛾、蚜虫和菜青虫,可选用苏云金杆菌、杀螟杆菌或青虫菌粉剂 500～800 倍液喷雾。

(3)秋延后番茄　7 月下旬至 8 月上旬播种育苗。苗床应选在通风凉爽的地方,播后覆土盖草,保持湿润。当幼苗苗龄 30 天时及时定植,每 667 米² 一般留苗 2 500～3 000 株,并浇足定植水。定植前精耕细作整地,结合耕地每 667 米² 施腐熟有机肥 3 000 千克左右、复合肥 30～40 千克、人粪尿 1 000～1 500 千克。缓苗后 5～7 天追施 1 次肥,每 667 米² 施尿素 7～8 千克。10 月上中旬大棚上覆棚膜,棚温白天保持 20℃～25℃,夜间 13℃～15℃,白天通风。开花时,棚内温度白天 25℃～28℃,夜间不低于 10℃。畦面经常保持湿润,同时每 667 米² 追施尿素 7～8 千克、三元复合肥 30 千克,促进果实膨大。第三花序坐果后及时摘心,再追肥 1 次。以后每结 1 序果追肥 1 次,每次每 667 米² 追施尿素 7～8 千克或硫酸钾 17 千克。遇寒冷天气时,塑料大棚两边用草包围,以防霜冻。

三、大棚一年四作轮作新模式

(一)大棚春甜椒、夏芫荽、秋甜椒、冬耐冷凉蔬菜栽培技术

河南省豫南地区每 667 米² 产春甜椒 3 500 千克、芫荽约 1 000 千克、秋甜椒 3 000 千克,冬季耐冷凉蔬菜 1 500 千克以上。该模式适合豫南、湖北、安徽及山东部分地区。

1. 茬口安排　春甜椒 11 月底采用改良阳畦育苗,翌年 3 月 20 日前后定植,6 月 20 日前后清园;芫荽 6 月下旬播种,8 月上旬采收;秋甜椒 6 月下旬开始育苗,11 月 10 日前后拔秧;越冬耐冷凉蔬菜 11 月中旬播种,翌年 3 月中旬收完。

2. 主要栽培措施

(1)春甜椒 选用高产、优质、耐运输、大果型的德国 6 号甜椒。11 月底采用改良阳畦育苗,翌年 3 月 20 日前后带蕾单株定植于春塑料棚中,每 667 米^2 定植 6 000 株。定植后采取促秧攻果措施,可喷施云大 120、喷施宝、爱多收或椒多收等,促进缓苗壮秧;也可喷施萘乙酸、辣椒灵等促进坐果;确保株型紧凑,可喷洒蔬菜矮丰灵、多效唑或助壮素等;也可对植株进行人工修剪,但每个果实要保持 6 个功能叶,五一前后采摘上市,6 月 20 日前后拔秧。

(2)夏芫荽 顶棚膜不要揭去,保持覆盖状态,四周棚膜揭开通风降温。选择抗热、抗病、生长速度快、浓香、质优的泰国四季香品种。6 月下旬拔去甜椒后整地、施肥、撒播芫荽。这种品种在我国各地夏季均能生长,而且生长速度比一般品种快 1 倍,从播种至收获约 50 天,每 667 米^2 可产 750 千克以上。为了促进发芽生长,种子可用 5 万单位的赤霉素或爱多收 5 000 倍液浸泡 30 分钟后播种。播种出苗后 40 天内应采收,超过 40 天易抽薹。

(3)秋甜椒 在种植芫荽的同时,应进行德国 6 号甜椒的第二次育苗。8 月 20 日前后,立即定植。9 月 20 日前后,开始采摘,国庆前后要全部放下棚膜,采收期一般延迟至 11 月 10 日前后。

(4)越冬耐冷凉蔬菜 可播种菠菜、油菜、蕹菜、茼蒿、生菜等,也可育苗移栽生菜、莴苣等。此类蔬菜采收期不十分严格,但最迟应在 3 月中旬收完,以备下一个周期的甜椒定植。

(二)大拱棚早熟西瓜、夏白菜、秋西瓜、秋冬甘蓝栽培技术

山东省农业科学院蔬菜所王冰等报道,大拱棚早熟西瓜、夏白菜、秋西瓜、秋冬甘蓝一年四作四收,每 667 米^2 可增收夏白菜 3 500 千克、秋冬甘蓝 3 000 千克。是实现瓜菜一年多种多收、提高经济效益的种植模式。

1. 种植规格 大棚西瓜单行栽植的行距 160～180 厘米,株

距 40～50 厘米,若支架栽培行距 100～120 厘米,株距 40～50 厘米;大棚西瓜收获后,在西瓜爬蔓畦内种植夏白菜,行距 55 厘米,株距 30～35 厘米;秋西瓜双行栽植,小行距 50 厘米,大行距250～290 厘米;西瓜收后种植越冬甘蓝,株行距 45 厘米×45 厘米。

2. 栽培技术要点

(1)大棚早熟西瓜　西瓜可选用华夏 1 号、华夏 2 号无子西瓜,或京欣一号、西农八号等优质高产优良品种。元旦前后育苗,2月底至 3 月初视天气情况定植。无子西瓜等大型瓜一般每 667米^2 栽 450～500 株,定植无子西瓜需按 20%～30%比例配置有子西瓜授粉品种,小型瓜每 667 米^2 栽 1 000～1 200 株。小型瓜 4 月上中旬开始上市;无子西瓜 4 月下旬开始上市。一般 6 月下旬结束。其他管理与普通栽培相同。

(2)夏白菜　6 月底至 7 月初整地直播,宜选用夏优 5 号、夏抗霸王、天正夏白 1 号等小型耐热抗病品种。播种时预留秋西瓜套种行。每 667 米^2 留苗 2 000～2 500 株,8 月中旬上市。

(3)秋西瓜　品种宜选用高产优质西瓜品种,7 月上旬育苗,8月中旬定植,9 月下旬至国庆节前后上市。秋西瓜由于高温干燥病虫害严重,应注意病虫害的防治,特别注意防治病毒病。

(4)秋冬甘蓝　品种宜选用冬冠 2、3 号越冬甘蓝品种,9 月上旬播种,苗龄 1 个月定植。每 667 米^2 栽 4 000～5 000 株,一般元旦前后即可上市。

(三)大棚冬芹菜、春莛花椰菜、夏黄瓜、秋早熟白菜栽培技术

河南省信阳地区用此模式,每 667 米^2 产芹菜 5 000 千克以上、春花椰菜 3 000～4 000 千克、夏黄瓜 4 000～5 000 千克、秋早熟白菜 5 000 千克。该模式适合河南、河北、山东、山西、陕西、安徽、湖北、四川等地。

1. 茬口安排　芹菜 7 月上中旬育苗,9 月底定植,春节前后收获;花椰菜 11 月下旬阳畦育苗,翌年 2 月下旬定植,5 月初采收完毕;黄瓜 4 月中旬育苗,5 月中旬定植,7 月初拔秧;白菜 7 月中旬直播,9 月中下旬收获。

2. 品种选择 芹菜选用天津西芹秋实;花椰菜选择天津雪峰,或瑞士雪球;黄瓜选用津杂 2 号、津春 4 号、津绿 2 号或中农 8 号;大白菜选用攻关 4 号、山东 19 号、早熟 5 号、小杂 55、小杂 56 等。

3. 主要栽培措施

(1)冬芹 育苗畦用镢套起,耙平踩实,浇水,水渗后撒种。盖土厚 0.5 厘米,然后用竹竿做 1 米高的弓形架,盖膜遮阳防雨,晴天卷起通风、雨天放下压好。苗齐后浇 1 次水。此后每周浇水 2～3 次,降低床温。9 月底至 10 月初定植于大棚。大棚东西向建造,宽 12 米,长 65 米,顶高 2.3 米,肩高 1.6 米,做东西长畦,畦宽 1.5 米。芹菜按株行距 13 厘米×16 厘米定植,霜降前后扣棚。扣棚后在中午或下午于行间撒施大棚专用二氧化碳固体颗粒气肥 35 千克,施后 2 天浇水。此后每隔 5～6 天,浇 1 次水,随水施碳酸氢铵 30 千克,浇水后加强通风降湿。待芹菜长至 25～30 厘米时,喷施 10 毫克/升赤霉素溶液。春节前后采收。

(2)春花椰菜 11 月下旬阳畦育苗,12 月下旬改良阳畦分苗,行株距 10 厘米×10 厘米,幼苗长至 6～8 片叶喷施 1 000 毫克/升赤霉素,促进花球形成。翌年 2 月下旬定植于大棚,畦宽 1 米,每畦 2 行,株距 35 厘米,栽后盖地膜,5 月初采收完毕。

(3)夏黄瓜 4 月中旬露地苗床育苗,并设防雨遮荫棚膜。苗龄 25～30 天。做畦定植,畦面宽 1 米,高 0.4 米,沟宽 0.3 米,苗高 3～4 片真叶时双行移栽,行距 0.6 米,株距 0.3 米。棵高 0.3～0.4 米时,搭"人"字形架,引蔓上架。及早摘除主蔓 1～6 节上的侧枝,6 节后的侧蔓留 1 叶摘心。主蔓长满架摘心后侧蔓可自然生长。及时摘除下部黄叶。移栽后 3～4 天至出现卷须前,用

8％～10％稀人粪尿水浇施,以后每隔 3～4 天浇施 1 次。卷须出现至开花结果,粪水浓度可增至 20％,开花结果期至采收浓度可增至 30％,每隔 4～5 天浇施 1 次,每 667 米² 施 1 500 千克左右。第一次采收后,追施硫酸钾 20 千克,盛收期后在畦中间开沟,施硫酸钾 15 千克,施后覆土。幼苗 3 叶期和 6 叶期各喷 1 次 150～200 毫克/升的乙烯利,增加雌花数。后期结合喷药进行根外追肥,如喷施磷酸二氢钾、硫酸镁、硼等微量元素或 1％尿素溶液,促进生长。随着茎叶的增长,由弱至旺,特别是开花结果期,既要满足茎叶增长和蒸腾的需要,又要保证开花结果对水分的需要,因此晴天或干旱时应在田间保持半沟水,夜间排出,傍晚在畦面淋水,必要时可在上午或傍晚喷水,以降低气温,增加雌花。开花后 8～10 天,即可采收,采摘愈勤,产量愈高,一般要求每天采收。采收应在上午 8 时前进行,下午采收,易使瓜果产生苦味,而且瓜果因温度过高,不耐贮运。

(4)秋早熟白菜　应起垄栽培,一般垄距 60～65 厘米,垄高 15～20 厘米,遇干旱年份应选墒播种,或播后立即浇水,水未渗透垄面时,翌日傍晚再浇,做到三水齐苗。出苗后及时间苗,5～6 片真叶时定苗。不蹲苗,肥水齐攻,一促到底。

(四)大棚春黄瓜、大白菜苗、秋莴笋、秋延后芹菜栽培技术

安徽省六安市适合多种蔬菜的种植,已形成了 10 余种周年生产模式,现将大棚春黄瓜、大白菜苗、秋莴笋、秋延后芹菜一年四熟周年生产模式介绍如下。

1. 茬口安排　嫁接黄瓜 12 月下旬至翌年 1 月上旬播种育苗,3 月上旬定植,3 月下旬至 6 月中旬采收上市,6 月 20 日拉秧结束。大白菜苗于黄瓜拉秧后 10～15 天(6 月下旬至 7 月上旬)播种,分两批采收上市,8 月中旬采收结束。秋莴笋 7 月 25 日至 8 月初播种,15 天左右分苗营养袋中,8 月底定植,10 月中下旬采收

上市,10月底结束。秋延后芹菜8月下旬至9月初播种,11月中旬定植,翌年1月中旬至2月中旬采收上市,2月底结束。

2. 栽培技术

(1)春黄瓜　选抗病、质优、丰产的冬雪棚丰品种。1月上旬开始育苗,全部采用大棚扣小拱棚加草苫加电热温床的形式。黄瓜催芽用体温焐芽或热水袋暖芽,黑籽南瓜用保温水缸(桶)加25瓦灯泡催芽。采用靠接法嫁接,黄瓜种较黑籽南瓜早播4~5天,黑籽南瓜幼苗叶片平展刚放心时嫁接,接后幼苗移入育苗钵(袋)排放在电热线上继续培育,10天左右后给黄瓜断根。2月下旬至3月上旬,苗龄50天左右时定植。耕地时施足基肥,每667米^{2}施猪粪4 000千克、三元复合肥50千克、冲施肥10~15千克、发酵油菜籽75千克、硼砂1千克、硼镁肥15千克。基肥施入后翻耕耙平,按宽6.5米左右建棚,棚间距0.8米。棚建好后在棚中央纵向开一宽0.8米的沟,沟深20厘米,沟两边与沟垂直方向用平底锹做宽20厘米的小高垄,垄距60厘米,两垄间形成40厘米的浇水施肥沟,幼苗定植于垄上,覆地膜后在每小垄上用取土器均匀打孔6个,栽苗6株,浇足定根水,封严定植孔。

定植初期棚膜晚揭早盖,促进缓苗。4月中旬以后,霜霉病极易发生,为了兼顾瓜条生长与控湿,这段时间前半夜封棚,保温促瓜膨大,后半夜放风减湿气,减轻叶面积水、细胞间充水。3月下旬以前不上架,植株匍匐地面,夜间搭盖小拱棚保暖防霜冻。进入3月下旬没有大的冻害发生时吊蔓上架,方法是:沿棚纵向拉12道18号的细铁丝或60头的尼龙网绳,每行瓜秧上方一道,再在每棵瓜秧的上方系一道长寿撕膜绳,下端用活结系在瓜秧根茎上。株高顶棚后须放蔓,方法是:打去下端老叶,拉开下端活结,再系于植株上端的茎上,整个生长期需重复操作3~4次。放下的蔓盘于根部地面。另外,为给植株打下丰产基础,最好将根部的几个幼瓜提早摘除,以节约养分供根系生长,使植株变粗壮。一般吊蔓前不留瓜,这一点对中后期丰产、稳产很重要。嫁接黄瓜产量高、生产期长、需肥水较多。生产中一般是浇1次清水施1次肥水,轮换交替进行。肥料种类主要有腐熟人畜粪尿加氯化钾加尿素,或复合肥冲施等,整个生长期10～15天追肥1次,共5～6次。其次,在喷药时配合施用云鹏腐殖酸活性肥、叶霸、康德士、绿叶大旺、进口硼砂等叶面肥料,促进生长和结瓜。

　　幼苗阶段时常有低温阴雨,可用菌核净、农用链霉素喷雾,防菌核病和低温生理障害。4月中旬以前,用百菌清加代森锰锌等药防霜霉病。4月中旬以后霜霉病进入易发期,一方面用百菌清烟剂熏蒸防治,同时用霜脲·锰锌、安克加代森锰锌、甲霜灵等药品,每隔7～10天喷1次,严防霜霉病发生。发现中心病株后要缩短用药间隔期、加大用药浓度。喷药器械要尽量选用机动喷(吹)雾机,省药、省工、防效显著提高。对于细菌性角斑病、菌核病、红蜘蛛、蓟马及蚜虫等病虫害,要经常进行田间检查,一旦发现即选用对症的药剂尽早防治。有根结线虫的地块,可用杀线虫药在定植时穴施或在发病初期浇根防治。

　　前期的瓜早采,盛收期隔天采收1次,后期气温增高,须天天采收。

　　(2)大白菜苗　选用抗热耐病品种早熟五号。采用撒播法直播。种子与土混匀后用50%丁草胺乳油80毫升,对水50升在土表均匀喷雾防草。

　　整地施肥后用已成形的旧竹架搭大棚架,喷除草剂后再在棚架上覆膜防暴雨。

　　真叶展放及2叶1心时各间苗1次。播后17天左右开始间苗出售。定苗后随水浇施尿素20千克,结合防病治虫叶面补施肥料2～3次。大白菜苗易发病虫害,苗出齐后用多菌灵、甲基硫菌灵、腐霉利、农用链霉素等防除叶部生斑、根茎部腐烂,同时选用甲维盐氟虫腈防除小菜蛾,毒死蜱、敌敌畏等防除黄条跳甲、夜蛾类害虫。

分 3 批采收上市,播后 18 天、25 天左右间苗上市 2 次,40 天左右全部采收完毕。

(3)秋莴笋　选用耐热、不易抽薹的莴笋品种,如种都一号。7月 27 日至 8 月 5 日播种。播种前先用清水浸种 6~8 小时,再用纱布包好甩干水分,放入冰箱冷藏室中处理 48 小时,待大部分种子露白后播种。苗床上搭好拱架,覆盖农膜和遮阳网,防暴雨、烈日伤苗,苗出齐后间苗 1 次,15~17 天时移入育苗袋中继续培育。如出现倒苗现象,立即用霜霉威药液喷淋防治,要注意保持苗床通风良好、土壤湿润,防止串苗。

8 月底至 9 月初定植。肥土混匀后做成宽 2 米(连沟)的畦。定植行株距为 40 厘米×40 厘米。栽后浇足定根水,如遇炎热天气最好搭遮阳网遮荫。

莴笋地忌过干过湿,生产中要注意适时浇水,暴雨后排水。追肥 2 次,每次施尿素 15 千克。秋莴笋极易串薹,当发现幼苗直立向上,茎部有抽薹迹象时,用丁酰肼 400 倍液喷雾压薹。

叶斑病用百菌清加甲基硫菌灵防治,蚜虫用吡虫啉防治,后期喷腐霉利防菌核病和灰霉病。

定植后 35~50 天植株生长速度放慢,顶端叶与生长点持平,现许多小花序时抓紧采收上市,在 10 月 20 日前采收结束,清园整地,准备定植延迟芹菜。

(4)秋延后芹菜　选耐寒、生长快、梗亮白细嫩、较抗病的品种如黄苗实秆芹和玻璃脆芹菜,两者面积比约 6∶1。

8 月 25~28 日播种。每 667 米^2 撒播种子 1~1.5 千克,播种前先用清水浸种 24 小时,装入纱布袋内反复搓揉漂洗,洗去灰水,清除部分带菌种皮,减轻田间病害的发生。种子播后喷洒除草剂防草,方法是每 667 米^2 用 50％丁草胺乳油 80 毫升,对水 50 升均匀喷雾,或用 33％二甲戊灵乳油 60 毫升,对水 50 升均匀喷雾。

苗期易染病,注意防治菌核病、叶斑病。

10 月 15～20 日移栽,清除莴笋田烂叶残株,深耕做平畦,畦宽(连沟)2～2.5 米。定植行株距 14～20 厘米见方。每穴栽 8～10 株。

上冻前结合浇水,追施腐熟人粪尿 1 000 千克,扣棚前适当控制浇水,霜冻来临前扣膜保温。当最低气温在－3℃以下时,大棚内再扣上拱膜防冻,如遇更低的极端低温出现,需在小拱棚的膜上再覆一层遮阳网保温。

苗期喷 50％多菌灵可湿性粉剂 600 倍液,或 50％腐霉利可湿性粉剂 1 000 倍液防死秧烂苗。田间发现叶斑病时,喷 53.8％氢氧化铜可湿性粉剂 1 000 倍液,或 58％甲霜灵·锰锌可湿性粉剂 600 倍液防治。冬天阴雨天气多,棚内易发生菌核病造成成片死苗,须提前预防,可用菌核净烟剂或腐霉利烟剂熏烟预防,发现病株后全棚喷 50％腐霉利可湿性粉剂 1 000 倍液,或 50％菌核净可湿性粉剂 600 倍液,药液要淋到植株根茎部方能起到好的效果。

(五)茄子、冬瓜、青花菜、生菜栽培技术

贾士林报道,山东省枣庄市山亭区近年来棚室蔬菜发展迅速,到 2006 年底已发展到 2 000 公顷,但是随着棚室规模的迅速扩大,生产上多在棚内种一季菜,撤棚后多为粗种或休闲,浪费很大,而且种植蔬菜品种单一。为此,根据市场需求,筛选优化了可操作性强、经济效益较高的种植模式。其中,茄子、冬瓜、青花菜、生菜高效栽培模式,每 667 米² 可产茄子 4 000 千克、冬瓜 4 000 千克、青花菜 700 千克、生菜 1 000 千克。

茄子、冬瓜、青花菜、生菜的栽培方法是:茄子选用早熟品种快圆茄,于 11 月下旬在棚室内育苗,12 月底分苗,翌年 3 月上旬定植,行株距为 0.5 米×0.4 米,4 月下旬采收,5 月下旬拉秧。冬瓜采用一串铃,4 月中旬在阳畦内采用营养钵育苗,5 月下旬定植,行

株距为 0.6 米×0.3 米,7 月中旬采收,8 月上旬拉秧。青花菜选用里绿,于 7 月上旬露地育苗,8 月上旬定植,行株距为 0.45 米×0.45 米,10 月初收获。生菜于 10 月中旬温室内播种育苗,同时扣棚模,11 月中旬定植,行株距 0.2 米×0.15 米,翌年 1 月上旬采收。

(六)黄瓜、芹菜、豇豆、番茄栽培技术

宁夏石嘴山市,黄瓜选用耐低温弱光的品种,如长春密刺、新泰密刺、津绿 4 号、津优系列等。10 月中下旬育苗,11 月中下旬定植,12 月下旬至翌年 3 月下旬采收,行距 60～80 厘米,株距 25 厘米,每 667 米² 收入 5 000 元。芹菜选用抗寒、抗病的品种,如美国西芹、津南实芹、日本西芹等。2 月上中旬育苗,4 月初定植,6 月初上市,每 667 米² 收入 5 000 元。豇豆选用耐高温,抗病的之豇 28-2、红嘴燕豇豆等品种。6 月初育苗,7 月上旬定植,行距 60～66 厘米,穴距 30 厘米,8 月下旬上市,每 667 米² 收入 3 750 元。番茄选用早冠 30、粉都女皇等品种,7 月中下旬育苗,9 月中下旬定植,行距 60～70 厘米,株距 30 厘米,11 月中下旬上市,每 667 米² 收入 5 000 元左右。4 茬合计,每 667 米² 收入 1.8 万元。

第四章　拱棚蔬菜轮作新模式

一、一年二茬种植新模式

(一)高寒地区拱棚蒜苗、娃娃菜栽培技术

甘肃省天祝藏族自治县农业技术推广中心聂战声报道,拱棚蒜苗、娃娃菜两茬种植,是适合高原无公害蔬菜生产的一种栽培模式,有效地解决了高寒地区种植蔬菜时,应用热量条件对一茬有余、两茬不足的问题,而且投资小、见效快,适宜高寒地区推广。

1.茬口安排　第一茬蒜苗 3 月中旬播种,6 月下旬采挖。第二茬娃娃菜 6 月下旬播种,9 月上旬采收。

2.品种选择　蒜苗选用优质、味美、产量高的甘肃民乐白皮蒜种。娃娃菜选生育期 60~70 天的早熟优良品种春玉黄等。

3.栽培要点　冬前深耕冻垡,浇足冬水。开春 3 月上旬结合整地,每 667 米² 施入充分腐熟的优质农家肥 5 000 千克、磷酸二铵 30 千克、尿素 50 千克、硫酸钾 80 千克作基肥,深翻、耙细、整平。

(1)早春蒜苗　播前将蒜种先晾晒 2~3 天,再掰瓣分成大、中两级,剔除霉烂、虫蛀、破碎蒜瓣。畦播前,每 667 米² 用 50%辛硫磷乳油 0.5 千克加水稀释,与 50%多菌灵可湿性粉剂 0.25 千克混合,拌入细沙或土中,均匀撒施再翻入土层。拱棚纵向,中间留40 厘米人行道,按长 4 米、宽 2.8 米,在两边做成小畦,然后开沟点播蒜瓣,沟深 5~6 厘米,行距 10~12 厘米,株距 3~5 厘米。

齐苗前一般不浇水,特别干旱时浇小水。当幼苗长到 10 厘米

高时中耕除草。5月初浇第一次水,同时追施尿素3千克。5月中旬浇第二次水,再追尿素3千克。6月初浇第三次水,并追施尿素2千克。进入5月份气温升高,拱棚内温度超过25℃时,两头揭膜通风,温度控制在20℃~25℃,夜间封闭。

根蛆是常发虫害。防治时可于成虫盛发期或蛹羽盛期,选上午9~11时喷洒40%辛硫酸乳油1500倍液;蒜苗生长中后期用48%毒死蜱乳油500毫升或50%辛硫磷乳油1000毫升,稀释成100倍液,去掉喷雾器喷头,对准蒜苗根部灌药,然后浇水。

拱棚蒜苗一般播种后90天采挖,取鲜嫩蒜苗上市销售。

(2)夏娃娃菜　6月下旬蒜苗采挖后整地,深翻耙平,施入磷酸二铵和尿素各20千克、硫酸钾8千克作基肥,并顺棚起垄,覆盖种植,垄宽60厘米,高15厘米,垄沟宽30厘米。每垄种植3行,行距20厘米,株距20厘米,每穴点播2~3粒,播后覆土0.5~1厘米厚,每667米^{2}用种100~150克,保苗8000株。

播后若干旱可浇水,促使尽快出苗。齐苗后及时间苗、定苗、补苗,拔除杂草。团棵期进行浇水,保持土壤湿润,但不要积水,此后15天不浇水,进行"蹲苗"。莲座期浇水并喷1~2次磷酸二氢钾溶液。结球期每隔10~15天浇水1次,采收前7天停止浇水。进入7月份气温较高,应及早通风,温度超过25℃时揭两侧膜通风。

由于拱棚内温度高,病虫害易发生,须及早防治。蚜虫、斑潜蝇可挂黄板诱杀,菜青虫、小菜蛾选用1.8%阿维菌素乳油1000倍液,或2.5%溴氰菊酯2000~3000倍液喷雾防治。软腐病可选72%农用链霉素、90%硫酸链霉素·土霉素200毫克/升喷施。

当植株长到30厘米左右时,即9月上旬可采收。

(二)双层拱棚早春西瓜、秋延后辣椒栽培技术

利用双层拱棚覆盖栽培进行蔬菜生产,投资少、效益高,在河

南省周口市开始较早。近几年,赵洁等经过不断摸索,把原来的一大茬改为早春西瓜、晚秋辣椒两大茬的种植模式,农民收入明显提高,一般每 667 米² 产西瓜 3 500 千克以上,收入 6 000～8 000 元;辣椒 3 000 千克,收入 5 000 元。目前,该模式已在周口市大面积推广,深受农民的喜爱。

1. 茬口安排

(1)早春西瓜　12 月中下旬育苗,翌年 2 月上中旬定植,4 月中下旬采收第一茬瓜,6 月中下旬采收第二茬瓜。

(2)秋延后辣椒　6 月下旬至 7 月上旬育苗,7 月下旬至 8 月中旬定植,10 月中下旬至春节前采收。

2. 早春西瓜栽培要点　选择早熟、产量高、品质好、耐寒、商品性好的优良西瓜品种,如京欣 2 号、京欣 3 号等,砧木选用京欣砧一号。

苗床土选择 7 份未种过瓜类的大田土,与 3 份充分腐熟的厩肥混匀过筛,同时用多菌灵或绿亨 3 号消毒。选用直径 12 厘米、高 15 厘米的营养钵。播前将种子在阳光下暴晒 1～2 天,然后放在 50℃热水中不断搅拌,待水温降至 30℃时继续浸泡 6 小时,然后洗净、控干水分,在 30℃环境下催芽。由于育苗时期温度较低,可在小棚内铺地热线加温。用劈接法进行嫁接育苗,砧木比接穗早播 6～7 天,砧木直接播在营养钵内,西瓜播在苗床上,砧木 1 叶1 心、西瓜真叶初露时嫁接。小拱棚嫁接后夜间覆盖双层草苫,保持白天温度 28℃,夜间 20℃～22℃,最低不低于 15℃,空气相对湿度 95%以上,4～5 天后早、晚通风排湿。嫁接后 4～5 天内用遮阳物遮荫,避免阳光直射,10 天后进行正常管理。定植前 7 天要适当降温进行炼苗,定植前 1 天喷 1 次叶面肥加多菌灵 500 倍液,做到带药带肥定植。苗龄 35～40 天。

定植前,尽早把地翻起晾晒,每 667 米² 施腐熟的有机肥 5 000千克、磷酸二铵 50 千克、尿素 10 千克。基肥 1/3 沟施,2/3 撒施。

一般选用棚宽 6 米、高 1.8 米、长 80～120 米的简易拱棚,在棚内设置两个小拱棚,小拱棚外加盖草苫,株距 33～35 厘米。定植方法是在小拱棚中心开出宽 20 厘米、深 12 厘米的小沟,按株距将瓜苗摆放到沟中心后浇小水,水干后把煮熟的大豆 20 千克,施于两株中间,用土封根后覆盖地膜,同时将苗放出。

白天温度保持在 33℃～35℃,不通风,夜间 15℃～18℃,做到高温保苗。4～6 天后进行通风,由小到大。

一般采用一主二副式整枝,当瓜蔓陆续长出,选好的一枝做主蔓向中间方向延伸,选两个侧蔓拉向相反方向,其余侧蔓全部去除。

把握浇水关键时机,浇水过早过晚都有可能导致瓜蔓徒长,甚至引起减产或绝收。正确方法是:定植沟里浇水,定植后 10 天左右浇 1 次水;坐瓜后等西瓜长到 1～2 千克时,重施 1 次膨瓜肥,一般冲施三元复合肥 25 千克、硫酸钾 10 千克,随浇 1 次透墒水;以后看苗、看天、看土进行肥水管理。

因棚内无风且昆虫较少,不能确保自然授粉坐果。当主蔓长到 8 片叶以后出现雌花,在上午 7～10 时进行人工授粉,阴天可等到雌花开放时进行,要求 1 枚雄花授 2～3 枚雌花。授粉时要轻、匀,不能损伤雌花,防止畸形瓜的出现。一般对第二至第四朵雌花都要授粉,以便选果形好、健壮的幼瓜,达到高产优质的目的。

第一茬瓜采收后,7～10 天西瓜秧恢复生长,每 667 米^{2}追施 40 千克三元复合肥,并浇 1 次透墒水,此时要整枝打杈,可结二茬瓜。

4 月中下旬西瓜成熟开始采摘第一茬瓜,6 月中下旬采摘第二茬瓜。

3. 秋延后辣椒栽培要点 选优质、产量高、耐热、抗病毒病的大果品种,如 301 类、汴椒新一号等。

营养土选未种过茄果类蔬菜的园土,加充分发酵腐熟的有机肥,按 2∶1 比例拌匀即可。搭棚遮荫防雨育苗,苗床要选在地势高而平坦的地块。棚内做成高畦形状的土台,并设排水沟,棚四周用防虫网围起。育苗前将种子放在 50℃~55℃热水中搅动,15 分钟后使水温降至 30℃,继续浸泡 4~6 小时,一般不需要催芽即可播种。育苗期间的管理主要是防热、防雨、防蚜。苗龄 40 天左右即可定植。

整地时要施足基肥,每 667 米² 施充分腐熟有机肥 4 000 千克、三元复合肥 50 千克。在定植前要对大棚进行一次彻底消毒,一般每 667 米² 用硫磺粉、敌百虫粉剂各 0.5 千克,烟剂熏棚,防治病虫害。

定植时行距 60 厘米,株距 30~35 厘米,单株或双株定植于沟内。栽时不宜过深,封垄后以苗坨与地面平为宜。为防地温过高,定植后可用稻草、麦秸等做地面覆盖,既有遮光防热作用,又可减少土壤水分蒸发,减少杂草危害。

定植后 3~4 天再浇 1 次水,1 周左右浇第二次水,促进缓苗,降低地温。定植后 1 个月内主要防治病虫、防高温、防雨淋。8 月下旬至 9 月下旬进入花期,9 月上旬以后,白天加强通风,夜间适当保温,促进果实膨大,此时每 667 米² 追施磷酸二铵 10 千克,及时浇水。天气转凉地温下降,清除地面稻草、麦秸,改铺地膜,以后视植株长势追肥浇水。

当夜间气温降至 15℃ 以下时,夜间应把棚膜盖严,仅白天放风,当外界气温降至 5℃ 时,棚内加盖小拱棚;当外界气温降至 0℃ 以下时,棚内小拱棚加盖草苫,草苫每天白天去掉,夜间盖上,以防辣椒受冻害。

10 月中下旬,辣椒个体已逐渐长成,可以分次进行采收,一直可延续至 12 月份。采收时注意不要损伤辣椒枝叶,结合贮藏保鲜,可以供应春节市场。

二、一年三、四茬种植新模式

(一)春大白菜、夏黄瓜、秋大白菜栽培技术

西北农林科技大学园艺学院赵利民报道,春大白菜、夏黄瓜、秋大白菜一年三熟栽培,适用于陕西关中地区及其生态条件相似的地区。

1. 茬口安排

(1)春大白菜　2月中旬育苗,3月上旬定植,5月中旬采收完毕。

(2)夏黄瓜　4月中下旬育苗,5月中下旬移栽,7月上旬至8月上旬陆续收获。

(3)秋大白菜　8月上旬育苗,9月上旬定植,10月中旬至11月下旬陆续收获。

2. 栽培技术

(1)春大白菜　选择冬性强、抗抽薹、早熟、优质、抗逆性强的品种,主要品种有强势、顶上、鲁春白1号、陕春白1号、四季王。2月中旬阳畦、日光温室或塑料拱棚营养钵育苗,苗期做好防寒保温工作,夜间应覆盖草帘,保证苗期温度不低于13℃,苗龄20天。施足基肥,每667米^{2}施腐熟有机肥4 000～5 000千克、三元复合肥30～40千克,采用平畦或半高垄拱棚覆盖栽培,不论平畦或半高垄,都应做到畦面平整,沟垄两平,畦、垄不宜过长。3月上旬带土坨定植,行株距55～60厘米×30～40厘米,每667米^{2}定植2 000～2 200株。

春结球白菜生育期短,栽培中要促进营养生长,抑制未熟抽薹,一般不蹲苗,应肥水齐攻,一促到底,多施速效性基肥和追肥。生育前期要保证营养条件良好,加速营养生长。一般于幼苗期和

定植后,施尿素 10～15 千克,促其迅速形成莲座和叶球。莲座期施"发棵肥",促进莲座叶和根系生长,莲座期以后随着气温升高,酌情增加浇水,保持土壤湿润。结球前期,中期各施 1 次速效性化肥,一般施尿素 15～20 千克,浇水要见干见湿,以免高温高湿引起软腐病。结球期应及时揭掉薄膜,降低气温,促进结球。

春大白菜病虫危害较少,主要病害是霜霉病,可通过控制棚内温湿度进行预防,药剂防治可采用霜霉威盐酸盐、百菌清 600～800 倍液或甲基硫菌灵 1 000 倍液喷雾。

(2)夏黄瓜　选择耐热、耐涝、抗病、优质、高产的品种,主要有津优 4 号、津研 4 号、夏光。4 月中旬采用营养钵播种育苗。春大白菜收获完毕后,及时清洁田园,深翻整地,结合整地施腐熟有机肥 5 000 千克,过磷酸钙 22～55 千克,然后做成平畦垄。平畦宽 100～120 厘米,每畦栽 2 行,垄作排灌方便,又利于根系发育,一般垄距 60～66 厘米。为便于排灌,畦、垄不宜过长。

5 月下旬定植,可做平畦,株距 20～25 厘米。垄作,株距 25 厘米。

夏黄瓜需肥量大,在施足基肥的基础上,追肥要掌握少量多次的原则,注意磷、钾肥的配合施用。缓苗后追施提苗肥 2 次,每 667 米^2 每次施腐熟人粪尿 500 千克,插架前追施腐熟人粪尿 800 千克。结果后每采收 2 次,追肥 1 次,每次追施尿素 10 千克或三元复合肥 16 千克。灌水的原则是小水勤浇,小苗以控为主,及时中耕;促进根系发育。炎热天暴雨过后要"涝浇园",为降低地温防止沤根,可在夜间浇水。

6 月上旬开始抽蔓,应及时插架,随着蔓的伸长引蔓、绑蔓。

夏黄瓜幼苗期温度高,日照长,不利于雌花形成,3～4 片真叶时喷浓度 100 毫克/升乙烯利溶液可增加雌花数目。幼苗期、开花结果期结合防治病虫,用 0.3%磷酸二氢钾溶液叶面喷施 2～3 次。

危害黄瓜的主要病害有枯萎病、霜霉病、疫病、炭疽病、白粉病等。防治上以农业防治为主,化学防治为辅。枯萎病、疫病可用甲霜灵500倍液,或异菌脲1 000～1 500倍液,或甲基硫菌灵800倍液,或氢氧化铜400倍液喷雾。霜霉病、炭疽病、白粉病可用百菌清500倍液,或霜霉威盐酸盐600～1 000倍液,或三乙膦酸铝400倍液喷雾防治。危害黄瓜的主要害虫有蚜虫和黄守瓜。蚜虫可用乐果800倍液喷雾,黄守瓜用敌百虫、敌敌畏800倍液喷雾防治。

7月上旬至8月上旬陆续采收。

(3)秋大白菜　选用抗病、优质、丰产、稳产、适应性强的品种,主要有秦白2号、秦白4号、秦白5号、秦白6号、丰抗78。选浇水方便、土壤肥沃的地块做苗床,8月上旬营养钵育苗,苗龄25天。黄瓜收获后及时深翻整地,结合整地施腐熟人粪尿5 000千克、三元复合肥50千克。多采用平畦或半高垄,平畦的宽度依品种而定,栽培大型品种,畦宽等于2行的行距,每畦栽2行;小型品种,畦宽等于3行的行距,每畦栽3行。半高垄一般每垄1行,垄高一般为8～15厘米。

8月下旬至9月上旬带土坨定植,行株距为50～60厘米×35～40厘米。

定植时浇定苗水,缓苗后结合浇水追施提苗肥。莲座期重施发棵肥,浇水要掌握见干见湿的原则。结球期分次追肥,结球前期叶球生长很快,要多追肥。早施追肥,增产效果显著。

危害白菜的主要病害有病毒病、霜霉病、软腐病、黑斑病,主要害虫有蚜虫、菜青虫、小菜蛾、蟋蟀等。防治上要以农业防治为主,化学防治为辅。霜霉病、黑斑病,每667米^{2}用70%丙森锌可湿性粉剂150～214克对水喷雾,或40%嘧霉胺可湿性粉剂800～1 200倍液喷雾。害虫每667米^{2}用敌杀死30～50毫升对水喷雾。

早、中熟品种一般于10月上旬开始采收,晚熟品种11月下旬开始采收。

(二)早春西葫芦、越夏白菜、秋延后番茄栽培技术

陕西省岐山县充分利用当地自然资源,积极探索早春西葫芦、越夏白菜、秋延后番茄一年三熟高效栽培模式,取得显著经济效益。每 667 米^2 产西葫芦 5 000 千克,产值 3 000 元;大白菜 3 500千克,产值 2 800 元;番茄 3 500 千克,产值 3 500 元。每 667 米^2 年产值达 9 300 元。

1. 早春西葫芦 结合深翻施足基肥,一般每 667 米^2 施腐熟有机肥 7 000~8 000 千克、磷酸二铵 25~30 千克、硫酸钾 15~20千克,混合后均匀撒施,深翻 25 厘米以上。整平做畦,畦宽 40 厘米、高 10~15 厘米,畦沟宽 30 厘米,畦面覆盖地膜。定植前 10 天左右插拱杆扣棚,烤地升温。

选择植株低矮紧凑、早熟高产的抗病品种,如银青一代、早青一代等,于 1 月上中旬用日光温室或阳畦加拱棚覆盖方法育苗。出苗后棚温白天 20℃~25℃,夜间 12℃~15℃。定植前适当控制水分,低温蹲苗,增强抗性,培育壮苗。

待幼苗 3~4 片真叶时,选晴好天气定植。此时外界气温较低,定植时不宜浇大水,可采用垄顶打穴、浇水、摆苗、围土、封口的五步定植法。行株距保持 70 厘米×50 厘米。

定植后逐穴浇足定植水,棚内温度保持白天 25℃~30℃,夜间 18℃~20℃,空气相对湿度 80% 左右,促根缓苗。缓苗后通风降温。坐瓜前不旱不浇水。坐瓜后适当提高棚温,白天 25℃~28℃,夜间 15℃~18℃。结果期小水勤浇,每隔 15 天追肥 1 次,每 667 米^2 施磷酸二铵 15 千克、尿素 10 千克,也可每次随水冲施腐熟人粪尿 1 000 千克。开花期内无传粉昆虫,需进行人工授粉。5 月上旬,外界气温稳定时揭去棚膜。西葫芦开花后 8 天左右,即可提早采收嫩瓜,促进幼瓜生长,提高产量。

2. 越夏大白菜 选择耐热、抗病、生育期短、结球紧实的白菜

品种,如日本夏阳、夏抗 50 等,5 月下旬用营养钵育苗。播后覆盖遮阳网,勤洒水,及时防治蚜虫。经 20 天左右,幼苗 5～6 片真叶时移栽。

6 月上中旬西葫芦拔秧清园后及时整地,做成间距 45 厘米、宽 20 厘米、高 15 厘米的垄,结合起垄于垄下条施尿素 15～20 千克、磷酸二铵和硫酸钾各 20～25 千克。选阴天或晴天傍晚带土移栽,在垄上按 30 厘米株距挖穴定植。栽后覆盖遮阳网,昼夜通风,降低棚内温度。

夏白菜生育期短,全生育期约 70 天,应一促到底。定植后浇水 1～2 次,以利于缓苗。生长期间要小水勤浇,降低地温,保持土壤潮湿。缓苗后穴施尿素 1.5 千克,莲座期、结球初期随水追施尿素 20～25 千克。

夏季高温,病虫为害较重,病害主要有病毒病、霜霉病、软腐病,害虫有蚜虫、菜青虫、小菜蛾等,应根据虫口密度,及时选用吡虫啉、苏云金杆菌、抗蚜威等交替喷洒防治,同时提前喷施烷醇、硫酸铜、硫酸链霉素·土霉素、甲霜灵·锰锌、霜脲·锰锌等防治病害。也可加盖防虫网,以减少病虫危害。

越夏白菜收获期不严格,定植后 40 天左右、叶球基本形成时,即可采收。

3. 秋延后番茄　选用综合性状好、抗病高产的番茄品种,如 L402、合作 906 等,7 月中旬覆盖遮阳网育苗。出苗后及时间苗,勤浇小水。苗龄 25～30 天,4～5 片真叶时定植。

定植后浇水稳苗,及时中耕、除草、浅培土。秧苗长至 70 厘米时,采用单干或一干半整枝,留 4～5 穗果摘心。第一穗果坐果后,随水冲施尿素 10 千克、硫酸钾 10～15 千克,盛果期再施尿素 15 千克。10 月初扣棚。随着气温下降,逐渐减小通风量,气温降至 15℃时夜间不再通风。一般于 11 月上中旬采收上市。

（三）油菜、番茄、早白菜、芹菜栽培技术

近几年，小油菜、番茄、早白菜、芹菜一年四种四收，在山东省鲁南地区已大面积推广，每 667 米² 收入约 1.6 万元，其中早春小油菜产 2 500 千克，收入 3 000 元；早白菜产 3 000 千克，收入 3 500 元；番茄产 3 000 千克，收入 4 000 元；芹菜产 7 500 千克，收入 6 000 元。

1. 栽培模式　小油菜、番茄、早白菜、芹菜种植模式，每 1 米为一播种带。立春前后以 1 米做畦，畦背宽 30 厘米，畦面宽 70 厘米。畦面用小拱棚播种小油菜，清明前后收获；谷雨时畦面地膜覆盖栽植 1 行番茄，"夏至"后 5～6 天采收；然后，畦面栽 2 行早白菜，处暑前后白菜上市；再在畦面上栽植 3 行芹菜。

2. 栽培技术

（1）小油菜　选择上海青或苏州青为最好。翻地前，每 667 米² 施优质有机肥 3 500～4 000 千克、磷酸二铵 15 千克，深翻 20 厘米，整平耙细，做成宽 1 米，长 25 米的畦，畦背宽 30 厘米，畦面宽 70 厘米。立春后 3～5 天播种，播种前浇透底水，播后起小拱棚盖膜。出苗后注意疏密补稀，株距 15 厘米。定植浇小水，并施用少量速效氮肥。

（2）番茄　选用金棚 1 号、TF412 或美国大红等无限生长型品种，"立春"前 10 天左右育苗。小油菜收获后，及时撤去小拱棚。在畦面中间挖宽 45 厘米、深 20 厘米的施肥沟，然后将 50 千克磷酸二铵、100 千克腐熟饼肥与适量土拌匀，撒于地的施肥沟中，再整平畦面，浇透水，划锄提温。选择晴朗无风天气，在施肥沟上开沟或穴，浇水，将番茄苗带坨移栽，株距 45 厘米，栽后及时培土、封沟、盖膜。在植株处划膜放出番茄苗，然后用土压实，以防降温散湿。在土壤水分管理上宜见干见湿。在花果期穴施硫酸钾 15～20 千克，浇水后划锄。采收一次果，进行一次肥水管理。搭"人"

字形架,每株留 3～4 穗果即掐头封顶。此后要经常抹去叶腋处分枝。及时防治蚜虫、棉铃虫等。适时喷洒 50％异菌脲可湿性粉剂 800 倍液,防治早晚疫病及病毒病等。

(3)早白菜 选择耐寒耐热性较好的日本夏阳白菜。为使白菜早上市,可在 6 月初用小拱棚育苗。番茄收完后及时进行深中耕,施三元复合肥 20 千克。定植白菜株行距各 30 厘米,定植后浇 1 遍小水。应勤浇小水,随水施速效氮肥。早白菜生长期短,避害性相对较强,但仍要防治腐烂病、菜青虫等。在收获前 20 天左右,喷施钛微肥 10 毫升,能增产 10％以上。

(4)芹菜 选用正大脆芹或津南实芹。6 月上旬育苗。苗高 10 厘米,具有 4～5 片叶时大田移栽。早白菜收获后,撒施磷酸二铵 30 千克、三元复合肥 15 千克、锌肥 1.5 千克、硼肥 1 千克、辛硫磷颗粒剂 4 千克。深翻 20 厘米,然后整平做畦,进行定植。每畦定植 3 行,株距 12 厘米,栽后及时盖土压实,随即浇水缓苗。此期可喷洒"丰收宝"药肥,以利于扎根、防病、缓苗。缓苗后及时追提苗肥,肥水齐攻,每 10 天左右追肥、浇水 1 次,每次追施尿素 10 千克。在收获前 35 天,喷施 10 毫升钛微肥。在收获前 15 天左右喷施赤霉素,能增加产量。

(四)秋冬菠菜、早春白菜、越夏冬瓜栽培技术

为配合农村产业结构调整,对山东省兖州市蔬菜运销、种植能手杜文的经验进行了总结,筛选出一套适合当地栽培的秋冬菠菜、早春白菜、越夏冬瓜一年四种四收高效种植模式。2 茬菠菜每 667 米² 产 2 000 千克,以市场平均价值 1.6 元/千克计算,产值约 3 200 元。早春白菜每 667 米² 产 5 000～7 500 千克,以市场平均价格 0.6～0.8 元/千克计算,产值 3 500 元左右。越夏冬瓜每 667 米² 产 7 000～7 500 千克,市场平均价格 0.5 元/千克,产值在 3 500～3 800 元。扣除种子、肥料、拱棚材料折旧、农药、架竿、铁丝等投入

的费用,该模式每 667 米² 效益在 4 000～5 000 元,具有很好的推广价值。

1. 茬口安排　秋冬种植 2 茬菠菜,第一茬在 9 月上旬露地播种,10 月上旬开始收获。第二茬于 10 月下旬播种,采用小拱棚或大中拱棚覆盖,翌年 1 月底至 2 月上旬收获。早春白菜元旦前后温室育苗,2 月上中旬定植于拱棚,4 月中下旬收获。冬瓜 4 月上中旬采用阳畦或小拱棚育苗,5 月中旬定植,8～9 月份陆续收获。

2. 栽培技术

(1)秋冬菠菜高产栽培技术　9 月上旬种植第一茬菠菜,因常规品种如日本大圆叶菠菜等,超过 25℃生长不良,应选用耐热、抗病、高产的荷兰必久公司生产的优良品种 K5。10 月份播种第二茬,选用抗寒、高产、抗病进口品种 K7。

播种前应深翻土地,每 667 米² 施充分腐熟的有机肥 5 000 千克、三元复合肥 30 千克、尿素 15 千克。整平地面后做平畦,一般畦宽 1.2 米,畦埂高 10～15 厘米。采用直播法,用条播的方式,播时先开浅沟,沟距 12～15 厘米,深约 2 厘米,将种子均匀点于沟中,每 667 米² 用种量 1.5～2 千克,播后用木板刮平地面,先用脚踩一遍,然后浇大水造墒。

苗长到 2～3 片真叶时,进行间苗定苗,苗距 3～5 厘米。结合浇水,每 667 米² 施尿素 15 千克,7 天后再追肥浇水。进入旺盛生长后期,可喷洒天达 2116、磷酸二氢钾、复硝酚钠进行叶面施肥,促其快速生长。

菠菜病虫害较少,害虫主要是蚜虫,病害主要有霜霉病和炭疽病。防治蚜虫时可用 10% 吡虫啉可湿性粉剂 1 000 倍液,用 64% 噁霜·锰锌可湿性粉剂 500 倍液防治霜霉病,80% 福·福锌可湿性粉剂 800 倍液防治炭疽病。

第一茬菠菜播后 30～35 天,株高 20～25 厘米时即可陆续采收,第二茬拱棚菠菜可根据市场行情适时采收上市。

（2）早春白菜栽培技术　早春拱棚白菜应选择耐低温、抗抽薹、丰产的优良品种,本地适合早春栽培的品种有春夏王、胜春、阳春、强势等。

拱棚内越冬菠菜收获后,及时整地做畦,每 667 米² 施腐熟有机肥 2 000 千克、三元复合肥 25 千克,将地深翻耙匀。整成垄距 50 厘米,垄高 15 厘米,垄面宽 20～30 厘米的小高垄。

大拱棚早春白菜一般是元旦前后温室育苗,于畦面开沟点播,每 667 米² 用种量 50 克。播后盖细土 1 厘米厚,苗床上可采用精喹禾灵化学除草,每 667 米² 用量 50 毫升。苗期控水控温,培育壮苗。苗龄 35～40 天,立春前后定植大拱棚。先在垄顶上开浅沟,按行株距 50 厘米×40 厘米定植。

定植后及时浇水,以利于缓苗。莲座期、结球初期结合浇水,分别施三元复合肥 15 千克、20 千克。

早春白菜生长期间易感染病毒病、软腐病和霜霉病,分别喷洒 20％盐酸吗啉胍·铜可湿性粉剂 500 倍液、72％农用链霉素可溶性粉剂 4 000 倍液、64％噁霜·锰锌可湿性粉剂 500 倍液防治。收获前 10 天停止用药。

一般从 4 月中下旬开始,挑选结球紧实的分批收获上市。

（3）越夏冬瓜栽培技术　选用抗病、丰产、耐贮藏、商品性好的广东黑皮冬瓜品种。

白菜收获后及时清除田间杂草、植株残体,将地深翻整平,做成垄距 1.5 米,垄顶宽 15 厘米,垄底宽 20～25 厘米的小高垄。

4 月上中旬在小拱棚内育苗。提倡使用营养钵育苗,这样定植的冬瓜不伤根,生长健壮,没有缓苗期。苗期拱棚内注意通风降温去湿,通风时要小心,以免"闪苗"。之后逐渐增加通风量,进行低温炼苗。5 月中下旬,冬瓜苗龄 40 天左右,3～4 片真叶时及时定植。定植宜早不宜晚,定植前 7～10 天浇水,以利于起苗。定植时先在整好的垄顶上挖坑,株行距 0.6 米×1.5 米,栽后浇水稳苗。

定植后浇 1～2 次缓苗水,之后中耕松土。秧蔓长到 5～6 片真叶时,施 1 次发棵肥,在畦的一侧施尿素 15～20 千克。架冬瓜在抽蔓时要早搭架,选用高 1.8 米、粗 2～3 厘米的竹竿,每两株搭成高 1.4 米的三脚架,然后用纵杆连接。也可在植株间每 20 米埋 1 根水泥立柱,柱间用 8 号铁丝相连,然后把三脚架固定在铁丝上,增加牢固性。选择横杆以下 10～15 厘米的第二、第三雌花留 1 个瓜,其他雌花疏去。当冬瓜坐住,拳头大小时,施硫酸钾 15 千克攻瓜肥,瓜长至 0.5～1 千克时及时吊瓜。

冬瓜坐住后 30～40 天,瓜皮变成深黑色,表面绒毛褪尽后及时采收。为延长冬瓜的贮存期,在瓜接近成熟时控制浇水次数。

可用 50% 辛硫磷可湿性粉剂 1 000～1 500 倍液防治黄守瓜、瓜实蝇等害虫;用 77% 氢氧化铜可湿性粉剂 500 倍液防治疫病;用 25% 三唑酮可湿性粉剂 2 000 倍液防治白粉病。

(五)"三膜两苫"秋延后辣椒、早春黄瓜、高温平菇栽培技术

蔬菜"三膜两苫"三种三收栽培技术,是近几年山东省枣庄市台儿庄区新开发的一种高效种植模式,每年种植面积逾 200 公顷。该模式是在冬季采用中拱棚内套小拱棚,小拱棚内盖地膜,夜间小拱棚上盖两层草苫防寒,实践证明,其保温效果不次于一般的日光温室,而建棚的投资仅仅是日光温室的 33%,实行三种三收周年栽培,效益非常可观。每 667 米² 秋延后辣椒纯收入逾 5 000 元、早春黄瓜逾 7 000 元、高温型平菇逾 10 000 元,3 项合计纯收入逾 22 000 元。

1. 中小拱棚的合理设计　中拱棚一般宽 6 米,高 1.6～1.8 米,长 60 米左右。中拱棚内套 2 个小拱棚,每个小拱棚宽 2～2.2 米,中间留 0.4 米宽作走道,两边留 0.6～0.8 米宽放草苫。小拱棚在不影响揭盖草苫的前提下可尽量建得高一些,一般应不低于

1米。

2. 合理安排茬口　秋延后辣椒一般在7月底至8月初播种，9月中旬定植，翌年2月底前采收结束。早春黄瓜嫁接苗可在12月底播种(新茬地不嫁接的可在翌年1月10日前后播种)，2月中下旬定植，5月底采收结束。高温型平菇一般在5月下旬准备培养料，6月初接种，8月底收获结束。

3. 秋延后辣椒栽培技术　因秋延后辣椒育苗期处于夏季，所以要选择耐高温、抗病，特别是抗病毒病、优质、早熟、丰产、收获期比较集中的优良品种。比较适宜的品种有洛椒8号、新皖椒1号等。

7月底至8月初播种。播前7天整好苗床，扣上小拱棚进行高温闷棚。播前4～5天进行种子处理，先用10%磷酸三钠溶液或2%氢氧化钠溶液浸种20分钟，清水洗净后用55℃热水烫种10～15分钟，然后在30℃水中浸泡4～5小时，捞出后用纱布包好，在25℃～30℃条件下催芽。3～4天后种子露白即可播种。一般每个营养钵播2～3粒，定苗时留1～2株。

白天可用遮阳网或稻草等遮荫，并将小拱棚四周的塑料薄膜掀起，下雨时放下塑料薄膜防雨。保持土壤见干见湿。

定植前7天整地，每667米²撒施腐熟优质农家肥3 000～5 000千克、过磷酸钙100千克或磷酸二铵30千克、硫酸钾25千克、尿素10～15千克，耕翻入土。按大行距60～65厘米，小行距40～45厘米起垄，垄宽20～25厘米，小行内垄沟深17厘米左右，大行内操作沟深20～25厘米。起垄后覆地膜，扣中拱棚进行高温闷棚。

苗龄30～40天，选阴天或晴天下午定植，在垄上按穴距35厘米破膜挖10厘米深的穴，将带土坨的幼苗放入穴内，覆土，定植后垄沟内浇透水。

定植后前期气温较高，中拱棚四周薄膜可全部掀起，注意遮荫降温,白天不超过 30℃,以 23℃～28℃为宜,夜间 18℃～23℃。一般在 10 月底至 11 月初,中拱棚内夜间温度低于 15℃时扣上小拱棚,并加盖草苫,以后随气温的降低将草苫增至两层。

搞好肥水管理,前期早追发棵肥,中期重施催果肥,后期补施盖顶肥。每次每 667 米² 施三元复合肥 10 千克左右,可结合浇水进行,浇水前喷施保护性杀菌剂,浇水后注意通风排湿。

注意病虫害的防治,疫病可用 69%锰锌·烯酰可湿性粉剂 1 000 倍液,或 60%氟吗·锰锌可湿性粉剂 800 倍液喷雾加灌根防治。炭疽病、褐斑病和叶枯病可用 50%甲基硫菌灵·硫磺悬浮剂 500 倍液,或 40%硫磺·多菌灵悬浮剂 400 倍液喷雾防治。灰霉病可用 28%百菌清·乙霉威可湿性粉剂 600 倍液,或 50%乙霉·多菌灵可湿性粉剂 800 倍液喷雾防治。病毒病可用 20%吗胍·乙酸铜可湿性粉剂 500 倍液,或 5%菌毒清水剂 400 倍液喷雾防治。茶黄螨可用 25%灭螨猛可湿性粉剂 1 000 倍液喷雾防治,也可用 25%喹硫磷乳油 800 倍液喷雾,可兼治蚜虫。

秋延后辣椒一般在 12 月前适时采收,进入 12 月后注意保温,促果实膨大,元旦至春节期间根据市场行情集中采收上市。

4. 早春黄瓜栽培技术　早春黄瓜应选择较耐寒、耐弱光、适应性强、早熟、丰产、抗病、品质好的优质品种。目前适宜的品种主要有津优 20 号、津优 10 号、博耐 13 号、博耐 11 号和博美 6 号等。每 667 米² 用种量 150 克左右。

早春黄瓜嫁接苗一般在 12 月底育苗,如用靠接法,作砧木的黑籽南瓜应比黄瓜晚播种 10～15 天。如果是新茬地不嫁接,可在翌年 1 月 10 日前后播种。可在日光温室内育苗,也可采取中拱棚套小拱棚育苗,但夜间小拱棚上须加盖两层草苫。气温低于 −5℃ 时,中拱棚四周也要围上草苫,保持小拱棚内夜间温度不低于 10℃。

定植前每 667 米² 施腐熟优质农家肥 5 000～10 000 千克、过磷酸钙 120 千克或磷酸二铵 40 千克、硫酸钾 50 千克、尿素 20～30 千克。结合施基肥每 667 米² 拌入 50％多菌灵可湿性粉剂 1.5 千克、5％辛硫磷颗粒剂 2.5～3 千克,撒施后耕翻入土。然后按大行距 60～65 厘米,小行距 40～45 厘米起垄,垄宽 20～25 厘米,小行内垄沟深 17 厘米左右,大行内操作沟深 20～25 厘米。起垄后覆地膜,定植前 15 天扣中拱棚提高地温。

一般在 2 月中下旬、幼苗 4～5 片真叶时定植。在垄上按株距 30 厘米破膜挖穴,穴深 10 厘米,浇水后将带土坨的幼苗放入,覆土,定植后扣小拱棚,并在小行间地膜下浇透水。

定植后注意温度控制,定植后 5～7 天一般少通风或不通风,白天小拱棚内温度保持 28℃～32℃,棚内空气相对湿度高达 90％以上。缓苗后白天温度不超过 30℃,夜间不低于 12℃,结瓜期夜间温度不低于 15℃。一般在 3 月底至 4 月初,夜间最低温度达 8℃以上时,撤掉小拱棚。

注意肥水管理,结瓜前气温较低,可少浇水,不旱不浇,以利于提高地温。根瓜坐住后,可结合浇水追 1 次肥,每 667 米² 穴施发酵好的碎饼肥 100 千克左右,施后盖土浇水。以后每隔 10～15 天结合浇水每 667 米² 施黄瓜专用肥 10～15 千克。结瓜前期一般每隔 7 天左右浇 1 次水,结瓜盛期每隔 5 天左右浇 1 次水。

注意病虫害的防治。黄瓜霜霉病可在发病初期用 69％锰锌·烯酰可湿性粉剂 1 000 倍液,或 60％氟吗·锰锌可湿性粉剂 800 倍液喷雾,可兼治疫病等。细菌性角斑病,可在发病初期用 72％农用链霉素可溶性粉剂 3 000 倍液喷雾。白粉病可在发病初期用 20％三唑酮乳油 2 000 倍液喷雾。灰霉病可在发病初期用 28％百菌清·乙霉威可湿性粉剂 600 倍液,或 50％乙霉·多菌灵可湿性粉剂 800 倍液喷雾。猝倒病多在幼苗期低温高湿条件下发病,发病初期可用 30％噁霉灵水剂 600 倍液喷雾加灌根防治。病毒病可在发病初期用 7.5％菌毒·吗啉胍水剂 600 倍液,或 5％菌毒清水剂 400 倍液喷雾。蚜虫和粉虱可用 10%吡虫啉可湿性粉剂 2 000 倍液,或 2.5%联苯菊酯乳油 2 500 倍液喷雾。潜叶蝇可用 1.8%阿维菌素乳油 2 500 倍液,或 48%毒死蜱乳油 1 000 倍液喷雾。

5. 高温型平菇栽培技术 选择耐高温品种是夏季平菇栽培成败的关键。台儿庄区近几年种植的高温平菇品种主要有江都 71 号(出菇温度 12℃～36℃)、苏引 6 号(出菇温度 15℃～36℃)、夏优 1 号(出菇温度 10℃～37℃)、伏优王(出菇温度 15℃～36℃)等,近 2 年也有海南 2 号和基因 2005 等种植。

培养料可用粉碎玉米芯 100 千克、尿素 0.5 千克、过磷酸钙 2 千克、石灰 2～3 千克、50%多菌灵(或 20%克霉灵)可湿性粉剂 100 克,加水 155～160 升配制。玉米芯原料不足的加入 20%～30%稻草来弥补,稻草必须先用粉碎机粉碎或用铡刀铡成 3～5 厘米长的小段,然后用 3%石灰水浸泡 24 小时,捞出沥干后掺入培养料中,各种配料一定要翻拌均匀。一般在 5 月下旬,前茬全部收获前 7～10 天开始堆积发酵。棚内瓜菜全部收获后进行高温闷棚和土壤消毒。

一般分 3 层接种,袋装时可分 4 层,两头的接种量适当多一些。栽培袋一般在棚内按"井"字形堆放 3～4 层,小行间堆放 30 厘米宽,大行间留 50 厘米宽作走道,夏季摆放高度一般不超过 4 层,并注意翻堆。

夏季栽培高温型平菇,中拱棚白天盖草苫,温度不超过 30℃,外界气温高时遮荫不通风,夜间气温低时将棚的四周全部掀起大通风。发菌期间可以少通风,菌丝生长成熟后要适当增加通风时间和通风量。一般一早一晚揭草苫进行短暂的光照就能满足子实体形成的需要。

注意湿度控制,温度高,蒸发量大,注意给培养料加水,保持含水量 65%,空气相对湿度 85%左右。

病虫害的防治,应以预防为主,保证菌种不带虫卵和病原菌,通风口和门窗都应安装纱网,防止蚊蝇等害虫进入。进料前棚内进行消毒,培养料采取熟料栽培,阴雨天棚内湿度过大时可撒生石灰吸潮、消毒、防杂菌。采用菌袋栽培的可结合翻堆清除已感染杂菌的菌袋。害螨发生可在受害菌床上铺若干块湿纱布,上面撒一层炒香的菜籽饼粉或豆饼、棉籽饼、花生饼粉,以诱集害螨,将集害螨的纱布放在沸水中烫死害螨。

菇体发育至八成熟时,即菌盖基本展平,孢子尚未释放时及时采收。如果平菇接种偏晚,可将仍有采收潜力的菌棒挑出,在秋延后辣椒定植后再移入棚内,放在中拱棚的边行和辣椒的行间,继续出菇。这段时间辣椒主要发生猝倒病和疫病,一般采取灌根防治,如果必须喷药,应将菌棒移到棚外,用塑料布和草苫盖好,然后再对辣椒喷药。

(六)鲜果花生、豆角、大白菜一年三茬栽培技术

河北省新乐市刘辛庄村,通过近几年的摸索和实践,逐步形成了早春覆盖双膜栽培鲜果花生、夏季种豆角、秋季种大白菜的种植模式,每 667 米² 纯收入可达 7 000 元以上。

1. 春茬鲜果花生栽培 种植早食鲜花生播种后 70~90 天,即可产鲜果。要选用冀花 3 号、冀花 2 号、鲁花 14 等品种,并对种子进行晒、粒选。黑色地膜选用厚度为 0.005~0.008 毫米,每667 米² 用量为 3.5 千克左右。再加盖一层白色透明拱棚膜,还可提前 10 天左右播种。

每 667 米² 施粗肥 5 000 千克、过磷酸钙 70~100 千克、碳酸氢铵 20~30 千克、硫酸钾 12~16 千克、硼砂 1 千克、硫酸亚铁 1千克或复合微生物有机肥 100 千克以上、过磷酸钙 50~75 千克、硫酸钾 10~12 千克、尿素 12~13 千克,结合整地,施入全部有机肥和 2/3 的化肥。

播种时间为 4 月 5 日左右,即 5 厘米地温稳定通过 12℃。按大小行种植,小行距 30 厘米,大行距 55～60 厘米,穴距 17 厘米,每穴 2 粒,每 667 米² 用种仁量 15 千克,播深 3 厘米。播种后,用 50% 乙草胺除草剂 0.1～0.2 千克对水 50～60 升,均匀喷洒,然后覆膜。膜要覆平、紧、严、实,以防风揭膜,造成跑墒降温。

花生齐苗后,将 2 片子叶全部清出膜面。2 片真叶展开后,每隔 10～15 天喷 1 次叶康 800 倍液,有蚜虫为害时,喷吡虫啉。株丛高度达 25～30 厘米,已经或接近封行时,喷壮饱安 800 倍液,抑制地上部茎叶生长,促使地下部荚果生长。至 7 月上旬有 40%～50% 荚果充满籽仁时,即可视市场行情陆续收获。每 667 米² 产鲜花生 700 千克,收入 3 000 元。

2. 夏茬豆角栽培 鲜果花生收获后,及时精耕深翻,每 667 米² 施粗肥 4 000 千克,选用青豇 80、之豇 28-2 等品种,平畦播种。出苗后浇 1 次水,以后再浇水 2～3 次,追尿素 1～2 次,每次 2.5～5 千克。每 667 米² 收获豆角 2 000 千克,收入 3 000 元。

3. 大白菜栽培 8 月底开沟直播,9 月初进行 2～3 次间苗。定苗后多锄蹲苗,直至莲座期。进入结球期白菜迅速生长,需水肥较多,要多浇水追肥。追肥以氮肥为主,需追 2～3 次,每次每 667 米² 施尿素 25 千克以上。另外,还要用多菌灵悬浮剂等防治白菜的病害,并搞好菜青虫、菜蚜的防治工作。收获前 7～10 天停止浇水,在 11 月上旬收获,一般每 667 米² 产 4 000～5 000 千克,收入 1 500 元。

(七)拱棚早春菜豆、夏茄子、秋马铃薯周年栽培

山东省应用早春菜豆、夏茄子、秋马铃薯周年栽培较多。早春菜豆选用早熟耐低温、抗病性好、丰产优质的品种,如绿龙、天津半架、双丰 2 号等。夏茄子选用耐高温、抗逆性强、丰产的杂交种,如紫长茄、墨茄。秋马铃薯选用早熟、抗病性优良的丰产品种,如津

薯 8 号、鲁引 1 号等。早春菜豆于 12 月下旬至翌年 1 月上旬播种，行距 110 厘米，穴距 27 厘米，注意大拱棚内需扣小拱棚。菜豆甩蔓时先用矮竹竿插架，撤去小拱棚后再插长竹竿。第一批荚坐住后，浇水施肥，促荚生长。4 月上中旬始收，5 月中旬收获完毕。夏茄子于 2 月上中旬播种育苗，5 月上中旬定植，行距为 110 厘米，株距 45 厘米，当茄子第一个果实坐住"瞪眼"时，及时供应肥水，6 月下旬始收，7 月下旬至 8 月下旬收获完毕，生长期间注意防雨涝及病虫害。8 月中旬种植秋马铃薯，10 月下旬至 11 月上旬收获，注意防治晚疫病及烟青虫等。

(八)拱棚越冬辣椒、夏大白菜、秋菜花周年栽培

山东省越冬辣椒、夏大白菜、秋花椰菜较多。越冬辣椒 9 月上中旬播种育苗，10 月下旬定植，翌年元旦始收，2～4 月为采收盛期，5 月上旬拔秧。接着整地高垄直播夏大白菜，7 月中旬收获。然后定植花椰菜，11 月初收获。越冬辣椒宜选用早熟、耐低温、耐弱光、抗病性强、丰产优质的杂交种，如苏椒 5 号、新丰 2 号、洛椒 98A、萧椒 6 号等。夏大白菜选用抗热、早熟、抗病性优良的早熟杂交种，如夏阳 50、夏丰 40、夏白 45、天正夏白 1 号。秋花椰菜选用耐高温、抗病性好的早熟品种，如超级雪王 55 天、荷兰秋早 50 天、白峰等。越冬辣椒冬季大拱棚内必须加扣小拱棚，并覆盖草苫，实行双株高垄定植，覆盖地膜，膜下浇水。为防止灰霉病、疫病的发生，应加强栽培管理，一旦发生可结合用粉尘剂、烟熏剂防治。夏大白菜直播或育苗，每 667 米^2 定植 4 500 株，生长期间注意防治软腐病、霜霉病及夜蛾类害虫。花椰菜于 6 月下旬至 7 月上旬播种育苗，2～3 片真叶时分苗，5～6 片真叶时定植，每 667 米^2 栽 2 500 株，高垄栽培。出现花球后每 667 米^2 及时追施尿素 10 千克或硫酸铵 20 千克。

(九)速生绿叶菜、早春甘蓝、架芸豆、秋甘蓝栽培技术

山东省兖州乔存金等摸索出速生绿叶菜、早春甘蓝、架芸豆、秋甘蓝一年四作四收,能及时在市场淡季上市的栽培模式。

1. 速生绿叶菜 小雪前后播种油菜(或茼蒿),春节前后上市,每667米² 产量1500千克。

2. 早春甘蓝 大雪后(12月10日前后)在棚室内用地热线育苗,品种选用中甘2或中甘12。小寒后(1月10日前后)营养钵分苗,立春定植,清明前(4月初)始收,4月20日采收完毕,每667米² 可产3000~4000千克。

3. 架芸豆(或豇豆) 4月下旬营养钵育苗,5月上旬定植(也可直播)。6月上中旬始收,8月中旬拉秧,每667米² 产量1500~2500千克。

4. 秋甘蓝(或秋花椰菜、秋黄瓜、大白菜等) 品种选用京丰一号,每667米² 栽2000~2500株。7月中下旬采用营养钵育苗,8月下旬定植,10月下旬始收。

(十)甘蓝、黄瓜、小白菜、秋西葫芦栽培技术

山东省兖州地区用甘蓝、黄瓜、小白菜、秋西葫芦栽培模式的较多。

1. 甘蓝 品种可选用中甘2。12月中旬棚室(或阳畦)地热线育苗,翌年1月中旬分苗,2月中旬定植,每667米² 定植5000株,4月下旬上市。每667米² 产3000千克。

2. 黄瓜 3月上旬育苗,4月下旬当苗龄45~50天、7~8片真叶时定植。采取主副行栽培,每667米² 栽6000株,副行植株15~18片叶时摘心,每株留瓜2~3个,单株产量0.5千克左右。一般前期(6月23日以前)每667米² 产量可达3000千克,后期也近3000千克,7月20日以前拉秧。

3. 小白菜(或油菜) 7月下旬播种,8月下旬至9月上旬上市,每667米² 产量1 500千克。

4. 秋西葫芦 8月下旬育苗,9月中旬定植,定植时幼苗苗龄15～20天,具6～7片真叶,10月中旬始收,20日前后拉膜覆盖,12月上旬拉秧,每667米² 产3 000千克左右。

(十一)拱棚水萝卜、西葫芦、地芸豆、花椰菜栽培技术

山东省应用水萝卜、西葫芦、地芸豆、花椰菜栽培模式效果好。

1. 水萝卜 12月中下旬播种,翌年3月上中旬上市,每667米² 产3 000千克。

2. 西葫芦 1月下旬育苗,3月上中旬定植,4月中旬上市。一般采用主副行栽培,株行距50厘米×50厘米,每667米² 定植2 600株,副行单株2～3个,封行前摘心,前期每667米² 产量(6月10日以前)2 000千克,后期产量3 000千克以上。

3. 地芸豆 西葫芦7月上中旬拉秧,就地压青作绿肥后播种地芸豆。9月上旬收获结束,拉秧再就地压青作绿肥定植秋花椰菜。

4. 秋花椰菜 品种用日本雪山。7月中下旬育苗,苗龄30～35天、长至6～7片真叶时(约9月上旬)定植,每667米² 保苗2 660株。11月底假植贮藏或覆膜就地保存。春节前后上市,每667米² 产3 000千克左右。

(十二)莴笋、西瓜、芹菜栽培技术

陕西省泾阳县史耀军等报道,莴笋一般9月底至10月初育苗,11月中旬中棚内定植,3月上中旬上市;西瓜1月下旬育苗,2月底至3月初中棚内定植,6月中旬采收;芹菜6月上旬育苗,8月上旬定植,10月中下旬采收。

1. 莴笋 选择品质好、耐寒力强、低温下肉质茎膨大快的莴

笋品种,如寒冬二号、寒冬红、红梅一号等。

苗床选择排灌方便、富含有机质、保肥保水性良好的地块,床内多施过筛腐熟有机肥,与畦土掺匀整细,浇足底水。采用湿播法播种,每 667 米^2 用种量 50 克,约需 66.7 米^2 苗床。播种后到出苗前保持土壤湿润,齐苗后控制浇水。幼苗长到 2 片真叶时,按 4～5 厘米苗距间苗,当幼苗长到 4～6 片真叶,苗龄 45 天左右即可选壮苗定植。

定植前每 667 米^2 施腐熟人畜粪肥 3 000 千克、磷肥 50 千克、钾肥 20 千克、尿素 20 千克,东西向整成高垄。栽植要稍深,株行距 30 厘米×40 厘米,栽后将土压紧压实,使根部与土密接。

越冬期以控为主,保证安全越冬。定植后浇 1～2 次水,随水追施少量氮肥,促进缓苗。以后加强中耕蹲苗,控制土壤湿度。返青后少浇水、多中耕,随水每 667 米^2 冲施三元复合肥 20 千克。莴笋"团棵"时,应施 1 次速效氮肥。心叶与莲座叶平头时茎部开始膨大,应浇水并施速效氮、钾肥,由"控"转"促"。茎部肥大期地面保持见干见湿,水分均匀供应,追肥宜少量多次,以免茎部裂口,影响产量和品质。

莴笋主茎顶端与最高叶片的叶尖相平时为收获适期,应及时收获。

病害主要有霜霉病和灰霉病,可用 25％甲霜灵可湿性粉剂 500 倍液,或 70％代森锰锌 500 倍液,或 75％百菌清可湿性粉剂 800 倍液防治。害虫主要是地老虎和潜叶蝇,地老虎主要在苗期为害,可用 50％辛硫磷、90％敌百虫 1 000 倍液防治,潜叶蝇选用 10％吡虫啉 2 000 倍液或增效氰马乳油 6 000 倍液防治。

2. 西瓜 选择品质好、耐运输的品种,如秦川巨龙、科龙 9 号等。

先用 55℃温水浸种消毒,不断搅拌使水温降至 30℃左右浸泡 4 小时,清洗后用湿毛巾包紧,置于 30℃左右环境下催芽。播种前

1 天用 50％甲基硫菌灵可湿性粉剂 800 倍液浇透苗土,待种子芽 0.5 厘米长时播于育苗盘内,芽尖向下,上盖 1.5 厘米厚细营养土。用 50％甲基硫菌灵可湿性粉剂 800 倍液浇透育苗盘,温度保持在 25℃～30℃。出苗后温度保持 18℃～28℃,苗床宁干勿湿。早春注意防冻害,保证充足光照,夏季防止幼苗高温徒长。

一般采用三蔓整枝方式栽培,定植株行距 60～80 厘米×180～200 厘米。每 667 米² 在条施或撒施堆肥 2 500 千克、三元复合肥 50 千克的基础上,整个生育期以"两水两肥"为主:即伸蔓肥,定植 1 周后追施饼肥 100 千克、三元复合肥 15 千克,灌 1 次水;膨瓜肥,坐果 1 周后追施磷酸二铵 15 千克、硫酸钾 5 千克、尿素 10 千克,浇 1 次水。优先选留主蔓上第二、第三个雌花结的瓜,同时在侧蔓上再选留一花期相近的雌花留预备瓜,待幼瓜长到鸡蛋大时可定瓜。二茬瓜在头茬瓜接近成熟时选留。

猝倒病、枯萎病、蔓枯病、炭疽病可用 75％百菌清可湿性粉剂 600 倍液或 50％甲基硫菌灵可湿性粉剂 500 倍液,或 50％多菌灵可湿性粉剂 800 倍液＋75％百菌清 800 倍液防治,每隔 7～10 天 1 次,连喷 2～3 次。病毒病一是注意防蚜虫,二是发病初期用 20％盐酸吗啉胍·铜可湿性粉剂 500 倍液或混合脂肪酸 100 倍液,或 1.5％十二烷基硫酸钠 1 000 倍液喷雾,每隔 10 天喷 1 次,连防 3～4 次。

3. 芹菜 选用高产、优质、耐贮运的抗病品种,如美国的文图拉、加洲王等。

把种子放入 55℃热水中浸泡 15 分钟,然后用凉水浸泡 12～24 小时,揉搓后放在 15℃～18℃(可把种子吊在水井接近水面处或放在冰箱冷藏室摊平)下保湿催芽,注意每天保持种子见一定的散射光,并淘洗 1～2 遍,约 80％以上种子露白后即可播种。

播前浇足底水,水渗下后薄撒一层营养土,使床面平整,普撒 2/3 药土(用 50％多菌灵可湿性粉剂与 50％福美双可湿性粉剂按

1∶1混合,每平方米苗床用药 8～10 克与 15～30 千克细土混合)和细潮土,然后将种子掺少量细沙均匀撒播。播后覆盖 1/3 药土和细潮土,并盖遮阳网,待 70％幼苗顶土时撤除床面覆盖物。出苗后保持床面潮湿,早、晚浇小水。1～2 片叶期间苗,苗距 1～1.5 厘米。3～4 叶期分苗,苗距 6～8 厘米。当苗高 5～6 厘米时,每 667 米^2 均匀撒施尿素 10～12 千克。幼苗 5～6 片真叶、高 15～20 厘米及时定植。

定植前结合整地每 667 米^2 施腐熟有机肥 5 000 千克或干鸡粪 1 000 千克、三元复合肥 50 千克、硼肥 0.5 千克。单株栽植,株行距 10 厘米×10 厘米。定植后立即浇水,2～3 天后再浇 1 次,保持土壤湿润。适当控水蹲苗 7～10 天后,每 667 米^2 随水追施碳酸氢铵 20 千克。定植 1 个月后肥水齐攻,每 667 米^2 追施碳酸氢铵 20 千克、硫酸钾 10 千克,15 天后再追施 1 次。

晚疫病可用 75％百菌清可湿性粉剂 600～700 倍液,或 50％异菌脲可湿性粉剂 1 000 倍液交替防治,每次间隔 5～7 天,连防 2～3 次。软腐病用 72％农用链霉素可溶性粉剂 4 000 倍液或 77％氢氧化铜可湿性粉剂 800 倍液交替喷雾,连续防治 2～3 次。斑潜蝇选 0.9％阿维菌素乳油 2 000 倍液,或 0.6％阿维菌素乳油 1 500 倍液防治。

第五章 菌菜、薯菜轮作新模式

一、菌菜轮作新模式

(一)春黄瓜、秋番茄、冬平菇栽培技术

春黄瓜选用长春密刺、新泰密刺、津研 2 号、津研 4 号等品种。12 月底在加温小暖棚内播种,采用营养钵育苗。翌年 2 月下旬定植,行株距 66～70 厘米×23～25 厘米。3 月下旬采收,6 月下旬拔秧,每 667 米² 产 5 000～6 000 千克。

秋番茄选用津粉 65、中蔬 4 号、强丰等品种,7 月上旬播种育苗,8 月初定植,行距 50～60 厘米,株距 27 厘米;留 2 穗果打顶。10 月中旬开始采收,11 月中旬把所有果实剪下,按成熟度分别贮藏陆续上市,每 667 米² 产 2 500～3 000 千克。

平菇选用低温型品种 539、831、常州 2 号,8 月中旬至 10 月上旬制作菌种,11 月中旬在温室装袋播种,采用袋式立体栽培,每 667 米² 投培养料 2.5 万千克。12 月上旬开始采菇,至翌年 2 月中旬结束,产鲜菇 2 万千克。

3 茬总产 2.75 万～2.9 万千克,收入 3 万多元。

(二)双孢菇、洋香瓜栽培技术

山东省莘县近 2 年在开展无公害蔬菜生产的基础上,推出双孢菇、洋香瓜轮作模式,菌、瓜都能在价格最高时上市,并避免了常规菜—菜轮作前后茬在产量上的相互影响,取得了良好的经济效益。按一般温室 432 米² 计算,最低可收双孢菇 1 500 千克,产值

6 000 元;洋香瓜 2 500 千克左右,产值 7 000 元。除去 3 000 元成本,纯收入 10 000 元。

1. 棚体建造 采用日光温室(冬暖棚),南北墙体设通风口,生产香瓜时再堵上。温室东西长一般为 60 米,南北跨度 7.2 米,北墙高 2 米,厚 1 米,脊高 2.8 米,中柱高 2.6 米,可为斜坡式或拱圆形,南面留 0.3 米的低墙,利于留风口。

2. 茬口安排 双孢菇培养料于 8 月 5 日建堆发酵,约 25 天。9 月初进棚进行简易二次发酵,12 月中旬出菇完毕;香瓜于 12 月上旬在加温温室育苗,翌年 1 月中下旬定植,4 月下旬至 5 月上旬收获上市。

3. 双孢菇栽培要点 应选择适合本地种植的出菇快,且集中的高产品种,如 As2796、F56、F60 等。按 100 米² 计,需麦秸 1 200 千克、干牛粪 1 200 千克、豆饼粉 120 千克、磷肥(含 P_2O_5 12% 以上)32 千克,石膏粉 32 千克、生石灰 24 千克。

先将麦秸铡成 20 厘米长,或于路上碾压,然后用 2%~3% 的石灰水预湿麦秸,3 天后开始建堆,堆宽 1.8 米,高 1.5 米。若堆温正常,可按 5－4－3－3 间隔天数进行翻堆,每次翻堆将边料和底层料翻入中间,第四次翻堆时进行简易二次发酵,方法为:在整好的畦上将料按宽 1.5 米、高 1.2 米、长 5 米建堆,并于底部留通风装置,即用砖和木棍结合搭建 20 厘米高和宽的通道,使新鲜空气从底部进入堆中。之后关闭后墙的通风口,使堆温自然上升至 60℃ 并维持 8 小时进行巴式消毒。若达不到 60℃ 应向温室内通蒸汽加温,灭菌完成后开始通风,使温度降至 48℃~52℃,再发酵 4 天,到培养料没有氨味时整床、播种。

培养料入温室前 4~5 天,用 5% 的石灰水加克菌灵(石灰:克菌灵为 100:1)向四壁、走道等喷洒。然后向畦面和沟内喷 2.5% 氯氰菊酯乳油 2 000 倍液,并每平方米撒入石灰加克菌灵混合粉(比例为 100:1)500 克。培养料入温室前 1 天,向温室喷 1

遍菇虫净 200 倍液,然后密封整个温室,用硫磺熏蒸,封闭 24 小时后通风。

培养料后发酵完毕即可进行铺料、播种:先把 2/3 菌种均匀撒在料面,接着用手抓动培养料,使种块抖进料层内部,然后将余下的 1/3 撒在料面再用少量培养料撒盖。播种完毕,轻轻拍平料面,保湿、控温、培养菌丝。

当菌丝长入料内 2/3 时即可覆土,厚度 2.5～3 厘米。覆土后 15 天左右开始喷催菇水,幼菇生长阶段注意喷保菇水,并加强通风。当蘑菇长到直径 3～4 厘米应及时采收,如气温正常,冬前可收 3 潮菇;若温度低,可采用火墙或在畦面上方加盖黑膜小拱棚,白天揭苫提温,夜间加厚覆盖物保温,增加出菇量,12 月出菇完毕。

4. 洋香瓜栽培要点 选用耐低温、抗病、丰产、早熟品种,如伊丽莎白、西薄洛托、状元、新世纪、黄罗罗等。12 月上旬在加温棚内进行营养钵育苗。苗龄 30 天左右,3 叶 1 心时定植。

定植前 10～15 天清理上茬菌棚,将双孢菇废料翻入土中 20 厘米深处,并结合耕翻施入基肥,然后浇水造墒,深翻整平。多采用大垄双行,垄高 20～25 厘米,宽 80～90 厘米,垄间沟宽 60～70 厘米,垄上开 10～15 厘米的小沟,使其成两小高垄,在其上定植,株距 50 厘米。

采用单蔓整枝。以主蔓结瓜为主,在 8～11 节位留瓜。主蔓长至 24～24 叶时去顶,蔓长 30～40 厘米时及时绑蔓上架。

(三)双孢菇、香瓜、草菇栽培技术

山东省济南市王世东报道,利用冬暖大棚进行双孢菇、香瓜、草菇轮作,一年三种三收,实现社会、经济、生态效益的统一。

1. 品种选择 双孢菇品种选用 2796、As2796 或 F56。2796 系列为半气生型,较耐肥水,单菇重,个头大,出菇期长,适合鲜销或保鲜,宜土法大棚栽培;F56 为杂交种,匍匐型,单菇轻、个头小、出菇密集,适合加工出口罐头,宜工厂化或山洞栽培。香瓜选用伊丽莎白、西薄洛托、状元等品种。草菇可选用 V35、V23(华中农大菌种实验中心)、V53(山东省食用菌菌种保藏中心)、V11(上海农业科学院食用菌研究所)等。

2. 茬口安排　双孢菇提倡适时早播。一般 8 月 5 日前后建堆发酵,前发酵期为 20 天左右,后发酵期约 7 天;播种至覆土的发菌期约需 18 天;覆土到出菇也需 18 天。翌年 1 月上中旬出菇完毕。

12 月上中旬,即双孢菇生长后期,在加温棚内进行香瓜营养钵育苗;翌年 1 月中下旬定植,5 月中下旬收瓜完毕。

香瓜收获完毕到双孢菇料进棚,大棚有 3 个月的闲置期,此时正值暑夏,适宜栽培草菇。一般从播种至出菇约 8 天,采菇期 1 个月。

3. 栽培管理　推荐双孢菇营养基配方为(以 130 米^2 计):麦秸(或稻草)2 200 千克、干牛粪 1 800 千克(或干鸡粪 800 千克)、豆饼 100 千克、石膏 80 千克、石灰 60 千克、碳酸钙 60 千克、过磷酸钙 40 千克、硫酸铵 20 千克、尿素 20 千克。

后发酵技术也是双孢菇重要的增产措施,一般采用"棚内自然升温后发酵法",即第三次翻堆后 2~3 天,培养料趁热入棚,"喷雾＋熏蒸"法杀菌灭虫后,封棚,择日光充足日,揭帘升温至料温 60℃~63℃,气温 55℃左右,保持 6~10 小时,达到彻底杀灭病虫与培养基养分进一步转化的目的。

播种量 1~2 瓶/米^2,采用"混播＋表播"的方法,即播种量的 2/3~3/4 与培养料充分拌匀,剩余的部分均匀撒于床面,轻轻扒动,使菌种与表层培养料充分接触。发菌时料温保持 20℃~28℃,出菇时棚温保持 10℃~20℃。另外,要加强出菇期的水分管理,铺料厚度在 18 厘米左右,不宜太厚。其他种植技术同常规。

香瓜种子应进行浸种催芽,多采取大垄双行种植,垄高 20~

25 厘米,宽 80~90 厘米,垄间沟宽 60~70 厘米,株距 50 厘米。

棉籽壳、废棉、麦秸、稻草、玉米芯、玉米秸、花生壳及栽培完平菇后的废料均可来栽培草菇。采用生料或发酵料栽培,所用菌种菌龄要适当,一般选用 20 天左右的菌种,按每平方米 750 克的播种量,采用"穴播＋表播"的方法。播完种后在料面盖一层 2 厘米厚的黏性土壤,发菌最适温度为 30℃~35℃,草菇原基出现后,棚温要保持在 28℃~35℃,空气相对湿度控制在 85%~90%。注意检查培养料的 pH 值,若低于 8,则用石灰水调整。

(四)豇豆、鸡腿菇、鸡腿菇栽培技术

豇豆、鸡腿菇、鸡腿菇轮作栽培技术已在河南省推广。豇豆 4 月中旬育苗,5 月上中旬定植于温室,9 月中下旬拉秧。鸡腿菇 8 月中旬至 9 月初进行培养,25~30 天满袋后,于 9 月底在温室中覆土栽培出菇,12 月中下旬生产结束。第二批鸡腿菇于 12 月份进行栽培,温室外发菌管理,翌年 1 月下旬至 2 月初脱袋覆土于温室中,4 月下旬生产结束。鸡腿菇生产期间在温室内搭建一层遮光率 70%的遮阳网。

(五)黄瓜、黄背木耳、草菇栽培技术

黄瓜、黄背木耳、草菇轮作栽培技术已在河南省推广。温室黄瓜 5 月下旬拉秧后,把培养好的黄背木耳菌袋,一串串吊在温室的骨架上,盖草苫遮荫(或提前在温室周围种植佛手瓜、冬瓜、丝瓜等攀援蔬菜遮荫)。7 月底至 8 月上中旬木耳生产结束后栽培草菇,9 月下旬结束。

1. 黄瓜栽培技术 同冬春茬黄瓜栽培。

2. 黄背木耳栽培管理 采用棉籽壳配方,熟料袋栽方式。袋规格为 15~17 厘米×37~40 厘米,4 月上中旬开始制袋,在培养室培养发菌,30~40 天左右菌丝满袋后给予 3~5 天的适量散射

光照,促进菌丝成熟。吊袋前将菌袋在高锰酸钾等消毒液中浸泡,进行表面消毒。消毒后在菌袋表面均匀开出 8~10 个出耳孔,孔口成"V"形或"+"形。5 月底至 6 月上旬将菌袋一串串均匀调挂在温室骨架上,袋间距 20 厘米,底层菌袋距地面不小于 35 厘米,顶层菌袋距顶部 40 厘米。空气相对湿度保持 85%~90%,温度保持 22℃左右。一般采收 3~4 茬,7 月底至 8 月上旬收获结束。

3. 草菇栽培管理　草菇栽培于 7 月底至 8 月上中旬进行,栽培方法同常规畦栽方法。

(六)大棚蘑菇、马铃薯、无子西瓜栽培技术

安徽省蒙城县在塑料大棚内实行蘑菇、马铃薯、无子西瓜一年三熟配套栽培,一般每 667 米² 产蘑菇 3 000 千克、马铃薯 1 500 千克、无子西瓜 5 000 千克,年收入在 8 000~10 000 元,值得推广应用。

1. 栽培模式与时间安排　蘑菇 8 月初堆制培养料,9 月初将塑料大棚建好的同时进行播种,9 月中下旬覆土管理,10 月上旬出菇采收至 12 月上旬。马铃薯 12 月初催芽,翌年 1 月中旬播种,3 月中旬至 4 月初采收。无子西瓜 3 月初嫁接育苗,4 月初定植管理至采收。

2. 栽培技术要点

(1)蘑菇栽培　每 40 米² 需干牛粪 250 千克、麦(稻)草 500 千克、尿素 7.5 千克、碳酸氢铵 10 千克、过磷酸钙 7.5 千克、石膏 10 千克、生石灰 12.5 千克;或麦(稻)草 500 千克、菜籽饼 20 千克、棉籽饼 10 千克、尿素 7.5 千克、碳酸氢铵 7.5 千克、过磷酸钙 7.5 千克、石膏 7.5 千克、生石灰 10 千克。根据蘑菇生长发育特性,一般选用粪草培养基,产量高,品质好。

为使粪草发酵均匀,要进行翻堆,每次间隔时间依次为 7、7、6、5、3 天。翻堆时要上翻下,下翻上,外翻内,内翻外,粪草充分抖

松,并且补足水分。第一次翻堆时均匀加入尿素,第二次翻堆时加入碳酸氢铵、过磷酸钙,第三次翻堆时加入石膏、生石灰,第四次翻堆时要喷 0.2%敌敌畏和 1‰甲醛混合液进行杀虫灭菌,然后趁料热进棚。

进棚后,增温发汗。第二天摊料、抖动,使粪草混合均匀,铺成畦形,将菌种均匀撒在料面,然后用板子拍紧,再覆盖 1 厘米厚的培养料。

播种后 14~18 天,菌丝吃料 2/3 时开始覆土。覆土后 18~20 天,小蘑菇陆续出现。

(2)马铃薯栽培 12 月初在阳畦内催大芽。由于前茬种蘑菇,因此要把蘑菇废料深翻入土,同时增施硫酸锌 1 千克。另准备 100 千克土杂肥、10 千克尿素、15 千克硫酸钾作种肥,在开沟时施入土壤中。催过芽的种薯块,定植在宽 100 厘米,高 15 厘米的畦内,行距 30 厘米,株距 22 厘米。

(3)无子西瓜栽培 无子西瓜一般都采用嫁接稀植栽培,即嫁接育苗、稀植多蔓、一株多果栽培。真叶 2~3 片时定植,在瓜地两头配栽授粉品种。

(七)节能日光温室洋香瓜、草菇、双孢菇栽培技术

山东省聊城大学园艺系吕福堂报道,利用洋香瓜栽培的高效节能日光温室,在夏、秋季分别种植草菇和双孢菇,既提高了日光温室的利用率,又取得了较好的经济效益和生态效益。

1. 茬口衔接和品种选择 薄皮甜瓜(洋香瓜)11 月下旬开始育苗,需另建育苗日光温室。1 叶 1 心时嫁接,砧木为全能铁甲南瓜,苗龄 35 天左右,华北地区 12 月下旬前后定植,翌年 6 月拔秧。6 月底至 8 月中旬高温季节栽培草菇,9~12 月种植双孢菇。

为提高效益,洋香瓜应选早熟、抗低温、抗病品种,如伊丽莎白、金美丽等。草菇选择适宜麦秸栽培的菌种 V-35 等。双孢菇选择 AS279 等高产优质品种。

2. 洋香瓜的栽培技术　建育苗日光温室,用营养钵育苗。1
叶 1 心嫁接,苗龄 35 天左右,3 叶 1 心时定植日光温室内,华北地
区约在 12 月下旬,要求土壤温度在 15℃以上时进行。定植前将
上茬双孢菇废料及基肥翻入土中,晒棚 1 周,用百菌清烟雾剂熏烟
一次。采用大垄双行定植,大垄做成垄面高 20 厘米左右,垄面宽
100 厘米,垄间距 60 厘米,垄上行距 70 厘米,平均行距 80 厘米,
株距 40 厘米,呈"之"字形排列。大垄面用地膜覆盖,其上再搭建
小拱棚。

洋香瓜日光温室栽培都应采取吊蔓或绑蔓,既可采用单蔓整
枝法,也可采用双蔓整枝法。单蔓整枝法不摘心,一般在 12～16
节留单瓜。双蔓整枝法在 4～5 叶片时摘心,留 2 个健壮子蔓,8
节以下不留瓜,每个子蔓留瓜 1 个。幼瓜鸡蛋大小时,选留果形端
正者,顺便去掉花痕部花瓣,用细绳吊起果梗,并适当落蔓。成熟
后应及时收获。

3. 草菇的栽培　培养料 100 千克,干麦秸或麦麸 3～5 千克,
石灰粉 5 千克。将麦秸先铡成 10 厘米长小段,加石灰水浸泡,吸
足水后捞出,将辅料麦麸撒进混合均匀入室,整畦种植,菇畦宽 1
米,畦间距 0.5～0.6 米。顶层覆上 1 厘米厚的湿润园土,覆盖塑
料薄膜。

播后 2～3 天,料温持续上升,此时要注意日光温室内气温,通
过加大通风量,温室上覆盖遮荫等措施降温。如气温低,夜间温室
上盖草帘保温。一般培养料中间温度控制在不超过 50℃和不低
于 25℃。如料温达 45℃以上时,应及时揭去料表面的薄膜,通风
1～2 小时然后盖膜。以后几天可根据菌丝生长和天气情况揭膜
通风 2～3 次。当形成子实体原基时,为防止缺氧,应将料面薄膜
揭去。在子实体阶段,日光温室内温度应控制在 28℃～35℃,空
气相对湿度 85%～95%,温度高可采取遮荫、喷水措施。湿度不

足每天可用喷雾器喷水 2～3 次。条件适宜情况下,播种后 15 天左右,大量菇体可发育成鸡蛋大小,菇体质量最好,产量最高,应及时收获。第一茬采收后,可结合喷水喷 0.2%～0.3% 的复合肥等速效肥料,几天后可采收第二潮菇,如此可采收 2～3 潮菇。

4. 双孢菇的栽培 按 100 米² 栽培面积用料,干麦秸 1 500 千克,牛马粪 1 000 千克,饼肥 50 千克,尿素 20 千克,石膏粉、过磷酸钙、石灰粉各 30 千克。若用双孢菇专用肥,麦秸和专用肥的比例为 8∶1,牛马粪减少一半,饼肥和其他配料均可用专用肥代替。培养料进日光温室前 1 个月,一般在 8 月上中旬,先将麦秸铡成 20 厘米长的小段,浸泡或浇水,使麦秸吸水软化变黄。然后使含水量达 70% 左右,即手握草料有水滴下时堆堆发酵。一般堆成宽 2 米,高 1.5 米的长堆,先铺麦秸 20 厘米厚,再均匀铺一层调制好的牛马粪 3～5 厘米厚,这样一层层堆积起来,料堆顶部做成龟背形,最外层盖一层麦秸或草苫,雨天用塑料薄膜盖好防雨淋。建堆后 7 天进行第一次翻堆,适当加水和尿素,经过 3～4 次的翻堆,培养料质地松软呈咖啡色,无氨味无臭味,含水量 65% 左右,用手握成团,一抖即散,pH 值 7.5 左右,此时即可结束发酵。

双孢菇播种时间一般以 9 月上旬为宜。8 月草菇收获完后,清除废料,晒棚 1 周,用硫磺粉或多菌灵对日光温室全面消毒。然后运双孢菇料进日光温室,均匀铺在畦面上,料厚 18 厘米左右,采用穴播加撒播方式播种。播种后 20 天左右菌丝已基本吃透培养料,此时即可覆土。

喷水是出菇期最重要的工作,当菇床土层内出现米粒大小菌蕾时,开始喷出菇水。菇蕾长至黄豆大小时,要重喷育菇水。第一潮菇采完,第二、第三潮菇黄豆大小时,还要重喷出菇水,保持棚内空气相对湿度在 90% 左右。出菇期子实体呼吸旺盛,应加强棚内的通气换气,通风要结合保温保湿,通常温度应保持在 15℃ 左右。每次采菇后应及时清除菇床上的死菇和老根,用湿润新土补平孔穴。为提高产菇量,采取在土层增施肥料,常用 0.1％尿素、1％葡萄糖等溶液喷施菇床,使长出的菇体肥厚洁白,产量高、品质好。

二、薯菜轮作新模式

(一)早熟马铃薯、速生型叶菜栽培技术

新疆农二师一〇四团位于乌鲁木齐市近郊,海拔 900～1 300米,气候凉爽,阳光充足,土壤通透性良好,天山雪水灌溉,≥10℃有效积温 2 800℃,无霜期 150 天左右。从 1998 年开始,探索一季两茬栽培模式,总结出适合冷凉地区的早熟马铃薯、速生型叶菜高产栽培技术。

早熟马铃薯采用地膜覆盖栽培,鲜薯 6 月底至 7 月初上市,市场价格平均 0.7 元/千克,每 667 米^2 产量 2 500 千克,产值 1 750元,纯收入 950 元,再夏种一茬萝卜、甘蓝等,产量 2 500 千克,按市场价格每千克 0.4 元,产值 1 000 元,纯收入 700 元,2 茬合计收入 1 650 元。

1. 早熟马铃薯栽培技术　选用生育期短、生长快、结薯早、产量高、品质优良的津引 7 号、津引 8 号新品种。该品种每年 6 月底至 7 月初上市,薯块椭圆,肉质细白、芽眼浅、口感好,很受消费者青睐。是当前早熟栽培最理想的品种。

采用地膜栽培,外界气温稳定在 7℃～10℃时,3 月中下旬播种。株行距 15 厘米×60 厘米,或 18 厘米×50 厘米,或 18 厘米×(70＋30)厘米宽窄行。

施肥以农家肥为主。开花后可叶面喷施磷酸二氢钾及微肥。

苗期一般不浇水,现蕾时必须及时浇水。浇水勿漫过垄面,流量不得过大。一膜双行实行膜上灌,表土微干时及时松土保墒。一般中耕 3～4 次,出苗时耕深 8～10 厘米,封垄前耕深 18～25

厘米。

2. 速生叶菜栽培技术 马铃薯 7 月中下旬收获完毕,立即进行叶菜定植。主要有甘蓝、青花菜、萝卜、大白菜、香菜、莴笋等生长期较短的绿叶菜。为了尽早上市,提倡苗床育苗,然后定植大田。甘蓝、青花菜 6 月 10 日育苗,7 月 25 日定植完毕。生长期较短的绿叶菜,每收获 1 次随即追肥 1 次。

(二)马铃薯、蒜苗栽培技术

甘肃省天水市渭河沿岸地势平坦、土壤肥沃,地下水位高,气温回升快,光照资源丰富,年平均气温 10℃左右,适于地膜早熟马铃薯产量蒜苗。目前武山、甘谷、麦积三县区种植面积 3 500 公顷以上,每公顷马铃薯复种 37 500～60 000 千克,蒜苗产量 45 000～67 500 千克,年产值 101 250 元以上。产品除供兰州、白银、天水等省内大中城市外,还远销上海、安徽、广州、新疆、内蒙古、宁夏等省市。

1. 地膜马铃薯的栽培 选地势平坦,土层深厚、肥力较高,地下水位较浅,河水无污染,排灌方便的地块,前茬最好为禾本科或豆科作物。前作收获后立即深耕,防治地下害虫,以临冬灌水或春灌水为宜。播前结合深耕,每 667 米² 一次性撒施充分腐熟的农家肥 5 000 千克、纯氮 7.5 千克、纯磷(P_2O_5)7.5 千克、纯钾(K_2O)9 千克。深耕后打碎土块,拾净前茬根茎等杂物,做到播种层深、松、平、细。选用早熟、优质、丰产、抗病、结薯集中,薯块圆或椭圆、芽眼浅的品种,如克新 2 号、早大白、大西洋等。播前 10～15 天将种薯置于 15℃～20℃条件下催芽,大部分种薯芽眼露白时,放在阳光下晒种,待芽长 1～2 厘米,变紫色时切成 25～50 克的块,每个块保证有 2～3 个芽眼。切块时要进行切刀消毒,当切到病烂薯时,剔除病烂薯,并将切刀在 75% 的酒精溶液或 2% 高锰酸钾溶液中浸泡 1～2 分钟,然后再切其他薯块。

播种时间应掌握在 2 月下旬至 3 月上旬。起垄一般带幅宽 1.1 米,垄面宽 80 厘米,垄高 15～20 厘米,每垄种 2 行,小行距 40 厘米,大行距 80 厘米,株距 20～25 厘米,播深 10 厘米左右。播后用幅宽 100 厘米的塑料薄膜覆盖。覆盖时将薄膜放在垄顶,边展膜边拉紧,用手锄或铁锨在垄底两边就地开沟将薄膜埋入土中。要注意种一垄,平整一垄,随即覆膜。膜边要压紧压实,垄顶每隔 2～3 米压一土带,防风破膜。播种后发现薯芽顶土出苗时及时破膜放苗。齐苗后及时放水,进入现薯开花期,结合放水每 667 米^2 施尿素 15 千克,并在叶面喷施动力 2003 叶面肥 1 000 倍液,促进快速生长。发现叶背有蚜虫时用 50％抗蚜威可湿性粉剂 2 000～3 000 倍液,晚疫病发病初期喷洒甲霜灵·锰锌可湿性粉剂 600～800 倍液,或 72％霜霉威盐酸盐水剂 800 倍液防治。

7 月上旬开始进入成熟期,收获前 1 周停止浇水。晴天收获,保证薯块外表光滑,增加商品性。

2. 蒜苗栽培 选甘肃省陇南市成县红皮蒜。马铃薯收获后及时整地,乘墒播种。播期应在 7 月 8 日至 8 月 8 日。蒜种破瓣后,行距 7～8 厘米,株距 3～4.5 厘米,单瓣播种,深度 3 厘米左右,播后及时浇水 1 次。蒜全生育期浇水 10 次左右,浇水主要是降温,无须培土。蒜苗病虫较多,有蚜虫、疫病、锈病、霜霉病等,出苗达 1/3 时就应开始防治,平时应对症每周喷 1 次农药,直至收获。蒜苗的收获时间为 10～12 月,每 667 米^2 可产 3 000～4 000 千克,产值达 5 000 元左右。

(三)春地膜马铃薯、秋胡萝卜栽培技术

河北省保定市经过几年的实践和摸索,在春地膜马铃薯收获后种植一茬胡萝卜。一般春季地膜马铃薯每 667 米^2 产量 2 000～2 500 千克,产值 2 000～2 500 元;秋胡萝卜产量 3 000～3 500 千克,产值 3 000～3 500 元。该模式投资少,栽培技术易掌握,省工

省时,生产的马铃薯和胡萝卜耐贮运,销路好,现已大面积推广应用。

1. 茬口安排　春地膜马铃薯一般于 3 月中旬播种,6 月下旬至 7 月上旬收获。胡萝卜一般 7 月上旬播种,10 月上旬至下旬收获。

2. 栽培要点

(1)春地膜马铃薯　选用高产优质、抗病性强的特早熟或早熟脱毒品种,如中薯 3 号、丰收白、克新 4 号等。

整地前 7~10 天浇水造墒,土壤解冻后立即深耕细耙,每 667 米^2 施充分腐熟的优质农家肥 3 000~4 000 千克、三元复合肥 50 千克、碳酸氢铵 100 千克。其中全部农家肥普遍撒施,结合整地施入耕作层,三元复合肥和碳酸氢铵,播种时集中施入作种肥。

马铃薯栽培每 667 米^2 用种薯 150 千克,切成立体三角形,每块重 40~50 克,带 1~2 个芽眼,切后用草木灰拌种。

当 10 厘米地温稳定在 5℃时,一般于 3 月中旬播种。先按 70 厘米的行距开沟,沟深 10~12 厘米,沟内施入防治地下害虫的农药,与种肥混拌均匀,按株距 15~18 厘米播种,然后覆土起垄,垄高 10~15 厘米,垄面宽 30 厘米,垄沟宽 40 厘米。起垄后用施田补 125~150 毫升,加水 40~50 升喷洒垄面,防杂草,而后扣地膜。

马铃薯播后 15~20 天出苗。出苗时及时划破地膜,将苗放出膜外,并用土封压地膜裂口。发棵期不旱不浇,发棵中后期少浇水。进入结薯前期,块茎膨大迅速,应始终保持土壤呈湿润状态,尤其是初花(现蕾)、盛花及终花期三水更为关键,但切忌大水漫灌。收获前 10 天停止浇水,促使薯皮老化。雨季要注意排水。覆膜马铃薯生育期一般不追肥,开花前后可用尿素 100~200 倍液进行根外追肥,每隔 7~10 天 1 次,连喷 2~3 次。出苗至现蕾期,可用 5%氟虫腈 1 000 倍液,或 50%辛硫磷 800 倍液喷雾防治茄二十八星瓢虫,用 10%吡虫啉可湿性粉剂 2 000 倍液防治蚜虫。晚疫病可用 50％烯酰吗啉水分散粒剂，或 72％霜脲·锰锌可湿性粉剂或 64％噁霜·锰锌 800 倍液防治。病毒病用 20％盐酸吗啉胍·铜可湿性粉剂 500 倍液，连喷 2～3 次。

一般在 6 月下旬，雨季和高温天气临近时，尽早收获。

(2)秋胡萝卜　可选择东方红秀、顺直三红、改良新黑田五寸、新黑田五寸参等品种。

马铃薯收获后及时整地。胡萝卜较耐干旱，但不耐湿，怕积水，因此种植胡萝卜应筑成小高畦，要求畦面宽 70 厘米，畦高 10～15 厘米，畦沟宽 25 厘米。应于 7 月上旬及时干籽直播，采用条播。播前先开沟，沟深 1 厘米。每一高畦播 3 行，行距 30 厘米。播后稍镇压覆土并及时浇水，畦面喷地乐安除草剂，防除杂草。

胡萝卜生长期间要求光线充足，幼苗期应进行 3～4 次间苗，5～6 片真叶时定苗。中小型品种株距 13～15 厘米，并进行中耕。胡萝卜以施基肥为主，当肉质直根有手指粗，根长 15 厘米左右，即肉质根膨大初期，追施尿素 15 千克，以后不再追肥。播种至出苗应连续浇水 2～3 次，土壤湿度保持在 70％～80％。秋胡萝卜生长前期应少浇水，促根深扎，防止长出大量须根和叶片疯长。当地下根直径有 1.5～2 厘米时，开始适时适量浇水，防止水分忽多忽少，形成裂根和歧根。生长后期适当控制浇水次数，以免浇水过多引起肉质根开裂。胡萝卜病虫害较少，可结合筑畦沟施毒饵或毒土防治地下害虫。毒土的配方为：50％辛硫磷 1 份掺细沙 100 份，拌匀后施于播种沟内。

(四)马铃薯与青花菜栽培技术

黑龙江省鸡西市为充分有效利用有限耕地，结合北方实际进行露地马铃薯与青花菜复种，做到两种两收。每 667 米^2 马铃薯平均产量达 2 000～2 500 千克，产值达 2 800～3 500 元；青花菜产量 750～1 000 千克，产值高达 3 000～3 500 元。

1. 马铃薯栽培 选择向阳、背风、土层深厚,富含腐殖质的沙壤土,且排灌良好,茬口最好选择上年种植玉米或黄豆的大田作物较好。

选择早熟、抗病、丰产优质品种,如早大白马铃薯、早熟黄麻子、费乌瑞它、郑薯 5 号等,生育期短,只有 60～70 天,非常适合北方寒地栽培。

一般每年 3 月中旬,从窖中取出种薯催芽。当芽长至 0.5～1 厘米时,去掉遮盖物,放至散射光下,温度保持 18℃ 左右,使薯芽绿化粗壮。播前 1 天,将种薯按芽眼切块,薯块大小 25～30 克。

3 月下旬至 4 月上旬进行深翻耙地起垄,垄距为 60～65 厘米。

在 4 月中旬,将种薯按株距 25 厘米距离播摆于浅垄沟内,芽朝上,播后合垄覆土,然后用滚子镇压保墒,镇压后覆土深 10～12 厘米。然后扣地膜。

播种后如果墒情不好,选晴天浇 1 遍水,约 15 天后开始出苗。出苗后及时破膜打眼放苗,防止烤苗,并用细土封埯。苗出齐后浇 1 遍水,以后可根据天气情况适时浇水,保持土壤见干见湿。当田间全部现蕾,且有 20%～30% 植株开花时,揭膜铲地培土。铲地时注意犁板不要过宽,避免将子薯剥露地表。培土后在盛花期浇 1 次水,结薯后期要少浇水。一般由于基肥充足,在生长期可不追肥。如果基肥不足,可在始花期追施磷钾复合肥 10～15 千克。

一般在 6 月末或 7 月初,当植株底部叶片变黄,选晴天一次性收获,收获后及时施肥整地,复种青花菜。

2. 青花菜栽培 适合夏秋露地栽培的品种有:青绿、碧杉、93-228、93-230 等。在 5 月下旬或 6 月上旬,露地播种育苗,畦宽 1～1.2 米,每 667 米² 需播种 20 克。播种前苗床浇透底水,撒播后覆土厚 1 厘米,在畦上 1～1.5 米处盖遮阳网降温。出苗后撤膜,保持土壤湿润,白天 20℃～22℃,夜间 8℃～10℃。在 2 片真叶时,用7厘米×7厘米营养钵分苗,一般在7月上中旬,5片真叶时定植,株行距40厘米×60厘米,定植后浇足埯水后封埯。

青花菜是需水肥较高的蔬菜,定植后一般7~10天浇1次水。定植后25天结合浇水追施三元复合肥20千克。主花球出现后,莲座期适当控水,防止徒长。花球长至直径2~3厘米时,结合浇水追施三元复合肥15~20千克,促使花球迅速膨大,同时要防止散球。

在花球膨大期喷0.05%~0.1%硼砂溶液,防止花球、花茎腐烂空心。在花球形成期叶面喷施1~2次0.2%~0.3%磷酸二氢钾溶液。在温度管理上,莲座期保持白天20℃~22℃,夜间8℃~10℃,花球形成期白天15℃~18℃,夜间5℃~8℃。由于青花菜自身有一层蜡质层,所以被感染的病害较少,害虫主要是菜青虫和甘蓝夜盗,每隔7~10天喷1次2.5%溴氰菊酯乳油1000倍液。

青花菜采收一定要及时,当花球充分膨大,边缘尚未散开时采收,采收时保留3~4片小叶,保护花球。主球采收后结合浇水,追施1次三元复合肥促进侧球生长。

(五)马铃薯、架豆栽培技术

青海省乐都县王兴辉报道,马铃薯、架豆高效栽培是地膜与拱棚组成双膜,促使马铃薯早播种,早上市,马铃薯收获后复种架豆。通过2004—2006年连续试验,双膜马铃薯收入达到每公顷4.39万元,架豆收入4.47万元,合计收入8.86万元。

1. 双膜马铃薯栽培技术　双膜马铃薯栽培应选择南北宽6米,东西长55~60米地块建拱棚,拱棚宽5.7米,中柱高1.7米,离中柱1.5米左右两个边柱高1.4米,棚中间每隔10米再立一排立柱。选用幅宽8米农膜扣棚,四周用土压紧压实,以防大风揭棚。

选用脱毒乐薯1号、费乌瑞它等品种。播前20~30天将种薯从贮藏窖中取出,铺放在室内,散射光条件下催芽。待种皮发绿,幼芽萌发,芽变粗壮、呈紫绿色时切块播种。

双膜马铃薯一定要早播种,播种期应在 3 月 5 日左右。

统一选用幅宽 90 厘米地膜,采用单垄双行种植,垄宽 60 厘米,沟宽 30 厘米,沟深 20～25 厘米,拱棚内种 6 垄,当天播种当天扣棚。出苗后随时检查,及时放苗,避免烧苗。拱棚内温度达到 25℃时,应及时揭开棚膜通风、降温。5 月 15 日左右白天揭开棚膜通风,夜间压棚,炼苗 3～5 天后揭去拱棚。播种后视土壤墒情及时浇 1 次水,保证苗齐、苗全;苗期、现蕾期、花期、块茎膨大期各浇 1 次水,生育期共浇 5～6 次水,严禁大水漫垄。6 月上旬及时收获。

2. 架豆栽培技术 选用泰国架豆王等品种。6 月 30 日前复种架豆,用 50%多菌灵可湿性粉剂,按种子重的 0.5%拌种,或 40%硫磺·多菌灵悬浮剂 50 倍液浸种 2～3 小时后,再用清水洗净后播种。每垄播 1 行,株行距为 50 厘米×25 厘米,每穴播 3 粒,播前先浇底水,播后垄面盖地膜,膜宽 90 厘米。

采用 2.5～3 米长的竹竿,搭成"人"字形架,蔓伸长时及时引蔓上架。前期肥水应以控为主。抽蔓期,茎叶大量发生,根瘤菌尚未大量形成,可结合中耕培土追施尿素 10 千克。现蕾至初花期,植株进入营养生长和生殖生长并进阶段,需要大量肥水,追施钾肥 10 千克。开花结荚后,植株营养消耗大,应保证肥水供应,保持土壤湿润。但此时大量根瘤已形成,固氮能力增强,应少施氮肥,增施三元复合肥 30 千克,或过磷酸钙 10 千克,或氯化钾 5 千克。

整个生长期应及时拔除病株和杂草,疏去黄叶,增加光照,加强透风,防止因机械阻碍引起的畸形荚发生。锈病初发时用 25%三唑酮可湿性粉剂 1 000 倍液,75%百菌清可湿性粉剂 500 倍液,7～10 天喷施 1 次,选用的药剂可交替使用。根腐病、枯萎病,发病初期选用 70%甲基硫菌灵或 50%多菌灵可湿性粉剂 500 倍液灌根。红蜘蛛为害时可喷施 73％克螨特乳油 2 500 倍液,或 40％乐果加 80％敌敌畏乳油 1 000 倍液。蚜虫发生初期施药最好,用 25％噻虫嗪乳油 7 500～10 000 倍液,或 2.5％氯氟氰菊酯乳油 1 500～2 000 倍液,几种农药轮换更替使用效果好。

当荚的腹逢线尚未凹陷时及时采收,一般在 8 月上旬开始采收,10 月中旬结束。

(六)大棚早春马铃薯、夏西瓜、秋延后番茄栽培技术

陕西省城固县推广大棚早春马铃薯、夏西瓜、秋延后番茄种植。早春马铃薯于 10 月底扣棚,11 月中下旬播种,翌年 2 月上旬破膜放苗,3 月底揭棚,4 月 10～20 日采收上市;西瓜于 3 月 15～25 日集中育苗,4 月中旬清理大棚后定植,7 月 10～25 日采收上市;番茄于 7 月 10～20 日育苗,8 月中旬搭遮阳网后定植,9 月下旬降温后及早扣棚,10 月初至 11 月初陆续采收上市。

1. 早春马铃薯 选优质特早熟良种早大白品种,最好选用脱毒薯原种或一、二级种。选择无病虫、无冻害、表皮光滑、新鲜、单薯重 50～100 克大小的薯块切块,在室内铺一层草,将其放在上面,再铺一层沙后用薄膜扣严,室温控制在 15℃～18℃,待种薯芽长至 2～3 厘米时取出播种。

最佳播期在 11 月中下旬,播前 1 周扣棚升温,播种密度为 20 厘米×40 厘米,随播随盖地膜,并加盖小拱棚三层保温。

温度管理要抓好以下 3 点:一是及时放苗,当幼苗出土 3～5 厘米时,要及时破膜放苗,防止烧苗;二是在 2 月份严寒季节勤检查薄膜,防止冷风伤苗;三是进入 3 月中旬后,要及时通风降温,加大昼夜温差,以利于养分积累和薯块快速膨大。

4 月中旬抢抓市场空当,及时采收销售。

2. 夏西瓜 选用丰抗 8 号、郑抗 6 号等早、中熟优质良种,3 月中旬经温汤浸种后在营养钵内育苗,日历苗龄 25～28 天,生理

苗龄以 4 叶 1 心为佳。

马铃薯收获后及时整地。4 月中下旬抢晴天定植。定植 10～15 天后进入伸蔓期,随水冲施碳酸氢铵 20 千克、硫酸钾 10 千克,适时进行双蔓整枝。5 月中旬进入坐瓜期,如遇阴雨天要进行人工授粉。坐瓜后施专用肥 10 千克,并浇膨瓜水 1～2 次。

3. 秋延后番茄 选择耐湿、耐热、抗病、高产的优良品种,如美国高佳等。种子用 45% 代森铵水剂 200 倍液浸种 1 小时,用清水冲洗干净置于 20℃～30℃ 环境下催芽,待"露白"后在专用育苗床上育苗。苗龄控制在 6 叶 1 心,苗期 35 天。

前茬西瓜收获后,用 5% 菌毒清水剂 150～200 倍液,于大棚内均匀喷洒消毒,然后高温闷棚杀菌 3～5 天。秋延后番茄要求施尿素和硫酸钾各 20 千克,全层混施。然后采用大小行定植,小行距 50 厘米,大行距 65～70 厘米,株距 32～37 厘米。

定植后缓苗期,及时中耕松土,并加盖遮阳网遮光降温,使棚内气温白天保持 22℃～27℃,夜间 14℃～17℃。缓苗后至第一花穗坐果期追肥。追肥后可喷洒助壮素。持续结果期,是产量形成的关键时期。前期遮荫防高温,进入 10 月后扣棚防低温;及时整枝打杈,改善植株通风透光条件;一般每采 1 次果补充 1 次肥水。同时,及时喷洒多菌灵、代森铵、腐霉利、甲霜灵等防治早晚疫病、灰霉病。

(七)越冬菜、马铃薯、花生栽培技术

山东省费县谭蕾等报道,采用越冬菜、马铃薯、花生三种三收高效栽培技术,一般每 667 米² 产越冬菜 1 000 千克以上、马铃薯 1 500 千克、花生 350 千克,纯收入 3 500 元以上。

1. 茬口安排 9 月中旬种植越冬菠菜或苔菜,春节期间收获完毕。2 月中下旬采用小拱棚加盖地膜或地膜双层覆盖,种植马铃薯,5 月上中旬收获。然后采用地膜覆盖及时抢种半夏花生。

2. 主要栽培技术

(1)越冬菜　主要是菠菜和苔菜。菠菜选用日本大叶菠菜和内蒙古圆叶菠菜。这两个品种棵大、抽薹晚，耐寒抗病、产量高、适应性强。苔菜选用花叶苔菜。

花生收获后整平地面，做成1～1.5米的畦。畦面上施碳酸氢铵25千克，三元复合肥20千克，然后翻入土中，整平畦面。一般9月中旬播种，采取条播法，行距10～15厘米，播深2～3厘米，播种时浇足水。春节前后采收完毕，不影响马铃薯种植。

(2)马铃薯栽培技术　选用早熟脱毒抗病品种，如鲁引1号、东农303，越冬菜收获后深翻整地，冻融土层，使结薯土层达到疏松通气，供肥良好。同时，采取配方施肥，采取"一炮轰"施肥法，施腐熟的优质有机肥3000千克、磷酸二铵20千克、硫酸钾20千克、生物钾肥3～4千克。起垄，播前10～15天，用4米宽的农膜扣成小拱棚，立柱高1.2米，棚宽3米，种3畦马铃薯，畦宽0.9米，种植后覆盖地膜。

阳历1月下旬催芽，2月中旬开始播种。播种时做南北向大背垄，大垄距80～90厘米，双行栽培，在大垄背开沟，沟距20厘米，施肥后浇水放薯块，同时搞好地下害虫的防治。一般施0.5千克"812"药粉对细土5千克，拌匀后撒入播种沟内。搂平地面后用50%乙草胺乳油100～125毫升，对水40～50升，喷洒地面防除杂草。

播后前期以控为主，薯块膨大期以促为主，因此在薯块膨大期浇2～3次水，每隔5～7天浇1遍。搞好蚜虫防治，一般用150倍液的蚜螨净或吡虫啉等进行叶面喷洒。后期注意通风，白天气温28℃以上即可进行通风，防止气温偏高，引起徒长。

一般在5月上中旬进行收获，既能取得较好的经济效益，又能适时播种覆膜花生。

(3)覆膜花生栽培技术　选择中早熟高产花生品种，如海花1

号、丰花 1 号、鲁花 9 号、巨花 201。马铃薯收获后将肥料混合拌匀作基肥。播种时起垄,垄距 85 厘米,大行距 50 厘米,小行距 35 厘米,穴距 16～17 厘米,土壤肥力较高的地块,垄距 90 厘米,大行距 50 厘米,小行距 40 厘米,穴距 17 厘米。为防止滋生杂草,用 50％乙草胺乳油 75 毫升或 72％异丙甲草胺 100 毫升或 48％甲草胺 150～200 毫升,对水 50 升,均匀喷洒垄面及垄两侧。播种后再喷洒垄沟。覆膜时在垄两侧用铁锨垂直切下,在沟底边形成小沟,然后铺地膜,两边覆土压牢。在垄顶每 5 米左右,横压一条小土埂,防止大风刮破地膜。先播种,后覆膜,花生出苗后,及时破膜把苗引出。开花下针期及结荚期需水较多,遇旱要及时浇水补墒。花生怕涝,特别是结荚后期,要排除田间积水,以防烂果。盛花后期,对株高 40 厘米左右有徒长趋势的高产田,喷施 50～100 毫升/升多效唑溶液,也可在下针期到结荚初期,对徒长花喷施壮丰胺乳剂。为防止早衰,在结荚中期,叶面喷施 0.2％磷酸二氢钾溶液。一般饱果指数达 60％以上即可收获,适宜收获期在 9 月中旬。

(八)马铃薯、青蒜苗、越冬甘蓝栽培技术

河南省郑州市蔬菜研究所刘宗立等报道,露地马铃薯、青蒜苗、越冬甘蓝栽培是黄淮地区较理想的蔬菜栽培模式之一,不需任何设施、投资少、见效快、茬口安排合理、病虫害少、技术容易掌握,可在新菜区和经济欠发达地区,种植结构调整中加以应用。

1. 茬口安排　马铃薯 3 月上中旬播种,6 月中下旬收获;青蒜苗 7 月上中旬播种,9 月上旬收获;甘蓝 7 月下旬至 8 月上旬播种育苗,9 月中旬定植,露地越冬,翌年 2 月下旬至 3 月上旬收获。

2. 栽培要点

(1)马铃薯　选择早熟、抗病、优质、高产的品种,如豫马铃薯 1 号、豫马铃薯 2 号、鲁引 1 号、克新 4 号、东农 303 等品种。整地时每 667 米² 施入腐熟鸡粪 2 000 千克、硫酸钾复合肥 50 千克,深

耕耙平待播。播前 20 天将种薯放在 15℃～20℃温度条件下进行春化处理,播种前 2～3 天切块,每千克种薯切 50 块左右,保证每块有 1 个芽眼。按 60 厘米行距开沟,株距 23 厘米,覆土 10 厘米厚。幼苗 80% 出土时,追施碳酸氢铵 50 千克,浇水 1 次,趁墒中耕。7～8 片叶时进行第一次培土,16 片叶时第二次培土,追施尿素 15 千克,浇第二次水。以后视墒情浇水,保持土壤湿润,收获前 10 天停止浇水。6 月中下旬收获。

(2)青蒜苗　选择休眠期短、耐热、抗病、丰产的早熟品种,如二水蒜、崇明蒜、金山火蒜、白皮蒜等。剥选饱满、周正、无病虫的蒜瓣 350 千克,分大、中、小三级播种。播前将蒜瓣用井水浸泡 20 小时,放到 0℃～5℃的冷库或冰柜中处理 5～7 天,每天用清水淘洗 1 次,处理后用 50% 多菌灵可湿性粉剂 500 倍液均匀喷洒 1 遍,晾干后播种。整地时每 667 米^2 施入优质农家肥 3 500 千克、三元复合肥 50 千克、尿素 20 千克,或碳酸氢铵 50 千克,翻耕整平后做 2 米宽的平畦,畦埂高 15 厘米,将畦面整平,按 2 厘米左右的间距播种,播后覆 1 厘米厚的细土和 3～5 厘米厚的麦秸或稻草,保湿降温,并浇 1 次透水。苗齐后随水冲腐熟人粪尿 1 000 千克或碳酸氢铵 30 千克,以后每周浇 1 次水,隔周追尿素 10 千克或腐熟人粪尿 2 500 千克。8 月下旬开始陆续收获,9 月上旬收完,此时正值蔬菜供应的秋淡季,经济效益较好。收获后及时整地,到 9 月中旬,定植已育好苗的越冬甘蓝。

(3)甘蓝　品种要选择早熟、抗病、优质丰产、耐抽薹的露地越冬品种。黄淮地区种植面积最大的越冬品种是新丰甘蓝。播期严格掌握在 7 月 25 日至 8 月 5 日,育苗田选在土质肥沃、富含有机质、地势平坦、排灌方便、3 年内没有种过十字花科植物的地块作育苗田,每 667 米^2 栽培田需育苗床 15 米^2,种子 50 克,播种前用 50% 的多菌灵可湿性粉剂 0.5 克拌种,可有效防治多种病害。育苗床内需施入优质农家肥 300 千克、三元复合肥 5 千克,深翻整平后做畦,浇足底水,水渗后将种子均匀撒播于苗床上,覆土厚 1 厘米,撒毒饵防止地下害虫,备拱棚和薄膜防止暴雨冲刷。2 片真叶时间苗、拔除杂草,苗距保持 6 厘米×6 厘米,苗期冲 1 次稀粪水,提苗壮苗,9 月中旬小苗有 5～6 片真叶时定植。定植前大田施优质农家肥 5 000 千克、复合肥 50 千克,深耕耙细搂平,按行株距 50 厘米×35 厘米的密度半高垄定植,定植后 1 周趁墒中耕,蹲苗 7～10 天。莲座期随水连追 2 次肥,每次追尿素 10～15 千克。12 月中旬浇足封冻水,并中耕培土防冻。返青后追尿素 15 千克或腐熟人粪尿 1 000 千克,同时进行中耕提温。2 月底至 3 月初收获上市。

(九)马铃薯、大葱、马铃薯栽培技术

马铃薯、大葱、马铃薯高产高效栽培,即早春拱棚马铃薯,夏季早葱,秋季马铃薯在同一地块上三季作三茬栽培技术,适宜在马铃薯"二季作区"推广应用。山东省邹城市 2005－2006 年,累计推广面积 300 公顷,平均产春季马铃薯 4.425 万千克/公顷,夏季早葱 4.8 万千克/公顷,秋季马铃薯 2.445 千克/公顷,产值分别为 7.08 万元/公顷,5.157 万元/公顷,3.423 万元/公顷。合计产值 15.66 万元/公顷。去除成本 3.945 万元/公顷,纯收入为 11.715 万元/公顷。

1. 茬口安排 春季马铃薯采用拱棚栽培技术,1 月 1 日前后切块催芽,立春下地;4 月底马铃薯收获后,抢时腾茬整地移栽葱苗,7 月份上市。8 月 10 日前后种植 1 茬秋季马铃薯。

2. 品种选择 马铃薯宜选早熟、前期产量高、丰产、薯块商品性好的品种,如鲁引 1 号、荷兰 7 号、荷兰 15、津引 8 号及东农 303 等品种的脱毒种薯,种薯来源于无疫病区。大葱品种可选择章丘大梧桐葱。

3. 春季马铃薯栽培 选择土壤肥沃,透气性良好的沙壤土或

壤土,土壤含盐不超过 0.15%,pH 值为 6 左右。结合冬前耕翻应施腐熟好的优质土杂肥。

开春保墒,整平耙细,结合开沟下种,每 667 米² 应施硫酸钾复合肥 100 千克或三元复合肥 56 千克、磷酸二铵 30 千克。重茬地应增施铜肥和硼肥,可增施硼砂或蓝矾各 1～2 千克,有利于薯块的膨大,延缓叶片衰老,增强抗旱性,提高产量。

催芽播种比不催芽播种一般增产 25% 左右。大拱棚种植,应在 1 月 1 日前后切块催芽,立春下地。小拱棚种植应在 1 月 15～20 日切块催芽,雨水下地。宜开浅沟播种,沟深 5 厘米左右,下种后覆土厚 6～8 厘米。行(垄)60～65 厘米,株距 15～25 厘米,并在两种块间点施尿素 15 千克作种肥。

覆土后平整垄面,用 50% 乙草胺乳油 60～70 毫升对水 600～750 升,均匀喷洒垄面,进行化学除草。然后覆盖宽 90 厘米的地膜,地膜两边用土压实。最后建棚,若采用大拱棚种植,10 垄一棚,用竹竿扎成跨度 8 米、长度 50～80 米、最高 1.5～1.8 米的拱棚,覆盖厚度 0.1 毫米的无滴聚乙烯长寿棚膜,并用草苫作保温覆盖物。若采用小拱棚种植,每 4 垄一棚,用竹竿扎成跨度 3～3.2 米的拱棚,并覆盖棚膜,加盖草苫。

出苗前不通风,尽量提高棚温,出苗后棚内温度保持 20℃～25℃,最高不超过 28℃。一般情况下,白天温度应保持 16℃～24℃,夜间温度 12℃～17℃。若温度过低应加盖覆盖物,并晚揭早盖。若温度过高,应及时通风降温,确保适宜棚温。幼苗出土后,及时将膜孔四周盖严。

马铃薯苗期一般不浇水,若土壤干旱影响出苗,播种后应及时沟灌。发棵期要促控结合,保持土壤见干见湿,确保发棵健壮而不徒长。结薯期要浇水充足,始终保持土壤湿润。进入结薯后期,要控制浇水,适当降低土壤湿度,有利于提高块茎商品品质。

4. 夏葱假植栽培　4 月底拱棚马铃薯收获后,抢时腾茬整地,移栽葱苗。开沟行栽或平畦穴栽,行距 40～50 厘米,株距 3～4 厘米。

定植后随时浇水,定植 15 天后结合浇水第一次追肥,每 667 米² 施硫酸钾复合肥 15 千克和尿素 15 千克,距根 10 厘米外追施。30 天后第二遍追肥,追施尿素 25～50 千克,并封沟浇水。7 月上市,也可根据市场需要,随时上市。

5. 秋季马铃薯栽培 秋季马铃薯播种出苗期,正值高温多雨期,容易发生烂种、死苗现象,或因种薯休眠,不能适时发芽出苗而使生长期不足,产量降低。所以,确保适期出苗和无病全苗是秋季马铃薯栽培高产稳产的关键。首先应对种薯进行精选,拣出有病烂薯,有条件的用甲霜灵或三乙膦酸铝对水 1 000 倍进行喷雾处理。然后切块适时催芽。催芽时,薯块不能堆捂,应平摊在阴凉处的湿润沙土上,厚度 3～4 厘米,块茎堆放 2～3 层,上面铺 3 厘米厚的湿润沙土,然后覆盖草苫,每天喷 1 次水保湿。7～10 天后翻拣 1 次,将出芽的薯块放在散射光下壮芽,至芽色变绿老化后播种。夏葱收获后,立即整地施肥。8 月上旬播种,播种时浅开沟,沟深与种块高度一致,两侧培土成脊形,脊顶距种块 15 厘米左右,行距 60 厘米,株距 15 厘米。防止降雨积水和日晒形成表土层高温。

出苗期重点防涝。若遇天气晴热,土壤干燥,应浇水促进发根出苗。出苗后及时追肥,中耕培土 2～3 次。齐苗后进行第一次除草和浅培土,最后 1 次培土应在秧叶封垄前培成方肩大垄,为马铃薯创造一个良好的结薯条件。

(十)马铃薯、黄瓜、菠菜栽培技术

辽宁省葫芦岛市绥中县马铃薯、黄瓜、菠菜复种栽培模式推广应用面积较大。一茬马铃薯每 667 米² 产量为 2 500～3 000 千克,产值为 2 500～3 000 元;二茬黄瓜产量 1 500 千克,产值 1 000～

1 500 元；三茬菠菜 600～800 千克，产值 400～600 元。全年产值可达 4 000～5 000 元，扣除成本后，纯收入 2 800～3 800 元。这种栽培模式大大提高了土地利用率及单位面积的经济效益，是一种理想的栽培模式。

1. 马铃薯栽培技术　选择较耐低温、生育期短、株高适度的高产优质品种，如早大白，生育期在 60 天，株高 55 厘米左右，采用双膜（地膜加拱棚）栽培。3 月 15 日左右，在开好的沟内浇足底水，将育好的壮苗按株距 25～30 厘米播种。接着盖好地膜，再每 3 床扣 1 个拱棚，棚高 1.2～1.3 米。

移栽后 5～7 天即可出苗。出苗后及时破膜引苗，圆棵后，上午 10 时前开始放风，先从棚两端开始，随着温度不断升高，渐渐通大风，同时结合浇水降温。在 4 月 25 日至 5 月 1 日，棚内温度最高达 35℃～40℃，平均气温在 25℃时将棚膜揭掉。在马铃薯开花前，喷施植物龙 2～6 袋，分 1～3 次喷施，每次间隔 7～10 天。

马铃薯于 5 月中旬开始上市，6 月上中旬全部收完。

2. 黄瓜栽培技术　选用耐高温、耐贮运的青白旱黄瓜种子，一般可在 6 月 25 日左右播种。首先做好垄，然后在垄上播种。行距 55～60 厘米，株距 30～40 厘米。

待瓜苗 2～3 片真叶后，应及时锄草松土、培垄、浇水。3～4 片叶后要及时搭架，绑蔓。在黄瓜生长过程中应及时浇水，结合浇水，追施尿素 10 千克、硫酸钾 2 千克。要及时防治病虫害，及时摘除衰老叶片，改善植株通风透光条件。瓜条长 15～16 厘米、直径为 4.5 厘米左右时采收。

3. 菠菜栽培技术　在二茬黄瓜收获后，8 月末，可选用山东大叶，及时整地做畦播种。生长期要及时浇水。9 月末收获。

(十一)创汇蔬菜马铃薯、夏秋黄瓜、大蒜栽培技术

山东省费县筛选的马铃薯、夏秋黄瓜、大蒜高效栽培技术，产

量高,经济效益好,具有较为广阔的前景。

1. 栽培茬口 马铃薯采用保护地栽培,5月上中旬收获;夏秋黄瓜6月中旬直播,9月初采收完;9月中下旬地膜覆盖栽植大蒜,翌年5月下旬至6月上旬收获。

2. 品种选择 马铃薯出口市场要求,薯形椭圆、皮光滑、薯块整齐、干净、无霉烂、无损伤等,宜选鲁引1号、东农303。

大蒜产品的出口形式,要求保鲜蒜薹、蒜头、制药粉、脱水、蒜片等,不尽相同,但均以选用品种纯正的苍山蒲棵大蒜为宜。

3. 主要栽培技术措施

(1)马铃薯 一般在农历正月下旬催芽,2月中旬栽植。栽植时先做高垄,垄面70厘米,垄沟宽30厘米,深15～20厘米,整平垄面,理顺垄沟。在垄面上按行距30厘米开沟,深10～15厘米,肥水在沟底,株距20～25厘米,芽向上按入土中,两行间薯块交叉相对,呈三角形,覆土、搂平,之后喷乙草胺除草剂,覆地膜。

植株出现徒长时,可喷0.1%矮壮素或50～100毫克/升的多效唑。现蕾时摘去花蕾。结合喷施0.2%～0.3%磷酸二氢钾溶液,促植株健壮,提高产量。覆膜栽培,前期一般不需浇水,薯块膨大时浇水,保持土壤湿润。

可用2.5%溴氰菊酯乳油2 000倍液喷雾防治蚜虫,用400克/包"812"粉拌细土10千克或每667米^{2}用40%辛硫磷乳油拌毒谷撒在定植沟内防蛴螬。用代森锰锌或百菌清500倍液,隔5～7天喷1次,防晚疫病。用100～120毫克/升的农用链霉素喷施防环腐病。

一般5月上中旬,选晴天收获,用笤筐分级,装运供出口。

(2)夏秋黄瓜 采用高畦或高垄种植,大行距80厘米,小行距50厘米,垄高15～20厘米,同时要做好排水沟。播期可根据前茬作物腾茬早晚,安排在6月中旬至7月上旬,多采用直播。

幼苗长出真叶时间苗。3～4片真叶定苗。出苗后及时中耕。

定苗浇水后插架。夏秋栽培的品种多有侧蔓,基部蔓不留,中上部侧蔓可酌情多留几叶摘心。苗期可施少许化肥促苗生长,可不浇水,结瓜后,每次施三元复合肥 10～15 千克,每隔 10～15 天施 1 次,结瓜盛期肥水要充足。处暑后天气转凉,可喷施 0.2% 磷酸二氢钾和 0.1% 硼酸溶液,防止化瓜。

(3)大蒜　选无霉变、无机械损伤、充实饱满的种子,用 50% 多菌灵或 70% 代森锰锌可湿性粉剂 500 倍液浸种 0.5～1 小时,用 40% 辛硫磷乳油 800～1000 倍液喷畦。10月5～10日播期,使其冬前长至 5～6 片叶。做南北畦,畦宽 1.5～2 米,畦面宽 1.2～1.7 米,埂宽 0.3 米,播时按 20～23 厘米行距开沟,沟深 12 厘米左右,把蒜种直立放在沟内,株距 10 厘米左右。播完一畦后,搂平,覆土厚 3～4 厘米。播完后浇 1 次透水,沉实土壤。两侧及畦两头地膜压平,中间间隔压土防风。

播后 7 天出苗,长出 1 片展开叶时,破膜引苗。土壤封冻前,在膜上浇 1 次大水,经苗孔渗入畦内。清明前后,种蒜瓣烂母时,浇 1 次水,随水冲施尿素 10～15 千克。谷雨前后,由于烂母及老根死亡,产生特殊气味,易引起葱蝇和种蝇产卵,发生地蛆为害,应用 40% 敌敌畏或 2.5% 溴氰菊酯乳油 1000 倍液灌药防治。立夏前后,蒜薹开始“包缨”,进入蒜薹旺长期,随水冲施尿素 10～15 千克。蒜薹采收最好在薹抽出叶鞘,开始甩弯时,选晴天中午或午后进行。蒜薹收后 18～20 天可采收蒜头,收后用蒜叶盖蒜头,叠放晒 3～4 天,置阴凉通风处贮藏。

(十二)马铃薯、甘蓝、萝卜、大麦苗栽培技术

山东省临沭县农业局李培习等报道,在临沭县实行马铃薯、甘蓝、萝卜、大麦苗套种,一年四种四收。

马铃薯 2 月底播种,5 月中上旬收获;甘蓝 4 月上旬播种育苗,5 月上旬定植,7 月下旬收获;萝卜 8 月初播种,10 月中旬前收

获;秋播大麦10月15日前后播种,12月中上旬收获。每667米²
年产值6 000多元,纯收入4 500元以上,效益显著。

1. 品种选择 马铃薯选用早熟、丰产、适应性强的鲁引1号、
东农303等脱毒品种。甘蓝选用早熟、耐热、抗病的中甘8号等品
种。萝卜选用日本大白萝卜。萝卜和大麦苗可用于脱水外销。

2. 栽培管理 马铃薯播前重施基肥,精细整地做畦,畦宽80
厘米,沟宽30厘米,每畦2行,行株距40厘米×15厘米,播后覆
土厚5厘米,并覆膜。出苗时及时破膜引苗,并及时防治各种病
虫害。

马铃薯收获,整地施肥做畦,畦宽100厘米,沟宽30厘米,甘
蓝苗龄25~30天时移栽。行株距40厘米×33厘米,每畦3行。
莲座期和结球期适量追肥。

甘蓝收获后整地施肥起垄,垄距80厘米,垄高20厘米,垄上
开双沟,双行栽植,行距25厘米。按株距35~40厘米点播,每墩
1~2粒。出苗后及时查苗补苗并适时定苗,及时防治病虫害。生
长中后期,喷施0.5%~1%磷酸二氢钾液50~60千克,有明显增
产效果。

大麦播种量每667米²为22.5~25千克,行距18~20厘米,
药剂拌种防治病害。依据外销合同收购要求,严禁施用化肥。收
获时用镰刀贴地表割下并捆成3千克左右的小捆即可交售。

(十三)马铃薯、黄瓜、大根萝卜栽培技术

辽宁省兴城市高家岭乡位于兴城西南部。地理位置和水文条
件十分优越,土壤植被好,适宜多茬作物栽培。近年来随着农村经
济作物向产业化、规模化发展,高家岭乡已形成了以头茬马铃薯为
主的三茬作物生产基地,规模也在逐年扩大,效益逐年提高。春季
地膜加小拱棚覆盖马铃薯,从种到收仅65天,每667米²产量可
达2 500千克,产值2 000~2 500元。中茬种植夏黄瓜,最高产

1 500 千克,产值 2 400～3 000 元。下茬大根萝卜,产量 5 000 千克,产值 800～1 200 元。实现了一年三熟,每 667 米² 产值超过 5 000 元,取得了显著的经济效益。

1. 地膜覆盖马铃薯　选择前期生长快,结薯早、产量高的中早熟品种,如费乌瑞它、荷兰七、早大白等。

马铃薯的产品生产于地下,要求有深厚的疏松土层,选择地块时最好是沙壤土或壤土,如果土壤黏重则应高垄栽培。不管选在什么样的土壤,深耕是马铃薯获得优质、高产的重要栽培措施之一,深耕时最好施入有机肥,耕深 30 厘米左右。

施肥对马铃薯的增产至关重要,马铃薯喜肥,特别是钾肥,其对钾、氮、磷的吸收比为 10∶5∶2。采用地膜覆盖栽培的出苗后很少追肥,因此必须一次性施足基肥,一般每 667 米² 施腐熟优质农家肥 2 000～2 500 千克、高钾三元复合肥 70～80 千克。施肥时切记氮肥不可过多,否则引起植株徒长,成熟期延迟,甚至不结薯。

土壤 10 厘米地温达到 7℃～8℃时,是马铃薯的适播期,兴城地区一般在 3 月上中旬采用地膜覆盖加盖小拱棚可提高地温 3℃～5℃,一般能提早播期 7～10 天,即 3 月 10～15 日播种为宜,每 667 米² 用种量一般为 150～180 千克。

当马铃薯幼苗长到 4～5 叶,苗高 10 厘米时揭膜,中耕第一次,培土厚 4～5 厘米;现蕾期第二次中耕培土,厚 8～10 厘米;植株封垄前第三次培土,厚 10～15 厘米。3 次培土总共在 30 厘米左右。培土可使结薯层疏松,以免块茎露出地面变绿。

苗期到现蕾期要保持土壤湿润,以利于营养生长。一般视苗期状况可浇一水,但不宜过大,特别是现蕾期到开花期是结薯盛期,一定要保证水的需要,一般此期要浇 1 次大水,在第二次培土后进行,水顺垄沟浇,最好不要漫过顶,以防土表板结。

进入花期后,如发现缺肥应及时进行根外追肥,用尿素 500 克加磷酸二氢钾 150 克,对水 50 升进行叶面喷施。开花后期不再追施任何肥料,特别氮肥不能过多。封垄后尽量减少田间作业,以免碰坏叶片,碰倒植株。

收获期可在马铃薯膨大后的 5 月上旬进行,并整地准备下茬种植。

2. 黄瓜栽培技术 选择生育期短的早熟秋黄瓜,如津春 4 号等,在 4 月 15～20 日温室育苗,苗龄 30～35 天。

5 月中下旬,上茬马铃薯收获后定植,穴距 30 厘米,行距 60 厘米。

苗期天旱时注意浇水,及时中耕除草。结合防病治虫可叶面追施 0.2％的磷酸二氢钾溶液。缓苗后追 1 次清粪水提苗。

定植后 10～15 天,开始伸蔓,应及时插架,引蔓,防止倒伏或枝蔓互相交叉。

7 月末及时收获腾茬。

3. 大根萝卜栽培技术 前茬作物收获后,应及时清除残株、杂草、灭茬晒垄,然后深翻 1 次,深度不低于 45 厘米。耕翻应做到土地平整耕细耙实,无明显坷垃,并修好排水沟。耕前或起垄时要均匀施足基肥,一般施尿素 10 千克,磷酸二铵、硫酸钾各 15 千克,有机肥必须是腐熟好的。做垄,垄距 100 厘米,垄顶宽 60 厘米,垄高 30 厘米,每垄种 2 行,间隔 40 厘米。垄向以南北向为宜,结合整地施克百威颗粒剂 3 千克,防治地下害虫。

适宜播期为 8 月 8～15 日,最迟不超过 8 月 20 日,开沟浅播,每穴 2～3 粒,播深 1.5～2 厘米,行距 50 厘米左右,株距 18～20 厘米。

4～5 片真叶时定苗,每穴留 1 株。萝卜封垄前要适时中耕,保持土壤疏松,清除杂草,切忌伤根。4～5 片叶时,结合浇水追尿素 5～10 千克。播后 35～40 天,肉质根露肩时,重追施 1 次,用尿素 10 千克,硫酸钾 10 千克,过磷酸钙 8～10 千克,硼砂 0.5 千克。硼肥可与 0.2％磷酸二氢钾溶液混合叶面喷施。一般下午 5 时以后,气温较低时浇水,以防裂根。

播后 55~60 天,30%以上萝卜露出地面 10 厘米,直径 3~5 厘米,单个鲜重 1 000~1 200 克(连叶重)时采收。

(十四)大棚早春马铃薯、春西瓜、夏豆角、秋延后辣椒一年四种四收栽培技术

山东省枣庄市峄城区闫英报道,鲁南地区盛产马铃薯、西瓜和辣椒,是著名的马铃薯之乡。经过多年实践摸索出的早春马铃薯、春西瓜、夏豆角和秋延后辣椒一年四种四收栽培面积迅速扩大,经济效益十分显著。

1. 栽培模式 马铃薯 1 月上旬催芽,1 月下旬播种,4 月中下旬收获;西瓜 3 月上旬播种,4 月下旬定植,6 月中下旬收获;豆角 5 月下旬播种,6 月中旬定植,7 月下旬收获;秋延后辣椒 7 月上旬播种,8 月中旬定植,11 月上旬收获,翌年 1 月上旬收获结束。

一般每 667 米² 马铃薯产量 2 000 千克,产值 5 500 元,纯收入 4 650 元;西瓜产量 3 500 千克,产值 4 000 元,纯收入 3 500 元;豆角产量 1 300 千克,产值 3 500 元,纯收入 3 200 元;辣椒产量 4 000 千克,产值 12 000 元,纯收入 11 450 元。该模式一年四种四收,总收入 25 000 元,纯收入 22 800 元,是当地粮田纯收入的 20 倍。

2. 栽培技术

(1)马铃薯 宜选用早熟,芽眼浅,产量高、品质优的脱毒种薯荷兰 7 号、克新 4 号等品种。1 月上旬开始催芽。先将种薯切块,每个薯块至少 2 个芽眼,重 25 克左右。待切口晾干愈合后,置于 20℃黑暗潮湿条件下催芽。待芽长 0.5~1 厘米时,使之见光并保持 15℃左右温度待播。

整平地面,施足基肥,一般每 667 米² 施腐熟有机肥 2 500 千克、饼肥 50 千克、硫酸钾复合肥 50 千克、尿素 20 千克、过磷酸钙 70 千克,混合均匀施于畦中间。

畦宽 1.3 米,畦面宽 0.8 米,高约 20 厘米,双行种植,行距 30 厘米,株距 20 厘米。定植沟深 10 厘米。芽眼向上,覆土后喷施施田补或乙草胺除草剂,覆上地膜,再浇 1 次跑马水,水至畦面 5 厘米处即可。

苗出齐后要打洞掏苗,并在 3～4 叶期用 200 毫克/升多效唑喷施防止徒长。进入团棵期施尿素 10 千克、过磷酸钙 30 千克、硫酸钾型复合肥 15 千克,结合浇水冲施。现蕾期可结合病虫害防治喷施 0.25％磷酸二氢钾溶液并及时摘除花蕾。播种后要保持土壤湿润,以见干见湿为宜。浇水时水量灌到畦高一半,收获前畦内不渍水,但要保持湿润。收获前 10 天要停止浇水,以防薯块吸水过量造成裂口或腐烂。

(2)西瓜 宜选用早熟、抗病、耐运、品质优的西域京欣、花蜜宝等。选用商品苗或营养钵、穴盘育苗等。

嫁接砧木选用甜葫芦。浸种前日晒 1～2 天,用温水浸泡 48 小时,用 50％多菌灵可湿性粉剂 500 倍液消毒 20～30 分钟后洗净,晾净至白皮,放于 32℃～33℃处催芽,每天通气 1 次,48 小时发芽率可达 85％以上。宜选用 72 或 74 孔穴苗盘且按同一方向摆放,或用 9 厘米×9 厘米营养钵,覆土厚 1.5 厘米。营养钵育苗要先浇透水再播种覆土,播后立即覆盖地膜。葫芦苗 85％子叶平展即可浸西瓜种。西瓜种用温水浸泡 6～8 小时后用 50％多菌灵可湿性粉剂 800 倍液消毒 20～30 分钟,洗净放于 30℃～32℃处催芽。一般大芽播种,可用芽盘或木箱,以 2 000 株/米² 为宜。播后立即覆盖地膜,待西瓜子叶张开,砧木第一片真叶 5 分硬币大小时为最佳嫁接期。

采用插接法。嫁接前 1～2 天砧木摘心,前 1 天浇透水且喷施霜霉威盐酸盐杀菌剂。嫁接前剪掉西瓜幼芽放入 1 000 倍的多菌灵消毒液内待嫁接。左手轻捏砧木苗子叶,右手持一根宽度与接穗下胚轴粗细相近,前端磨尖扁平的光滑钢针,紧贴一侧子叶基部内侧向另一片子叶下方斜插,深度为 0.5～1 厘米,钢针尖端在子叶节下 0.5 厘米出现约 2 毫米时为宜。插孔时要避开砧木胚轴的中心空腔,插入迅速准确。钢针暂不拔出,然后用左手拇指和无名指将接穗 2 片子叶合拢捏住,食指和中指夹住根部,右手持刀片在子叶节以下 0.5～0.8 厘米处呈 30°角向前斜切,切口长度 0.5～0.8 厘米。切削接穗时速度要快,刀口要平、直,并且切口方向与子叶伸展方向平行。拔出砧木上的钢针,将削好的接穗插入砧木小孔中,使两者密接,砧穗子叶伸展方向呈"十"字形,利于见光。

嫁接完,立即排好苗盘或营养钵,覆上地膜,切忌漏风。若光照过强可在大棚上覆盖遮阳网。温度白天保持 25℃～28℃,夜间 18℃～20℃。嫁接后第四天要揭膜晾苗,时间由短到长,一般 7 天后白天完全揭去地膜,夜间覆盖至 10 天,以后按常规管理。

马铃薯清茬后立即整地,每 667 米² 施充分腐熟的有机肥 3 000 千克、饼肥 100 千克、磷酸二铵 50 千克、硫酸钾复合肥 50 千克、硫酸镁 1.5～2 千克、硫酸锌 1.5～2 千克、硼砂 1～1.5 千克。

行距 1.8 米,株距 0.45 米,开沟定植。定植前 1 天要浇透定植沟,定植后立即覆盖地膜。定植后闭棚 3 天。白天棚温保持 28℃～30℃,夜间 18℃～20℃,促进缓苗;伸蔓期可浇 1 遍小水,冲施硫酸钾复合肥 20 千克。采用 1 主 2 辅 3 蔓整枝法,其余侧枝及时打掉。开花期,早上 6～9 时人工辅助授粉。留主蔓第二朵雌花,授粉后可将龙头轻捏一下,以便养分回流;授粉后 7～21 天要肥水猛攻,一般 2 次,每隔 7 天施 1 次,每次顺水冲施硫酸钾复合肥 50～75 千克,收获前 7～10 天杜绝浇水追肥。

(3)夏豆角　选用矮生五月红豆角。播种前用温水浸 2～3 小时,不催芽,直接播于营养土方或营养钵内,覆土厚 2～3 厘米。第一对真叶展开时,蹲苗 1～2 天再定植。

定植后可进行 2～3 次中耕松土,促根系下扎,保墒灭草。前期以蹲为主,在第一花序幼荚长至 7～10 厘米时浇水施肥。矮生五月红豆角采收期短,且集中,一般采用一炮轰施肥法,施硫酸钾型复合肥 40 千克。植株长至 30 厘米时摘心,促使抽生侧枝和豆荚生长。及时采摘,并注意不要碰伤其他花枝。

(4)秋延后辣椒 选择耐热、抗热、产量较高的苏椒 5 号、洛椒 4 号等。秋延后辣椒育苗期正处高温多雨季节,采用纱网小拱棚育苗。播种后搭小拱棚,用 40 目的防虫网严密覆盖,其上要准备塑料薄膜及遮阳网,防雨淋和遮阳降温。苗龄一般 40 天。

一般每 667 米^2 施腐熟鸡粪 4 000 千克、尿素 20 千克、磷酸二铵 50 千克、硫酸钾 75 千克、生物菌肥 150 千克,做成小高畦,畦高 20 厘米。

行距 60 厘米,株距 33 厘米,每墩 2 株定植。

定植后要根据辣椒既喜温、喜肥、喜水,又不抗高温,不耐浓肥和最忌水涝的特点,前期控秧旺长,中期促秧攻果,后期保秧增产。浇水,保持地面见干见湿,浇水量不可漫到辣椒基部,以距畦面 5 厘米为宜。辣椒坐住后再结合浇水冲施三元速效肥或辣椒专用肥,每 667 米^2 每次 15～20 千克,间隔 10～15 天施 1 次。在开花坐果期,可结合病虫害防治喷施保花保果的叶面肥。要及时打掉门椒以下的侧枝,待每墩坐果 15 个左右时及时打顶,同时注意清除上层部分幼果,以利于形成均匀一致的大果方便采收。进入 11 月后,可在棚内增设中拱棚,或加盖草苫,延迟到元旦一次采收上市。

(十五)早春马铃薯、甜叶菊、秋甘蓝无公害生产技术

山东省济宁市任城区是中国甜叶菊之乡。近几年,大力推广了早春马铃薯、甜叶菊、秋甘蓝无公害种植技术,大大增加了农民收入。该种植模式一般每 667 米^2 产马铃薯 1 200～1 300 千克、甜叶菊 300～350 千克、甘蓝 1 600～1 800 千克,每 667 米^2 产值 5 000～5 500 元,纯收入 3 500～3 800 元。

1. 生产条件　无公害农产品生产要求周边 2 千米内无污染源，农田大气环境质量、灌溉水质和土壤符合无公害农产品基地标准。同时土壤土层深厚，有机质含量高。

2. 品种选择　早春马铃薯选用脱毒鲁引 8 号、荷兰 15、东农 303。甜叶菊选用叶大丰产、抗逆性强、含糖量高的华仙 1、2、3 号品种。秋甘蓝选用夏光。

3. 茬口安排　马铃薯 2 月下旬播种，5 月中下旬收获。甜叶菊 4 月上旬育苗，5 月中下旬移栽。秋甘蓝 7 月底至 8 月初育苗，25 天后移栽，10 月份收获。

4. 种植规格　马铃薯采用起垄宽窄行栽培，垄距 1 米、垄顶宽 60 厘米、垄高 15 厘米，一垄双行，宽行 70 厘米，窄行 30 厘米，株距 25～30 厘米。甜叶菊大小行种植，大行距 40～45 厘米，小行距 30 厘米，株距 10～12 厘米。秋甘蓝行距 40～45 厘米，株距 40厘米。

5. 田间管理　早春马铃薯，播种前切块，每千克切 40～50块，每块至少有一中上部健康芽眼，暖种 15～20 天，幼芽萌动即可移栽大田。移栽前施足基肥，深耕 20～25 厘米，按规格起垄，播种后喷施除草剂异丙甲草胺，然后覆膜，齐苗后放苗浇水。团棵期浇水施尿素 15 千克，收获前 15～20 天浇水，生产期间注意防治病虫害。

甜叶菊小拱棚育苗，大田与苗床面积比为 15～20：1，苗床宽 1～1.2 米。播前施足基肥，每 667 米² 施优质土杂肥 1500 千克以上，磷酸二铵 20 千克或普钙 50～60 千克，集中撒于畦面，然后耙平。播前种子泡 2～4 小时，拌细沙土，均匀撒于苗床上，然后用包有塑料薄膜的木板轻压，覆盖细沙土，以种子半露半埋为宜。移栽前 4～5 天揭薄膜炼苗，大田尽量多施土杂肥，每 667 米² 施土杂肥 1500 千克以上，施撒可富（15：15：15）50 千克，也可以施尿素 30 千克、磷酸二铵 20～25 千克。移栽后及时查苗补苗，封垄前中耕 2～3 次,植株 7～9 对真叶时摘心。缓苗后施撒可富 30 千克,封垄前再施撒可富 30 千克。生长期间遇旱及时浇水,遇涝排水。同时,搞好病虫防治,封垄后及时采摘植株下部老叶。

秋甘蓝 7 月底至 8 月初育苗,25～30 天后大田移栽。移栽前每 667 米² 施优质圈肥 2 000～3 000 千克、尿素 10～15 千克、磷酸二铵 20 千克,移栽行距 40～45 厘米,株距 40 厘米,栽后浇水。以后遇旱浇水。结球期每 667 米² 施尿素 20～30 千克,10 月下旬根据市场行情和甘蓝生长状况适时采收上市。

(十六)青海温暖灌区双膜马铃薯、复种萝卜、大白菜一年三熟栽培技术

青海省东部的乐都县温暖灌区,光照充足日照长,昼夜温差大,加之地势平坦,土壤肥沃,水资源丰富,很利于发展农业经济。但从热量条件和无霜期来看,属一季有余两季不足的一熟制地区。长期推行的一季单作,光热条件和土地资源得不到充分利用,而一季单作后的复种又因热量不富,经济效益不甚显著。近几年推广马铃薯"双膜"栽培技术,不仅有效解决了马铃薯早期的冻害,且因马铃薯的提前收获为复种工作赢得了充足的时间,继而出现了复种形式的多样化。据王得焕等对不同复种形式的多次观察试验分析,双膜马铃薯收获后接连复种萝卜、大白菜,其经济效益和社会效益最为显著,深受广大干部和群众的重视和欢迎。其主要栽培技术措施如下。

1. "双膜"马铃薯 "双膜"即拱棚加地膜覆盖。选择土层深厚、土壤肥力中上等、质地良好、灌溉方便、四周无树木影响的地块种植。前作收获后,及时深耕 20～25 厘米,犁地晒垡,灌足冬水,打糖保墒,达到墒饱地平,土壤疏松。

春天土壤解冻后,结合浅耕每 667 米² 一次性施入充分腐熟的农家肥 3 000～4 000 千克、磷酸二铵 40 千克、尿素 40 千克、加

拿大钾肥 10 千克作基肥,地下害虫较严重的地块,用 50% 辛硫磷颗粒剂 1 千克防治。

拱棚宽 5.7 米,中柱高 1.7 米,离中柱 1.5 米两个边柱高 1.4 米。棚中间每隔 10 米顶一排立柱,选用幅宽 8 米农膜扣棚。

适时播种。选择株型直立、丰产性能强、结薯早、块茎前期膨大快、休眠期短、易于催芽、抗病的早熟脱毒马铃薯品种,如早熟的费乌瑞它等。播种前必须对种薯进行严格的筛选,去掉烂种、病种、畸形种等,将精选的薯种薄层摊晾在弱光温室下 25～40 天进行催芽。为了均匀见光,每隔几天将种薯上下翻动 1 次,待种皮发绿、幼芽萌发,芽长 1～2 厘米时,整薯或切块后晒 5～10 天,使幼芽由淡黄色变成紫绿色时播种。

由于采用"双膜技术",棚内温度迅速上升,土壤解冻快,播种期应适当提前至 3 月 5 日左右,选择晴天、无风、土壤解冻 15 厘米以下时及时进行。

选用幅宽 90 厘米地膜,采用单垄双行种植,垄宽 60 厘米,行距 20 厘米,株距 18 厘米。垄间距 30 厘米,深 20～25 厘米,拱棚内种 6 垄。马铃薯点种后覆膜前用 48% 氟乐灵乳油 100 毫升对水 15 升,均匀喷洒畦面,然后充分混土 3～5 厘米,可有效防治膜内杂草,当天播种当天扣棚。

"双膜"马铃薯播种扣棚后 25 天左右即可出苗,要随时检查,及时放苗,避免烧苗。拱棚内温度达到 25℃时,应及时揭棚通风、降温。5 月 15 日前后白天揭棚晚上盖棚,炼苗 3～5 天后揭去拱棚。

播种后视土壤墒情及时浇 1 次水,保证苗齐、苗全;苗期、现蕾期、花期、块茎膨大期各浇 1 次水,生育期共浇 5～6 次水,严禁大水漫灌。

花期结合叶面追肥喷施 1 次马铃薯膨大素,促进块茎生长,提高商品率。

因双膜覆盖，田间湿度大，易发生早疫病，发病初期喷洒64％噁霜・锰锌可湿性粉剂500倍液，或50％甲霜・铜可湿性粉剂700～800倍液，或75％百菌清可湿性粉剂600倍液，每隔7～10天喷1次，连续防治2～3次，不同农药交替使用，效果更好。

根据市场需求，一般在6月初收获。

2. 萝卜 "双膜"马铃薯收获后，应及时深耕20～30厘米，结合整地施入磷酸二铵15千克，拾净前作的根茬、破碎地膜及其他杂物。

选择高产、生育期短的顶上盛夏等品种。6月上旬播种，垄宽60厘米，行距20厘米，株距15厘米，垄间距30厘米，覆膜后穴播。

播种后3天出苗，一般在子叶展开、真叶露心、2～3片真叶时结合中耕各间苗1次。

萝卜苗期浇水不宜过早，当幼苗达到4～5片真叶时结合追肥浇头水，施肥量尿素10千克，叶簇生长旺期随水第二次追肥，施肥量15千克，肉质根膨大期不可缺水，要经常保持土壤湿润。

整地时撒施90％敌百虫晶体800倍液，或50％辛硫磷乳油800倍液灌根防治地下害虫。用2.5％溴氰菊酯乳油2 000～3 000倍液喷雾防治蚜虫。

萝卜单根重0.25～0.3千克时收获上市。

3. 大白菜 7月20～22日萝卜收获后，及时整地，结合整地每667米^{2}施入麻渣25千克、磷酸二铵10千克作基肥。整地起垄，垄宽60厘米，垄高10～15厘米，株行距50厘米×50厘米，覆膜后穴播，膜的四周要用土压严，使膜不被风吹去，播后及时浇水。

选用早熟、抗病强的春秋54、改良早熟二号等大白菜品种。

幼苗长到4～5片叶时间苗，7～8叶时定苗。

出苗期保持土壤湿润，有利于出齐苗，幼苗见干轻浇水。莲座期、结球初期和结球中期结合浇水，分别追施尿素15千克、10千克、5千克。

大白菜出苗后用50%辛硫磷乳油800～1 000倍液喷洒1～2次防治黄曲条跳甲。5～6片叶用90%敌百虫晶体600～800倍液灌根,防治根蛆。莲座期、结球期选用2.5%溴氰菊酯乳油3 000倍液或2.5%氯氟氰菊酯乳油5 000倍液喷雾防治菜青虫、蚜虫。当气温25℃～30℃、阴雨多湿时,易发生大白菜软腐病,在发病初期喷洒100～150毫克/升硫酸链霉素或农用链霉素溶液,每隔7～10天,连喷2～3次。

秋茬大白菜10月下旬收获,收获越迟,包心越实,产量越高。在不受冻的情况下,尽量延迟采收。

(十七)早熟马铃薯、越夏扁豆、秋马铃薯三熟栽培技术

山东省枣庄市一豆二薯三熟高效栽培,是由春早熟马铃薯、越夏扁豆、秋马铃薯构成的一年三熟栽培模式,三茬蔬菜在生产中分别具有早、热、晚的特点,收获后能很好地避开蔬菜上市高峰期,在蔬菜供应淡季上市,经济效益高。

1. 春早熟马铃薯 春早熟马铃薯栽培,通过春提早播种,4月中旬即可上市。

宜选用早熟、抗病、丰产性好的荷兰十五、荷兰七、改良鲁引1号、红眼等优良品种。每667米² 需准备种薯125～150千克。

秋收后,选土壤疏松透气的地块,深耕冻垡晒垡,1月份耙细、整平,肥料在覆膜前一次性施入,每667米² 施优质腐熟土杂肥3米³ 或含量30%以上的有机肥150千克。一般常用4～6垄拱棚栽培。4垄拱棚拱杆长2.5～3米,直径(大头)1.5厘米左右,竹竿搭梢对接,拱高1米左右,宽3～3.2米,可选用4.5米宽的农膜覆盖。于播种前3～5天选无风晴天扣膜,提高地温,四周固定好,每隔1.5～2米用压膜线或铁丝固定棚膜。

播种前20～25天选无病种薯切块催芽。每一切块重25～30

克,有 1～2 个休眠芽,切块时尽量带顶芽。切块刀口晾干愈合后,置于黑暗、潮湿条件下催芽,温度保持 20℃～25℃,催芽过程中要注意保水。待芽长 3 厘米左右时摊开晾芽 2～3 天,待芽转绿后壮芽播种。

1 月下旬至 2 月上旬,选晴天中午播种。实行单垄双行种植,垄距 80 厘米,行距 20 厘米左右,株距 25～30 厘米。种植时开沟深 6～8 厘米,宽 20 厘米,浇水后按三角形种植,芽向上,用少量细土先盖住芽,然后抓肥、抓药,每 667 米² 施三元复合肥 50 千克,增施锌、硼等微量元素肥。播后覆土起垄,垄高 15～20 厘米,把垄面搂平,喷施除草剂,然后用 1 米宽地膜覆盖。地膜要平整牢固,防止被风刮坏。播后 3 天密闭拱棚,出苗前棚温不超过 32℃可不放风。

出苗后及时划口放苗。放苗要在早晨进行,并把放苗孔周围压实,防止烧伤幼苗。温度白天保持 20℃～26℃,夜间 12℃～14℃,并经常擦拭农膜上的灰尘,增加透光。断霜后,外界白天气温稳定在 15℃以上时即可选无风晴天下午撤棚。撤棚前要炼苗 7 天。马铃薯早熟栽培一般不追肥,齐苗后如苗弱可适当追肥,追肥后及时灌水。齐苗、团棵、现蕾时分别浇 1 次水,切忌大水漫灌,一般浇至垄高 1/2 或 2/3 为宜。

2. 越夏扁豆　越夏扁豆栽培品种选择非常重要,要选择优质丰产的极早熟优良品种,如常扁豆 1 号、常扁豆 2 号。每 667 米²备种 1.5～2 千克。

马铃薯收获后立即整地。扁豆是高肥水蔬菜,由于在该模式下生长期较短,基肥要施足。一般每 667 米² 施腐熟有机肥 2 000千克、三元复合肥 40 千克、尿素 10 千克,最好进行沟施。精细整地后做垄,垄距 1.5 米,垄沟宽 30 厘米,垄高 15～20 厘米。

5 月 15 日前播种。每垄 2 行,先浇水,后开穴播种,穴深 4～5厘米,穴距 50 厘米,每穴播种 3 粒。

出苗后及时查苗定苗,每穴留苗 2 株,缺苗严重时要进行补苗。

甩蔓时及时插架。扁豆长势较旺,架杆要高而结实,最好能保证在 2.5 米以上,采用"人"字架或双"人"字架,顶部用横杆相连,便于侧枝攀附。

扁豆侧枝生长较多而快,要及时去掉无效侧枝。主茎长至满架时人工摘心,促使侧枝和下部花序生长,提高前期鲜荚产量;侧枝长至 80~100 厘米长时先进行摘心,促使孙蔓和子蔓花序生长,确保后期产量。

在施足基肥的基础上,开花前根外追施磷、钾肥 2 次。结荚盛期每隔 5 天每 667 米² 追施三元复合肥 15 千克。追肥结合浇水进行,保持田间湿润。

扁豆荚长到显现品种特征特性、豆粒不明显时采收。采摘时注意不要碰掉花和嫩荚,以免影响产量。始收期一般在 7 月上旬,8 月上旬拉秧,每 667 米² 产量可达 3 000 千克。

3. 秋马铃薯 秋栽马铃薯要选择早熟、高产品种,如改良鲁引 1 号、中薯 3 号等。每 667 米² 需准备种薯 150~175 千克。

利用整薯播种是保证马铃薯秋季栽培成功的重要措施。选择没有虫眼和病斑,重 25~50 克的小薯作为种薯,放在 10 毫克/升赤霉素溶液中浸泡 10 分钟,捞出后控干,放在阴凉通风处催芽,芽长 2 厘米左右时播种。

扁豆拉秧后及时进行整地。播种前每 667 米² 撒施腐熟有机肥 2 000 千克、三元复合肥 50 千克,深翻 30 厘米,整平。

秋播适播期在 8 月中旬。播种要求土壤呈湿润状态,单垄种植,行株距 65 厘米×30 厘米。最好选早晨或傍晚,先开沟深约 4~5 厘米,浇水,水渗下后播种,薯块间施药防虫,然后培土成垄,垄高 15~20 厘米,垄顶呈屋脊状,以便于排水。

播种后出苗前土壤保持湿润,但不能积水,并及时松土除草。

齐苗后及时培土,一般培土 2 次,培土结合浇水施肥进行。第一次在出齐苗后,及时浇水,每 667 米² 施三元复合肥 10 千克后培土;第二次在团棵时,培土要小心,勿碰伤秧苗。以后根据天气情况保持地面湿润,收获前 10 天停止浇水。

秋季马铃薯尽量晚收,最低温度不低于 0℃ 时不收,有条件的可适当保护,延迟生长期,增加产量,提高经济效益。该茬次每 667 米² 产量一般在 1 500 千克左右。

(十八)马铃薯、夏白菜、马铃薯、西芹一年四收栽培技术

在种植业结构调整中,为了增加农民收入,通过提高复种指数,合理安排茬口,河南省郑州市田朝辉等摸索出一年四种四收的高效栽培技术模式。

1. 茬口安排 春马铃薯 2 月下旬至 3 月下旬播种,5 月底至 6 月初收获;夏白菜 5 月底至 6 月初育苗,7 月底至 8 月初采收;秋马铃薯于 8 月上中旬播种,10 月底至 11 月初收获;西芹 9 月上旬育苗,翌年 3～4 月采收。

2. 品种选择 马铃薯宜选用郑薯五、六号或费乌瑞它,夏白菜选用郑研早抗王、郑白 50 或夏阳等,西芹宜选用美国高优它、文图拉、加州王等品种。

3. 栽培技术

(1)春马铃薯 精细整地,每 667 米² 施优质有机肥 5 000 千克,磷、钾复合肥 50 千克。

播种前 20 天种薯催芽,播种前 2 天进行切块,每千克种薯切 50 块左右,要求薯块大小均匀且有芽眼,芽眼离切口要近。春季一般 2 月下旬至 3 月下旬播种,播种时应选晴天高温时进行,东西行朝阳坡种植。株行距 60 厘米×20 厘米,播种后镇压搂平埂面,覆盖地膜。

出苗后及时破膜露芽,待苗出土 80％ 左右时,进行中耕除草,

4 月下旬苗现蕾时培土施肥,随水冲施尿素 10～15 千克,以后视墒情浇水,保证土壤湿润。一般 6 月下旬收获,收获前 10 天停止浇水。每 667 米² 产量 2 500 千克左右。

(2)夏白菜　配合整地每 667 米² 施有机肥 3 000 千克、磷酸二铵 50 千克,整平做垄,垄距 50 厘米,5 月底至 6 月初营养钵育苗,遮荫覆盖,昼盖夜揭,苗期注意防暴雨。一般苗龄 20～25 天,移栽前 7 天进行揭棚炼苗。

6 月中下旬移栽,按株行距 40 厘米×50 厘米定植,每 667 米² 栽 3 300 株。夏白菜管理以促为主,视墒情及时追肥浇水,生长期间浅耕除草,移栽缓苗后 10 天开始包心时,随水追施尿素或复合肥 15～20 千克。

白菜软腐病可用 14% 络氨铜水剂 350 倍液或 90% 新植霉素可溶性粉剂 4 000 倍液防治。防治菜青虫、小菜蛾、蚜虫可用 5% 氟虫腈悬浮剂 2 000 倍液,或 4.5% 高效氯氰菊酯乳油 3 000 倍液。一般 7 月底至 8 月初收获,每 667 米² 产量 2 500～4 000 千克。

(3)秋马铃薯　秋马铃薯于 8 月 5 日至 15 日,采用 50 克左右的整薯播种,每 667 米² 用种量 300 千克左右,播前用 5 毫克/千克赤霉素溶液浸泡 5 分钟,然后捞出在湿沙中催芽 5 天后即可播种。生长期间注意防治茶黄螨和晚疫病。秋马铃薯田间管理与春马铃薯基本一致。秋马铃薯于 10 月底至 11 月初收获,产量可达 1 500 千克。

(4)冬春茬西芹　西芹宜在 8 月底至 9 月初露地育苗,播前浸种催芽,用纱布包好在 20℃ 左右冷凉条件下,每天冲洗 1 次,一般 6～8 天可发芽,10 天左右芽达到 50%～70% 时播种。选肥沃园土做苗床,深耕细耕整平,按 1.5 米×10 米做畦,每 667 米² 做成 5 畦,每畦施有机肥 50～60 千克,深施畦面 15～20 厘米处,与表土混匀。取畦表土 0.5 厘米作覆土,畦面整平踩实后,浇透水 2 次,待水渗下后,均匀撒播种子,每畦用种 10～15 克,播后覆土厚 0.5

厘米,盖土后每畦及时用 48%氟乐灵乳油 20 毫升对水喷施畦面,播后遮荫防雨,保墒降温,以利于出苗。

出苗后,子叶展平出真叶时,逐步撤遮阳棚。及时浇水,生长期间除草间苗,幼苗 2 叶 1 心时再间 1 次,每平方米留苗 500 株。苗期注意墒情,土壤见干见湿,现真叶前以底水为主,后视土壤墒情和天气,每隔 7 天浇水 1 次,遇雨及时排水。9 月下旬后,适当控水蹲苗。苗期注意防治蝼蛄、蚜虫和猝倒病。辛硫磷浇灌防治蝼蛄,抗蚜威防治蚜虫,控制湿度可减少猝倒病发生。发病后用50%多菌灵可湿性粉剂或农用链霉素可溶性粉剂 200 毫克/升溶液喷 1～2 次。

定植前精心整地,按 2 米×8 米做畦。做畦时施足基肥,每667 米² 施有机肥 5 000 千克、磷酸二铵 30 千克,耕细整平。10 月底至 11 月上中旬定植,株行距 25 厘米×25 厘米。选 4 叶 1 心壮苗带土移栽。定植后及时浇水,缓苗 5～7 天后扣棚,每 667 米²扣一棚,棚顶留风口,扣棚后 3～5 天浇水,随水冲施尿素或磷酸二铵 15 千克。生长期间注意防治蚜虫。扣棚后加强管理,保持温度10℃～20℃,空气相对湿度 70%～80%,白天气温超过 25℃,加大风口放风。冬前选晴天浇越冬水,12 月中旬后,气温降低,中午通风 1～2 小时,冬季防止受冻,夜间应加盖小拱棚。冬季注意防风雪,及时清除棚上积雪。春季返青后,视天气变化进行放风浇水、施肥,白天保持棚内 20℃～25℃,夜间 10℃～18℃。2 月中旬,每隔 7～10 天浇水 1 次,收获前 15 天每隔 3～4 天浇小水 1 次。2 月中旬进入直立生长,需水肥较多,结合第一次浇水追尿素 30 千克。第三次浇水施尿素 20 千克。收获前 20 天,叶面喷施 50 毫克/升赤霉素液 1 次,收获前 10 天再喷 1 次,同时加入 0.2%磷酸二氢钾液。

西芹在 3 月下旬至 4 月上旬,株高达 70 厘米时即可采收,每667 米² 产量 8 000 千克左右。

第六章　露地蔬菜轮作新模式

一、一年两茬轮作新模式

(一)洋葱、青花菜栽培技术

近年来,辽宁省沈阳市洋葱种植面积发展较快,为充分有效利用有限耕地,沈阳市农业科学院王国华等开展了洋葱与青花菜复种高产高效栽培技术研究,洋葱平均每 667 米^2 产量 3 000～3 500千克,产值达 1 400～1 800 元,青花菜平均产量 750～1 000 千克,产值达 1 500～2 000 元,2 茬共收入 2 900～3 800 元。

1. 洋葱栽培技术　选择土壤肥沃、疏松、保水力强,3 年内没有种植过葱类作物的地块,茬口最好是上年种植玉米或大豆等大田作物。

选择早熟、抗病、高产,生育期 140～150 天,适合沈阳地区栽培的优质品种,如卡木依、庄园等。

在 2 月中下旬,利用日光温室或扣冷棚,做成宽 1.3～1.5 米,长 6～8 米的畦,苗床面积与栽植面积比为 1∶1.5～20。播前用百菌清进行土壤消毒,播前 2 天给苗床浇足底水。播量要稀、均匀覆土厚度 0.5 厘米,播后覆盖地膜保墒。苗床温度控制在 15℃～20℃,土壤含水量控制 10%～18%。待种子拱土后及时撤去地膜,再覆土厚 1 厘米。苗齐以前不必浇水,第一片真叶生出后要适当控制浇水,第二片真叶生出以后可结合浇水追施尿素 15 千克,并注意通风炼苗,防治立枯病。当苗高 10～15 厘米,结合浇水适当追施氮肥或三元复合肥。

定植时间在 4 月中下旬,多采用平畦,一般畦宽 1.3～1.5 米,长 6～9 米,采用地膜覆盖。整地时翻耕深度不宜少于 20 厘米,施农家肥 1 500～2 000 千克。定植前对葱苗进行分级,然后分别定植。株行距 13～15 厘米×15～20 厘米。

缓苗后及时追肥。结合浇水施磷酸二铵 10～15 千克和磷酸钾 8～10 千克。为了保证地上部功能叶生长的需要,再追施 10～15 千克硫酸铵。当生有 8 枚左右的管状叶后,鳞茎开始膨大,此后还要进行 2～3 次追肥,每次施磷酸铵 10～20 千克和 5～10 千克氯化钾。

缓苗后及时防治蓟马,可用 50％辛硫磷乳油 1 000 倍液,或 21％增效氰·马乳油 6 000 倍液喷雾;霜霉病、紫斑病,可用 75％百菌清可湿性粉剂 600 倍液,或 64％噁霜·锰锌可湿性粉剂 500 倍液喷雾;软腐病可用 14％络氨铜水剂 300 倍液,或 72％农用链霉素可溶性粉剂 4 000 倍液喷雾;灰霉病可用 75％百菌清可湿性粉剂 500 倍液,或 50％多菌灵可湿性粉剂 300 倍液喷雾。

在自然倒伏率达 70％左右,第一、第二叶已枯死,其他叶尖变黄,就可收获。收获时选晴朗天气,将葱头拔起,在田间晾晒 1～2 天,编辫或剪去枯叶(葱管基部留 2 厘米)贮藏。

2. 青花菜栽培技术 绿岭、山水等品种,6 月中下旬播种,苗龄一般为 35 天,每 667 米^2 需要播种 20 克。采取遮荫、防雨措施。可用育苗盘育苗,也可在露地播种,畦宽 1～1.2 米。苗床要浇足底水,然后撒播,覆土厚 1 厘米。覆膜后在畦上 1～1.5 米处盖遮阳网降温。出苗后撒膜、覆土,保持土壤湿润。2 片真叶时,用 7 厘米×7 厘米营养钵分苗,5 片真叶时定植。

青花菜在洋葱收获后,于 7 月底定植,株行距 40 厘米×60 厘米,定植时浇足埯水后封埯。

青花菜植株高大,生长旺盛,需水量多,整个生育期经常保持土壤湿润。缓苗后 5～7 天浇促苗水,促其达到一定叶数,使叶片肥厚。花芽分化前后及花球肥大期不可缺水,否则,会出现早现蕾,花球长不大的现象。

青花菜的追肥以氮肥为主,配合钾、磷及硼、镁、锌微肥。第一次追肥在定植后 20 天左右,真叶 6～7 片时进行,每 667 米² 施尿素 7～10 千克,过磷酸钙和氯化钾各 5 千克。第二次追肥在定植后 40 天左右,有 15 片真叶时进行,施肥量同第一次。当植株出现小顶花球时进行第三次追肥,每 667 米² 施尿素 10～15 千克,过磷酸钙和氯化钾各 5 千克,同时叶面喷施 0.1% 硼砂和 0.3% 磷酸二氢钾溶液。发现菜青虫为害,应及时用苏云金杆菌乳剂 2 000 倍液,或 2.5% 氯氟菊酯乳油 2 000 倍液防治。

当花球长到 12～16 厘米时,及时采收,否则易老熟开花,变得松散。主花球采完后,还可采收到一部分侧花球。

(二)洋葱、芹菜栽培技术

这种方式多在春栽洋葱产区种植。洋葱前 1 年秋天播种育苗,翌年春天土壤化冻后尽早定植。无霜期较长的秋栽洋葱产区,洋葱收获后,可在栽秋芹菜前加种一茬茴香、小白菜等速生叶菜。春栽洋葱产区实行洋葱复种芹菜,一般水浇地每 667 米² 产洋葱 4 000 千克左右,后茬芹菜产 4 000～5 000 千克。

1. 种植方式 3 月中下旬栽洋葱,行距 20 厘米,株距 10 厘米。洋葱收获前 30 天,选用实秆芹菜品种育秧,洋葱收获后抓紧施肥、整地、做畦,待芹菜长出 4～5 片叶时,按行距 27 厘米、株距 15～17 厘米移栽。

2. 栽培技术要点

(1)前茬洋葱栽培 选择土质疏松、肥沃、排灌方便的地块做畦,前 1 年 9 月上旬前后播种洋葱。播前用温水浸种,播时将种子加入一定量的干细沙土,分 2～3 次撒播完,每 667 米² 播量 4～5 千克。播后覆土厚 2 厘米,幼苗出土前保持土表湿润。出土后适当控制浇水，进行蹲苗，并按 3 厘米见方进行间、定苗。苗龄 60～70 天；入冬前将秧苗自畦内起出，分级后扎成小捆。选择阴凉干燥地方，挖深 50 厘米、宽 65～70 厘米、长度因秧苗量而定。将秧苗根朝下放入沟内，四周用干土或细沙封严，进行囤苗。囤苗期间要防止雪雨水进入，并要保持 $-6℃～7℃$ 的低温。

洋葱移栽后浇 1 次缓秧水，追 1 次缓秧肥，一般追施尿素 7～8 千克或硫酸铵 8～10 千克，待地面快干时浅锄 1 次。到洋葱第二心叶出土时浇第二次水，并浅锄 1 次。葱头进入茎叶生长旺盛期，结合浇第三次水施碳酸氢铵 60 千克左右。在鳞茎膨大时，浇第四次水，追施尿素 12.5 千克，并保持土壤湿润。中后期如发现地蛆为害，及时用敌百虫 1 000～1 500 倍液灌根防治。

(2)下茬芹菜栽培　播种前 6～7 天，把种子放在凉水中泡 24 小时。浸种时搓洗种子，直到水清为止，再把种子捞出来，摊在麻袋上晾后用湿布包好，放在阴凉处催芽。有 80% 以上种子发芽时播种。

播种后用草席覆盖畦面，起降温、保湿、防雨作用，齐苗后逐步去掉覆盖物。第一片叶展开后，开始分次间苗。3 片叶展开后，追 1 次速效肥，随水冲施硫酸铵 10～12 千克。待长到 4～5 片叶时，准备定植。

(三)保健南瓜、韭葱栽培技术

保健南瓜具有较高的营养价值，且还具有补中益气、治糖尿病的医疗功效。韭葱营养丰富，假茎和叶生食、炒食或煮烧皆宜，风味如同大葱。鉴于南瓜和韭葱有以上优食性状及较高的食用保健价值，宁夏中卫县农业技术推广中心高新华，从 1995 年开始研究南瓜复种韭葱高产高效栽培技术，经过几年的试验、示范，现已初步达到模式化、规范化种植水平。2002 年中卫县该模式的种植面积达 140 公顷，采取定单农业方式，产品全部由"绿缘"公司按合同收购。

采用该模式,南瓜每667米²产量达3 000千克左右,每千克1元,产值为3 000元左右;韭葱产量达3 500千克左右,每千克0.25元,产值为900元左右。每667米²总产值3 900元,减去成本1 400元,纯收入2 500元,投入产出比为1:2.8。

该模式技术适宜于具有日光温室育苗设施,且≥10℃有效积温在3 000℃以上,≥10℃有效日照时数在1 400小时以上,排灌方便、土层深厚、土壤肥沃、有机质含量丰富的灌区沙壤土或轻壤土地区推广种植。

1. 复种模式 南瓜于3月上旬在日光温室育苗,4月下旬定植,7月初采摘结束。韭葱3月中旬育苗,7月上旬定植,10月上旬收假茎上市。

2. 栽培技术要点

(1)南瓜栽培技术 选用优质、高产的台湾农友种苗公司育成的东升、一品、仙姑、白秋等一代杂交种。

播种前晒种2~3天,温汤浸种催芽。待种子胚根露白3毫米时播种。移栽前10天,加强通风炼苗。

定植前1周施肥、整地、做畦。6米宽的地块中间开沟,条施腐熟有机肥1 000千克、磷酸二铵25千克、钾肥6千克,之后做成高30厘米、宽1米的畦。每畦定植2行,株行距均为40~50厘米,定植后适量浇定根水,然后覆膜并用细土封好定植孔。

为了不影响复种韭葱,一般采取单蔓整枝方式,将侧蔓全部摘除,并将主蔓有序排列引向两边。当主蔓达1米以上时开始留瓜,1米以内根瓜要及时摘除。每天上午9时前必须进行人工辅助授粉。每3~4节留1瓜,一般一条主蔓留老、中、小3个瓜,保证结瓜质量。在第二个瓜坐住后应根据主蔓上叶片长势,结合除草,施三元复合肥5~8千克。当主蔓坐定3个瓜后,要分次摘除主蔓上的老叶、病叶。为不影响复种韭葱,应根据坐瓜及主蔓长势情况,适时摘心封头,促进瓜的生长成熟。

一般开花后 40 天即可采摘,此期采摘耐贮力强,且风味不易变坏。从外观看,以瓜蒂发干有裂纹时采摘为宜,过早采摘会影响品质和产量。

(2)韭葱栽培技术 一般应在 3 月中旬播种育苗。南瓜采摘结束后,将地耙松整平,于 7 月上旬按行距 15～20 厘米,株距 5～8 厘米定植,覆土以不埋心叶为宜,栽后浇水。

缓苗后进入发棵盛期,需结合浇水施尿素、三元复合肥,把肥撒在沟背上,结合中耕除草与土混合后浇水。第二次追肥在假茎生长盛期,这个时期应适时勤浇水。生长后期应根据长势情况追加一定量的尿素或叶面肥。

培土是提高韭葱品质一个重要措施。应分期进行,缓苗后,结合中耕少量培土,以后结合追肥和中耕除草再培土 2～3 次。每次培土厚度均以培至最上叶片的叶口为宜,切不可埋没心叶,以免影响韭葱生长。

一般在 10 月中旬收获假茎。采收前 15 天应浇 1 次水,保证韭葱鲜嫩可口,不影响品质。

(四)莲藕、菠菜栽培技术

华北中南部地区,多在 4 月底前后栽藕,8 月底以后陆续收获,生育期 120 天左右。栽藕前和收获藕后,都可在藕田上复种一茬菠菜或其他生育期短的速生叶菜。

1. 种植方式

(1)复种 春菠菜可在早春化冻后整地播种,4 月底收获上市,收菠菜后整地栽藕。越冬菠菜一般在 10 月上中旬,待莲藕叶枯死后整地播种,或刨藕后整地播种,每 667 米^2 播种量 4～5 千克。

(2)立体种植 9 月中下旬,莲藕叶片发黄,将要枯萎时,先放干藕田水,清理叶片、叶柄、杂草等。整好地,随即将浸过的菠菜种子每 667 米² 撒播 3～3.5 千克,播后浅覆土。

2. 栽培技术要点　藕田栽后保持浅水层 1 个月左右,水深 10 厘米左右。随着温度的升高,进行追肥,并加深水层至 20 厘米左右,直到播种菠菜前为止。一般停水后 10～15 天刨藕复种菠菜,或在藕田上整畦播种菠菜,翌年清明节前后刨藕。

复种秋菠菜或越冬菠菜的藕田,要适期早播种。一般气温达到 15℃ 以上时即可栽藕,株距 1～1.5 米,行距 1.5 米。小藕栽植密度稍密,大藕种稍稀。

秋菠菜长出 4～5 片真叶时,一般进入 10 月份,以后菠菜的生长速度增快,这时,如藕田不肥沃,可追施 1～2 次速效性氮肥或腐熟人粪尿。10 月底收获菠菜后,可根据市场行情刨藕。

越冬菠菜出苗后,应保持土壤见干见湿,越冬前选晴天的中午浇 1 次冻水,水下渗后,撒一层骡马粪或草木灰、厩肥等,使其安全越冬。为了抢早上市,可在菠菜行北面设风障,早春未解冻前将地膜或塑料薄膜覆盖在菠菜畦面上,相间拔收大棵出售。大苗拔后,及时浇 1 次小水,促小苗加速生长。

(五)西葫芦、萝卜(或胡萝卜)栽培技术

青海省西宁市进行一年二茬西葫芦、萝卜或胡萝卜栽培技术试验。2 茬合计每 667 米² 产值 7 057 元或 6 294 元。

西葫芦选用一窝猴、早青一代、阿兰白等品种。播前每 667 米² 施有机肥 5 000 千克、磷酸二铵 15～25 千克、尿素 5～10 千克,均匀翻入土壤。做宽 80 厘米、高 15～20 厘米的畦。4 月 15～25 日播种,株距 30～80 厘米,行距 75～80 厘米,播种时挖一小坑,将种子点播在小坑内侧,播种后覆膜。待叶片顶地膜时,破膜通风 7 天后将叶片拉出膜外。西葫芦生长中后期每隔 10 天左右追施 1 次尿素,同时浇 1 次水。西葫芦灰霉病可用 50% 腐霉利可湿性粉剂 1 000～1 500 倍液,或 70% 代森锰锌可湿性粉剂 600～

800 倍液喷雾防治,每隔 7～10 天 1 次,连喷 2～3 次。苗期应注意预防冷害、冻害,覆盖物夜间覆盖,白天揭开;花期采用人工授粉,提高坐果率。6 月上中旬,西葫芦单果重 1 千克左右时收获上市。每 667 米² 产量 7 260 千克,产值 3 834 元。

萝卜可选用顶上、上海青,胡萝卜选用改良黑田五寸、一品蜡、五寸人参、新红心等品种。每 667 米² 施磷酸二铵 15～25 千克、尿素 5～10 千克或碳酸氢铵 20～40 千克,均匀翻入土壤。7 月 25 日至 8 月 10 日播种,每 667 米² 萝卜播种量 0.25 千克,胡萝卜 1.5 千克左右,株距 15～20 厘米,行距 20 厘米。菜青虫、蚜虫可用 2.5％敌百虫粉剂 1 000 倍液防治,或 50％辛硫磷乳油 1 000 倍液,或 40％乐果乳油 1 000 倍液防治。10 月中下旬采收上市,萝卜产量 4 450 千克,产值 3 223 元;胡萝卜 4 040 千克,产值 2 460 元。

(六)甘蓝、豆角覆膜栽培技术

辽宁省葫芦岛市连心区杨效乡黑鱼沟村,推广应用了两茬高效种植的新模式,前茬甘蓝,下茬晚豆角,获得了较好的经济效益,每 667 米² 纯收入达到 2 500～2 800 元,经济效益高于玉米、高粱等大田作物 5 倍之多。

1. 前茬甘蓝栽培 选栽的品种为北农早生。2 月中下旬在塑料大棚中加扣小拱棚育苗。幼苗长到 2 叶 1 心时移苗,苗期 50～70 天。4 月中下旬定植,定植时 10 厘米地温要求在 5℃～8℃,定植前 5～7 天对秧苗进行低温锻炼,然后平整土地。施有机肥、整地、起垄、覆盖地膜。移栽前利用打眼器打眼,浇埯水定植。缓苗后,适当控制浇水,提高地温。若有寒流天气,可提前施硫酸铵 15～22.5 千克,并浇水。莲座期进行 1 次追肥,施速效氮肥 15～20 千克,莲座末期可适当控制浇水,及时中耕除草。

2. 夏茬晚豆角栽培 甘蓝收获后立即平整土地做畦,畦面宽 1 米,埂宽 6 厘米,施腐熟农家肥 3 000～4 000 千克。做畦,畦面行距 75 厘米。

选购适应地区种植的豆角种子,如双丰 1 号、双丰 2 号、架豆王等。晚豆角的最佳播种期为 7 月 4～9 日,株距 25 厘米,坐水掩播,每掩 3～4 粒。2 片真叶时,及时铲除杂草,见蔓后浇水上架。

生长期施肥不宜过多,以免生长过盛,第一花穗节位上升。花期应加强肥水管理,注意磷、钾肥的应用。

豆角最佳采摘期要掌握在豆角鼓豆之前。

(七)麦茬耐热大白菜、青花菜栽培技术

河南省安阳市蔬菜研究所在充分调研的基础上,探索出粮食主作区种植淡季蔬菜的新形式,即麦茬耐热大白菜、青花菜高垄两茬栽培模式:6 月上旬麦收后及时种植耐热大白菜,8 月初上市;7月上旬进行青花菜育苗,8 月中旬定植于大白菜种植田,10 月上旬供应国庆节和元旦市场;同时又不误小麦播种。自 2002 年以来,该模式在豫北地区推广面积达 500 公顷,已成为当地农民增收的主要经济来源。高振茂等调查统计,大白菜每 667 米^2 产量 4 500千克左右,产值达 5 000 元,青花菜每 667 米^2 产量 800 千克左右,产值 3 200 元,扣除种子及生产资料投资,每 667 米^2 麦茬田纯收入 6 000 元,经济效益十分显著。

1. **耐热大白菜**　选择耐高温干旱、品质优良、抗性较强的品种,如夏圣、亚蔬 1 号、夏优 1 号等。

为避免直播幼苗易受雨水冲击等影响,一般采用育苗移栽,5月中旬育苗,每 667 米^2 用种 35～40 克。

选择四面通风、排灌方便的地块做苗床。在 30 米^2 苗床中拌入腐熟有机肥 150 千克及硫酸铵、硫酸钾、过磷酸钙各 0.15 千克,加入 50%多菌灵可湿性粉剂 100 克,拌匀过筛,配成营养土。装入 10 厘米×10 厘米营养钵里,浇水,水渗后每钵播种 3～5 粒,覆细药土 0.8～1 厘米后放入育苗畦。上搭小拱棚,光照太强时盖遮

阳网,下暴雨时盖塑料棚膜。小水勤浇,始终保持土壤湿润。定期喷洒 90% 敌百虫晶体 1 000 倍液或 25% 鱼藤精乳油 800 倍液,防治黄条跳甲等害虫。播种后 18～20 天、真叶 4～5 片时定植。

麦收后及时清除田间残株和杂草,集中进行高温堆肥等无害化处理,每 667 米² 施腐熟有机肥 4 000～5 000 千克、磷酸二铵 20 千克、硫酸钾 10 千克,深耕细耙后起垄,垄宽 110 厘米,垄高 10～15 厘米。按株距 45 厘米,行距 60 厘米,于下午 4 时左右定植,浇足定植水。

夏季高温多雨,加上灌水次数多,杂草易滋生蔓延,发生草荒。要及时中耕,防止表土板结,促进土壤透气,并清除杂草。中耕除草应在结球前进行,掌握远苗处宜深、近苗处宜浅,防止伤根,并锄松沟底和畦面两侧,将松土培于畦侧或畦面,以利于沟路畅通,便于排灌。

植株 5～6 片叶时第一次间苗,如有缺苗,应在傍晚或阴天补苗。起苗时多带土,运苗时避光,防止土块破碎。栽苗时应挖大坑,栽后及时浇水。

定植后应以促为主,每 667 米² 冲施尿素 3～4 千克,在莲座期和包球期追施 2 次肥,每 667 米² 用三元复合肥 15 千克和尿素 5～7 千克混匀后追施。施肥可在行间开沟,深施后覆土。大白菜不耐旱,垄干沟湿时需浇水,保持见干见湿。进入结球期,应保持土壤见湿不见干。遇连续高温天气,中午可在叶面喷水降温。夏季降雨集中,大雨或暴雨过后应及时排除田间积水,并尽快浅锄保墒,接近采收时适当控水。

夏大白菜苗期正处于干旱高温期,蚜虫为害较重,如果防治不力,就会造成病毒病流行;进入莲座期后,暴雨和高温交替出现,易发生软腐病。防治蚜虫可用 10% 吡虫啉可湿性粉剂 2 000 倍液,或 2.5% 氯氟氰菊酯乳油 3 000 倍液,或 20% 甲氰菊酯乳油 2 000～3 000 倍液,交替喷雾,每隔 5～7 天 1 次,连喷 2～3 次。如果在药液中加入洗衣粉 10 克,效果则更佳。防治病毒病可用 25%盐酸吗啉胍·铜可湿性粉剂 500 倍液,或 1.5%十二烷基硫酸钠乳剂 1 000 倍液,加入爱多收 10 克,在苗期至莲座期交替喷雾,每隔 5～7 天 1 次,连喷 3～4 次。防治软腐病,可在大白菜莲座中期每 667 米^2 冲施 1:1:250～300 倍波尔多液,包心期交替喷施农用链霉素、乙蒜素等药剂。

2. 青花菜 适于秋季种植的早熟品种主要有巴绿、大绿、里绿等。

秋茬青花菜的适播期为 7 月上旬,每 667 米^2 栽培田播种量为 30 克。秋季青花菜苗期较短,可采用地苗和营养钵育苗,营养钵育苗方法同夏茬大白菜。地苗要选择富含有机质的地块做苗床,每 667 米^2 需备苗畦 25～30 米^2,在苗畦中施入腐熟有机肥 200 千克、三元复合肥 30 千克,深翻、掺匀后,筛出细土 100 千克,加入 50%多菌灵可湿性粉剂 100 克、敌百虫 50 克备用。选择晴天播种,整平畦面,浇足底水,水渗后先撒 0.5 厘米厚苗土,分 3 次将种子均匀撒入育苗畦中,播后覆盖 1 厘米厚细土,在苗畦上加盖农膜遮荫防雨,晴天盖遮阳网遮荫、降温。3～5 天齐苗后,再盖 0.5 厘米厚细土,护根补裂缝。苗床保持湿润。间苗要及时,苗距 4～5 厘米,避免形成高脚苗。幼苗 2～3 片真叶时用尿素 100 克对水 20 升喷雾,再喷 1 次清水防止烧苗。播后 25～30 天、幼苗 4～6 片真叶时定植。

每 667 米^2 栽植田施腐熟有机肥 4 000～5 000 千克,深耕 30 厘米后整平耙细,再按 100 厘米距离条施鸡粪 200 千克、三元复合肥 25～30 千克、硼砂 1.5 千克,掺匀后做成宽 100 厘米的小高垄,并覆地膜。

定植前 1～2 天苗床浇 1 次小水,定植时尽量多带土,减少伤根,按株距 40～50 厘米、行距 50 厘米双行定植。浇足定植水,缓苗后及时中耕培土 2～3 次,增加土壤透气性,促进植株健壮生长。

水肥管理的重点是前期苗,应促使植株迅速生长,现蕾前形成足够肥大的叶(16～18 片)。青花菜追肥以氮肥为主,适配磷、钾肥。追肥分 3 次进行,第一次在定植后 7～10 天、植株恢复生长时施用,每 667 米² 施尿素 2.5 千克、钾肥 2.5 千克。第二次追肥在植株约有 15 片叶、即将封垄时进行,每 667 米² 随水冲施尿素 5 千克、过磷酸钙 10 千克、钾肥 10 千克。第三次追肥在植株开始现蕾时,每 667 米² 追施三元复合肥 15 千克、尿素 5 千克,并用 0.2％硼砂和 0.3％磷酸二氢钾溶液交替喷施,防止花蕾变褐。植株生长期间要保持土壤湿润,每隔 6～7 天浇 1 次水,浇水不要太大,以"跑马水"为宜。主球径达 3～6 厘米时不能干旱,供水要充足。雨季及时排水,同时要避免因田间湿度过大引起植株下部叶片脱落,根及茎部腐烂。

秋茬青花菜的病害主要是霜霉病和黑腐病。可用 72.2％霜霉威盐酸盐水剂 800 倍液等防治霜霉病,用 72％农用硫酸链霉素可溶性粉剂 100～200 毫克/升等防治黑腐病。害虫主要是菜青虫和小菜蛾,可用 5％氟虫腈悬浮剂 1 500 倍液等防治菜青虫,用 2.5％多杀霉素悬浮剂 1 000 倍液等防治小菜蛾,用 1.8％阿维菌素乳油 4 000 倍液可兼治菜青虫和小菜蛾,上市前 7 天禁止用药。

10 月上旬,当主花球直径达 12～16 厘米,蕾粒已充分长大,各小花蕾未松散,整个花球还保持完好、呈鲜绿色时,在清晨或傍晚及时采收上市。

(八)圆葱、西兰花栽培技术

近年来,辽宁省辽中县推广了圆葱与西兰花高产技术,农民获得了较好的经济效益。平均每 667 米² 产圆葱 5 000 千克,产值 3 500 元,纯效益在 1 500 元左右;下茬种植西兰花,每 667 米² 产量 1 000 千克,产值 2 500 元,纯效益 1 500 元左右,2 茬纯收入 3 000 元。

1. 圆葱栽培技术　　选择从日本引进的卡木依为主栽品种。

该品种具有高产、抗病、休眠期长、耐贮运等优点。

选择好育苗地,秧田应选择疏松、肥沃的中性沙壤土,3 年内未种过葱蒜类,上 1 年未施用普施特、豆黄隆、阿特拉津农药的地块。每 667 米² 苗田施腐熟农家肥 5 000 千克,每平方米添加磷酸二铵 2 克、硫酸钾 1 克,均匀施入土壤耕层内。辽中县采用"秋播冬贮,翌年早春定植"的技术,播种期 8 月 15～20 日,每平方米播干籽 6 克,每 667 米² 需种量 200 克,秧田比例 1∶20,播种床宽 1～1.2 米,长不限,床面平整,土壤疏松散碎,并用噁霉灵 800 倍液进行床土处理。然后浇足底水均匀手播。播后覆土并喷 33% 二甲戊乐灵乳油,每 667 米² 用 150 毫升除草。苗床土壤保持不旱不涝,幼苗不徒长不滞长。苗期追肥 2 次。定植前 15 天喷施 0.2%～0.4% 磷酸二氢钾肥液。11 月上旬起苗,壮苗标准是,4 片叶,假茎 0.6 厘米,株高 25 厘米左右,起苗后假植于垄沟内,将土埋至与秧苗心叶平齐,踩实压严,上面覆盖玉米秸秆越冬。

定植时结合旋耕,每 667 米² 地施入磷酸二铵 40 千克、硫酸钾 10 千克。按农膜幅宽确定做床宽度,最好是机械覆膜打孔。植苗时用 600 倍辛硫磷和 600 倍多菌灵药液蘸根,每孔(穴)栽 1 株。圆葱适宜栽植深度 2～3 厘米,过深叶部生长易旺、鳞茎膨大受阻;过浅植株容易倒伏,鳞茎外露后日晒变绿或开裂。定植后及时浇水,使葱根与土壤紧密结合,提高成活率。

缓苗后控水 7 天左右,促进根系发育和蹲苗。蹲苗后进入正常水分管理,7～10 天浇 1 次水,土壤见干见湿,湿度控制在 70% 左右。在鳞茎膨大前,适当控水,实现叶片生长向鳞茎膨大的转化,防止徒长。转换期后进入正常管理。不可干旱缺水,否则影响产量。植株出现倒伏,应停止浇水,防止水分过大,葱头腐烂。在施足基肥的基础上,于缓苗后和鳞茎膨大前 2 次追肥,每次追硫酸铵 15 千克,第二次另增施硫酸钾 8 千克。

当圆葱基部 2～3 片叶开始枯黄,假茎逐渐失水变软,并自然倒伏后,外层鳞片呈革质时,应及时选择晴天采收。收后在田间晾晒,就地放在田面,使后一排葱叶盖上前一排葱头,尽量不使葱头暴晒。晾晒 2～3 天,翻动 1 次,再晒 2～3 天,叶片发软变黄,外层鳞片干缩,于鳞茎基部留下 3～4 厘米剪下,初步分级装袋后待售。

2. 西兰花栽培技术　选择从日本引进的绿领为主栽品种。

选择土质肥沃,排灌自如的地块。每平方米施腐熟过筛的优质农家肥 15 千克、磷酸二铵 20 克,并用 50%甲基硫菌灵 5 克或 50%多菌灵 10 克进行土壤消毒。播种前将种子于 50℃温水中浸泡 20～30 分钟,移入冷水中冷却,晾干后待播。6 月 20 日左右育苗,8 月初定植,苗龄期不超过 40 天。播种量每平方米播干籽 4 克。播后覆盖地膜,保持土壤湿度。苗出齐及时揭膜,防止秧苗遇高温徒长。科学给水,防止水分过多,秧苗徒长和水分缺乏秧苗滞涨。苗期还要注意防治蚜虫和菜青虫。

定植地每 667 米² 施优质腐熟农家肥 5 000 千克、尿素 10 千克、过磷酸钙 50 千克,然后旋耕整地,起垄,垄距 56 厘米。秧苗 5 片叶开始定植,株距 40 厘米左右。

缓苗后 10～15 天追尿素 10～15 千克、磷酸二铵 15 千克。现蕾期追第二次肥,施磷酸二铵 15 千克。花球膨大期喷施 0.05%～0.10% 硼砂溶液或钼酸铵溶液,以提高花球质量,减少黄蕾、焦蕾的发生。每次追肥后及时灌水,莲座期适当控水,以后保持见干见湿。

9 月下旬,植株花球成熟时陆续采收。

二、一年三茬轮作新模式

(一)越冬菠菜、春番茄、秋芹菜栽培技术

王德明等报道,山东省夏津县群众摸索出越冬菠菜、春番茄、秋芹菜一年三种三收的种植新模式,每 667 米² 纯收入达 4 280

元。目前,在全县已发展到 333.5 公顷。

1. 品种选择 菠菜选用耐寒性强、品质优、抗病高产的品种,如四季全能、胜先锋、益农等;春番茄选用毛粉 802、新 L-402 等品种;秋芹菜选用西芹加州王。

2. 茬口安排 越冬菠菜 10 月初播种,4 月初收割菠菜净茬。春番茄于 2 月下旬在阳畦内播种育苗,6 月下旬陆续成熟。番茄拔棵后,歇地 20 天,然后整地施肥,定植秋芹菜幼苗。一般 7 月上旬播种育苗,霜降前后芹菜成熟,陆续采收上市。

3. 栽培管理 菠菜播前进行浸种催芽,播后浇 1 次小水。立冬前后,再浇 1 次"冻水"。菠菜返青期,要肥水齐攻,加速营养生长,浇返青水应选择气温趋于稳定、浇水后连续有几天晴天、且耕土层已解冻、表土已干燥、菠菜心叶暗绿无光泽时进行。浇水量宁小勿大,以免降低地温,浇水时随水冲施尿素 25 千克。

3 月下旬,当番茄幼苗长到 2~3 片真叶时,按 10~15 厘米的距离进行分苗。4 月下旬,选择具有 7~8 片真叶、根系发达的幼苗带土移栽。一般采用高畦栽培,畦宽 50 厘米,高 20 厘米,以东西方向为好,株距 20 厘米,行距 1 米。栽后 5~7 天浇缓苗水,然后适当蹲苗。中耕连续进行 3~4 次,深度一次比一次浅,并适当进行培土,促进茎基部发生不定根,扩大根群。在结果前期应注意控制水分,蹲苗结束后结合追肥浇催秧催果水。番茄第三个花穗以上长出 2 片真叶时打去顶心,每株只留 3 个花穗,每个花穗留 2~3 个果实。打去顶心后,注意及时抹去侧芽。

8 月中旬定植芹菜幼苗,行株距 15 厘米,每穴定植 2~3 株。缓苗期要小水勤浇,保持土壤湿润并降低地温。缓苗后蹲苗,控制浇水促使发根,防止徒长。

(二)露地西芹、豇豆、菠菜栽培技术

山东省兖州市农业局王宜昌报道,露地西芹、豇豆、菠菜一年

三收,是鲁西南菜农多年生产实践的智慧结晶。西芹、豇豆、菠菜每 667 米² 产量分别达 5 000 千克、1 500 千克、1 000 千克,总产值 7 500 元,扣除菜园投资 2 000 元,纯收入 5 500 元左右,经济效益显著。

1. 品种选择　西芹选用株型紧凑、冬性强、耐抽薹的进口品种美国文图拉;豇豆选用丰产、抗病、耐高温的之豇 28-2;菠菜选用冬性强、品质好的昌邑大圆叶。

2. 茬口安排　西芹于 2 月上旬利用改良阳畦育苗,4 月上旬定植。6 月下旬收获后直播豇豆干种,9 月中下旬豇豆拉秧腾茬后,及时整地施肥撒播菠菜。10 月底至 11 月初较强寒流来临前,在平畦上盖农膜保温,11 月中旬菠菜开始采收上市,可一直供应到春节。

3. 栽培管理　西芹种子浸种催芽,每 667 米² 用种量 40～50 克。齐苗后阳畦白天温度保持 20℃～25℃,夜间 13℃～15℃。2～3 片真叶时间苗,苗距 5～6 厘米。4 月上旬幼苗在 6～8 片真叶、高 8～10 厘米、苗龄达 50 天左右时定植。定植密度根据市场需求而定:若以生产 0.5～1 千克的短粗单株产品为目的,株距为 25 厘米,行距 35 厘米;若以生产单株 300～600 克的产品为主,株距为 17 厘米,行距 25 厘米;生产 250～300 克的单株,株距为 13 厘米,行距 17 厘米。西芹生长期间还需及时培土、随时剔除分蘖苗,提高叶柄品质,同时及时防治病虫害。

6 月下旬西芹收获后,在原种植畦上按行距 60 厘米、穴距 25 厘米开浅穴直播豇豆干种,每穴 3～4 粒种子,留苗 2～3 株,每 667 米² 用种量 2.5 千克。出苗后,结合中耕除草,于行间开浅沟,5～6 片真叶时,及时插架并引蔓上架。由于夏季气温高,豆荚老化快,因此应随着豆荚的长成及时采收,不能迟采漏摘。

9 月下旬豇豆拉秧腾茬后,深耕细耙后南北向做 2 米宽平畦,畦埂高 30～35 厘米、宽度适当大些,以 50 厘米为宜,以方便寒流来临时在平畦上搭横杆覆农膜保温。菠菜每 667 米² 用种量 4～5 千克。1～2 片真叶期,适当浇小水;2～3 片真叶期间苗 1 次,苗距 3～5 厘米;11 月中旬开始分批收获,可一直供应到春节。

(三)早春莴苣、夏豇豆、秋西葫芦栽培技术

陕西省眉县采用早春莴苣、夏豇豆和西葫芦一年三种三收技术。

莴苣宜选用丰抗三号、雪里松、挂丝红等;夏豇豆选择西农 304、长江一号、扬豇 40 等;西葫芦选用银旋风、早青一代、长城绿玉等优良品种。

莴苣在 9 月中旬育苗,11 月上中旬移栽,地膜覆盖,翌年 4 月上旬收获。豇豆 4 月上旬育苗,5 月上旬栽植或 4 月中下旬直播,7 月中下旬收获上市。西葫芦 9 月上旬育苗,10 月上旬移栽,10 月下旬至 11 月上中旬采收。

1. 播种育苗　莴苣采用保温遮光育苗,定植每 667 米² 需苗床地 20～25 米²,用种 25～30 克。苗床地要求土壤肥沃,育苗前 3 天施入优质腐熟有机肥 150～200 千克、磷酸二铵 0.5 千克、尿素 0.1 千克,耕翻后与苗床土混拌均匀,整平地面,播深 0.3～0.5 厘米,必须合墒播种。豇豆在小拱棚中采用营养钵育苗,每栽 667 米² 需苗床面积 30～35 米²,用种 1.5 千克,育苗营养土应为土肥各半,混合均匀。营养钵规格为 10 厘米×10 厘米,装土后浇足底水再播种。西葫芦适当遮荫育苗,每 667 米² 用种量为 0.25～0.3 千克。出苗后必须采用增光控水技术,促进雌花分化。

2. 定植方法　莴苣定植时采用小高垄地膜覆盖技术。垄宽 35～40 厘米,垄高 15～20 厘米,垄间距 25～30 厘米,株距 20～25 厘米。栽植当天覆盖地膜并灌水,每条垄上栽 1 行莴苣。豇豆采用小高垄移栽技术,垄宽 55～60 厘米,垄高 15～20 厘米,垄间距 30～40 厘米。每条垄上栽植 2 行豇豆,窝距 20～25 厘米,栽后当

天灌水。西葫芦采用高垄移栽技术,垄高 20～25 厘米,垄宽 45～50 厘米,垄间距 75～80 厘米。每条垄上栽 1 行西葫芦,株距 35～45 厘米(也可采用垄宽 70～80 厘米,栽 2 行西葫芦,株距 45～50 厘米),栽后灌水。

3. 配方施肥 莴苣栽前 10～15 天深翻整地,结合深耕施碳酸氢铵 60～70 千克、磷肥 25～30 千克。地下害虫发生严重的田块,使用辛硫磷消灭地下害虫。冬灌时施入人粪尿 150～200 千克。春季莴苣开始生长时,施尿素 20～25 千克。豇豆在 8～10 叶时施尿素 15～20 千克,初花期随水施入粪尿 250～300 千克,盛花期结合防虫喷施 2%尿素和 0.3%磷酸二氢钾溶液 2～3 次。西葫芦栽前结合整地施磷酸二铵或硫酸钾复合肥 20～25 千克。盛花期结合灌水施尿素 20～25 千克或碳酸氢铵 30～40 千克。盛果期根据田间生长情况适当补肥或结合防病虫适时叶面喷肥。

(四)板栗南瓜、樱桃番茄、冬甘蓝栽培技术

2002－2003 年山东省泰安市岱岳区朱家埠村示范板栗南瓜、樱桃番茄、冬甘蓝高效栽培模式,板栗南瓜每 667 米² 产值 3 500～4 000 元,樱桃番茄产值 3 500～4 000 元,越冬甘蓝产值 2 000 元,总产值万元左右。

1. 品种选择 板栗南瓜要求早熟、优质、高产、抗病,红皮南瓜品种可选东升(台湾农友公司生产)、贡栗(济南鲁青公司生产)。青黑皮南瓜品种可选一品、康乐(台湾农友公司生产)。樱桃番茄选择耐湿、耐热、产量高、品质优的品种如,仙女、翠红、龙女、千禧。仙女品种在 7～8 片叶处着生第一花穗,较早熟,3～4 穗封顶,结果相对集中,性耐热,尤适此茬栽培。冬甘蓝选用傲雪、傲友等耐低温性、产量高的品种。

2. 茬口安排

(1)板栗南瓜 2 月上旬育苗,3 月下旬定植,5 月下旬收获,

每667米²定植550棵,行距2.2～2.5米,株距55～60厘米,小拱棚双膜覆盖栽培,要求土层深厚、排水良好的沙质土,土壤pH值以5.5～6.8之间为宜。

(2)樱桃番茄　4月中旬育苗,6月初南瓜收获后定植,每667米²定植2 000株,行距80厘米,株距35厘米,露地搭架栽培。

(3)越冬甘蓝　9月中下旬播种育苗,10月中下旬定植,每667米²栽2 500株,翌年早春收获。

3. 栽培管理　培育壮苗是板栗南瓜早熟丰产的关键,选用专用育苗介质和穴盘进行无土育苗,将种子放在55℃～60℃热水中搅拌烫种10分钟,再用20%磷酸三钠200倍液浸20分钟,冲净后用30℃水浸4～6小时,搓去种子表面黏液,至30℃催芽,露白时播种。播种后白天保持30℃～32℃,夜间20℃～25℃,至近出苗时降低夜温至20℃以下,齐苗后开始通风,保持湿润,喷施1～2次叶绿精和施必泰。4叶1心定植。板栗南瓜的母蔓不摘心,任其生长,除选留1个子蔓外,其他子蔓及孙蔓都自叶腋及早摘去。母蔓第八节以下的雌花不要留果,其余均可留果,每株留果数以2～3果为宜。

樱桃番茄4叶1心定植。山东省内露地6～7月份常发生干热风,病毒病易发生,可以午后用井水灌溉。整枝采用吊蔓方式,第一花穗以下所有侧枝去除,以后可放任生长,基本不整枝打杈。同时做好保花保果工作。

越冬甘蓝不耐酸性土壤,酸性土壤要施石灰改良至pH值6～7。傲雪越冬甘蓝是个独特品种,具有极强的抗低温能力,且栽培技术简单,投资小,早春收获后,上下茬口易安排。

(五)球茎茴香、生菜、羽衣甘蓝栽培技术

山东省荣成市蔬菜办公室于2000年引进部分国内外名、优、特、稀蔬菜品种,初步探索、总结出球茎茴香、生菜、羽衣甘蓝一年

三作三收的生产栽培模式。

1. 种植模式及茬口 球茎茴香8月下旬育苗,10月上旬定植,翌年2月上旬采收。叶用莴苣,1月上旬育苗,2月中旬定植,4月中旬收获。羽衣甘蓝3月下旬育苗,4月下旬定植,9月下旬采收结束。

2. 栽培技术

(1)球茎茴香 选用荷兰11号,8月下旬播种育苗。选用128孔苗盘育苗,每667米²需苗盘48个。基质用草炭2份,蛭石1份,每立方米基质可加三元复合肥1千克,或尿素、磷酸二氢钾各0.4千克,精量播种。在幼苗5～6片真叶、高20厘米左右时定植。定植前施腐熟有机肥4 000千克、三元复合肥40～50千克,精细整地。畦宽120厘米,每畦种3行,行距30厘米,株距25～30厘米。定植后及时浇足定根水。新叶长出后进行中耕除草,蹲苗7～8天。待苗高30厘米时,追肥1次,每667米²随水施硫酸铵15千克。球茎开始膨大时追施第二次,用肥量可加大30%。球茎迅速长大期,再追施1次,用肥量同第一次。浇水时注意浇均匀,不要忽干忽湿,以防球茎炸裂。温度应控制在白天15℃～20℃,夜间不低于10℃。从定植至采收需90天左右,此时球茎长至250克以上,上市时要求无黄叶,根盘要切净,球茎上留5厘米左右叶柄,其余全部切去,可采用保鲜膜精品包装上市。

(2)生菜 选用美国皇帝、日本凯撒、大总统等早熟品种,1月上旬播种育苗,用128孔苗盘育苗,每667米²用种15克,基质的配制为草炭2份,加蛭石1份,每立方米基质再加三元复合肥1.2千克,或0.5千克尿素和0.7千克磷酸二氢钾,播种时深度不超过1厘米,播种后上面盖薄薄一层蛭石,浇水后种子不露出即可。温度应控制在15℃～20℃,不宜低于5℃,苗龄35天左右,有4～6片真叶时即可定植。定植前每667米²施腐熟有机肥3 000～4 000千克、三元复合肥20～30千克,畦宽1.4米,定植4行,每

667 米^2 栽 6 000 株左右。定植时不宜深栽,深度掌握在苗坨的土面与地面平或略低一些,定植后随即浇水,防止秧苗萎蔫。浇定植水后,中耕保湿缓苗。浇缓苗水后一般 5～7 天浇 1 次水,防止裂球和烂心。结球初期,随水追 1 次氮素化肥,15～20 天后追第二次肥,以复合肥较好,每 667 米^2 用 15～20 千克。心叶开始向内卷曲时,再追施一次三元复合肥,每 667 米^2 用 20 千克左右。一般定植后 50 天左右叶球形成,用手掌轻压球面有实感即可采收。

(3)羽衣甘蓝　选用美国沃特斯、荷兰温特博、京引 104020 等品种。穴盘育苗,每 667 米^2 用种量 15 克,幼苗 4～6 片叶时定植,株距 33～45 厘米,行距 45～50 厘米。浇定植水、缓苗水,中耕划锄蹲苗。缓苗后追施 1 次淡薄的氮肥,每 667 米^2 用腐熟的稀粪水或尿素 5 千克,每次采收后适当追施薄肥。注意及时防治病虫害。一般定植后约 30 天,大叶 8～12 片时,开始采摘中部已长成而叶缘皱褶仍开的嫩叶,大小略小于手掌宽。每次每株可采收 3～5 片,每隔 4～5 天,上部叶片张大时又可采收。采收宜选在晴天上午露水干后进行,避免雨天,以免采摘后伤口感染病害。

(六)秋菠菜、洋葱、花菜栽培技术

山东省苍山县实行秋菠菜、洋葱、花菜栽培模式,每 667 米^2 产出口鲜菠菜 2 000 千克,出口黄皮洋葱 5 000 千克,淡季花菜 3 500 千克,产值达到 7 700 元,年纯收入 6 000 元。

秋季在玉米等作物腾茬后,立即耕翻整地,9 月上中旬畦播秋菠菜,同期选地培育黄皮洋葱苗。10 月中下旬收获秋菠菜,之后净地耕翻整地做畦,11 月 5 日定植洋葱,洋葱在翌年 6 月上旬收获完后立即深耕整地精细晒垡,6 月 15 日左右使用防雨棚繁育花菜苗,7 月上旬起高垄定植,10 月 1 日前收获。花菜宜选用抗逆性强、耐热、抗病、抗虫、夏季栽培不易散球、品质好、产量高的品种,如夏雪 50、泰国耐热系列菜花品种等。

(七)秋菠菜、洋葱、夏白菜栽培技术

山东省临沭县在种植业结构调整中,秋菠菜、洋葱、夏白菜种植模式平均每 667 米² 产秋菠菜 3 500 千克、洋葱 4 000 千克、夏白菜 4 000 千克,3 茬收入达 9 000 元以上,效益可观。

1. 茬口安排　秋菠菜 8 月中旬播种,10 月上旬收获。洋葱 9 月中旬育苗,10 月下旬定植,翌年 6 月上旬收获。然后播种夏白菜,8 月初收获。

2. 品种选择　秋菠菜一般选用大圆叶品种日本大叶,洋葱选用优质黄皮品种,夏白菜选用耐热早熟品种夏优三号。

3. 栽培技术要点

(1)菠菜　播种前精细整地,结合整地每 667 米² 施腐熟有机肥 3 500 千克、尿素 20 千克,深耕 25 厘米,整平耙细。

种子用冷水浸泡 1 昼夜后捞出,催芽 2～3 天后播种,每 667 米² 用种 1.5～2 千克。播后用铁耙耢 1 遍,然后浇 1 遍透地水。

播种后气温较高,须勤浇浅浇,保持土地湿润。4～5 片真叶时结合浇水,施 1 次速效氮肥,每 667 米² 施尿素 10 千克,每隔 7 天左右施肥 1 次,连施 3～4 次。

(2)洋葱　苗床每 667 米² 施腐熟有机肥 3 000 千克、三元复合肥 30～40 千克,整平耙细,做成 1.5 米宽的平畦,浇足底水,水渗下后播种,覆细沙土厚 1.5 厘米左右。每 667 米² 苗床用种 3 千克,可栽植 6 670 平方米左右。

移植前精细整地,结合整地每 667 米² 施腐熟有机肥 5 000 千克、三元复合肥 70～80 千克,做成 1.5 米宽的平畦,覆膜打眼移植,行距 15 厘米,株距 13 厘米。

小雪前后浇 1 遍越冬水,返青时及时浇返青水,清明前后结合浇水每 667 米² 追施尿素 15 千克。鳞茎膨大期,保持土壤湿润,结合浇水再施三元复合肥 30 千克。叶片开始变黄倒伏时收获,收

获前 15 天停止浇水施肥。

(3)夏白菜　每 667 米² 施腐熟有机肥 4 000 千克、三元复合肥 45 千克、尿素 25 千克。采用高垄栽培,一般垄高 10～15 厘米,垄宽 20～30 厘米,垄距 50～60 厘米,每 667 米² 用种量 150 克左右。

为确保苗全、苗壮应分次间苗,4～5 片真叶时定苗。封垄前经常中耕除草。莲座期每 667 米² 施尿素 20 千克,结球期施复合肥 15 千克。

(八)地膜大蒜、夏黄瓜、秋萝卜栽培技术

河南省濮阳市采用地膜大蒜、夏黄瓜、秋萝卜栽培效益较好。大蒜 9 月中下旬播种,翌年 5 月中下旬收获;夏黄瓜 5 月下旬播种,8 月中旬拉秧;秋萝卜 8 月中旬播种,11 月中下旬收获。一般每 667 米² 可产大蒜 750～1 000 千克、黄瓜 4 000 千克、萝卜 5 000 千克。

1. **地膜大蒜**　一般选用苍山大蒜。挑选蒜头大、瓣大、无虫蛀、无破损、无病斑的饱满蒜作种。用 50% 多菌灵可湿性粉剂 500 倍液浸种 10～12 小时,晾干后播种。前茬作物收获后,耕翻土壤,每 667 米² 施优质腐熟有机肥 4 000 千克、磷肥 50 千克、硫酸钾 50 千克,结合施肥再施入 2.5% 辛硫磷粉剂 2～3 千克,防治地蛆等地下害虫。一般行距 20 厘米,株距 10～15 厘米,播深 3～4 厘米。播后,整平整细畦面,覆盖地膜。大蒜出苗 50% 以上时,及时破膜引苗,防止强光灼苗。出齐苗后浇 1 次水,适时浇好封冻水,适量追肥。春节后及时浇返青水,每 667 米² 结合浇水冲施尿素 20 千克。蒜薹收获后,蒜头进入膨大期,应及时浇水,保持地面湿润,收获前一般浇水 2～3 次。

2. **夏黄瓜**　应以耐热、抗病、优质的品种为主,如津春 4 号、津春 5 号、津优 40 等。

大蒜收获后,将黄瓜种子点播于畦上,行距 70 厘米,穴距 25 厘米,每穴播种 3～4 粒。

黄瓜苗有 3～4 片真叶时,及时定苗。定苗后浅中耕 1 次,结合浇水每 667 米² 施入硫酸铵 15 千克,促苗早发。此后,及时搭支架、引蔓。搭架可采用"人"字形架。引蔓宜在晴天下午进行,使枝蔓分布均匀,每隔 3～4 天引蔓 1 次。生长期及时追肥,保证水肥充足。

3. 秋萝卜 一般选用郑研 791、郑研大青等优良萝卜品种。8 月中旬播种,一般采用直播,每穴播种 3～4 粒,株距 25 厘米,播深 1.5 厘米。幼苗 4～5 片真叶时定苗,每穴留苗 1 株。

生长前期,正处高温多雨季节,应及时中耕锄草,掌握"先浅后深再浅"的原则,定苗后第一次中耕要浅,划破地皮即可,以后适当加深,尽量避免伤根,防止烂根。肉质根开始膨大时,结合灌水追肥,每 667 米² 追施三元复合肥 15～20 千克。肉质根生长盛期,再追施尿素 10 千克,促进肉质根生长。收获前 5～6 天停止灌水。

(九)早春豌豆、夏白菜、秋菜豆栽培技术

郑多梅报道,早春豌豆、夏白菜、秋菜豆一年三种三收高效栽培,适宜于离城镇较近的陕西关中灌区推广应用。最好选择土质肥沃、地势平坦、排灌方便、土层较为深厚的沙壤土或壤土地,效益较高。10 月底至 11 月初种植豌豆,实行地膜覆盖栽培,翌年 4 月下旬至 5 月中旬上市;白菜 4 月下旬育苗,5 月下旬移栽,7 月中旬上市;菜豆 7 月中下旬播种,10 月中下旬上市。

1. 早春豌豆 采用法国大荚豌豆或汉中大荚豌豆。前茬收获后及时清地,施足优质腐熟有机肥,深耕 30 厘米以上。结合深耕,每 667 米² 再施碳酸氢铵 60～70 千克、高效磷肥 30～35 千克、钾肥 10～15 千克,并施入辛硫磷消灭地下害虫。前茬如果是蔬菜类作物,还应撒施 80% 多菌灵粉 1～1.5 千克,杀灭土传性病菌。

采用小高垄栽培，垄宽50～55厘米，垄高10～15厘米，垄间距55～60厘米。10月下旬在垄上种植两行豌豆，行距40～45厘米，窝距15～18厘米，每窝点2～3粒种子。播后立即用70厘米宽地膜覆盖。如播种时土壤含水量低于18%，应在垄间灌水1次，力争一播全苗。播后约10天出苗，应及时破膜放苗。翌年2月底至3月初豌豆开始生长时，窝施尿素20～25千克或硫酸钾复合肥30～35千克。初花期喷施2～3次2.5%高效氯氟氰菊酯乳油3 000倍液与0.2%磷酸二氢钾溶液的混合液，间隔5～7天，连喷3次。4月中旬开始采收嫩荚销售，5月上中旬采收老熟果荚。

2. 夏白菜　可选用夏阳50或夏阳55等早熟品种，也可选用种都二号。4月中下旬选地育苗，苗床地土壤必须肥沃，一般每667米^{2}需育苗地25～30米^2，用种50～60克。苗出土后及时防治蚜虫和菜青虫，可喷施2.5%高效氯氟氰菊酯乳油1 500～2 000倍液。前作收获后，及时浅耕平整地面，拾净残膜，施碳酸氢铵50～60千克。白菜幼苗长到4叶1心时移栽。定植行距60～65厘米，株距20～25厘米，栽后及时灌水。当叶龄达到10片左右时，结合培土随水追施人粪尿250～300千克或尿素25～30千克，注意遇旱应灌水。每隔5～7天用1.8%阿维菌素乳油4 000倍液或90%敌百虫晶体1 000～1 500倍液防治菜青虫和蚜虫。当白菜单棵达2.5～3千克陆续收获上市。

3. 秋菜豆　选用早熟菜豆王或特优架豆王、泰国架豆王等优良品种。前作收获后，立即深耕20～25厘米，整平地面，及早起垄，垄宽50～60厘米，垄高20～25厘米，垄间距70～75厘米。7月20～25日播种，每667米^{2}用种4～5千克。每垄双行，小行距35～40厘米，大行距70～75厘米，窝距35～40厘米，底水下渗后每窝播种2～3粒，播后覆土。出苗时，如遇较大雷阵雨，应助苗出土。当苗长至8～10片叶时，应及时上架，防止倒伏，随后随水施尿素10～15千克。从初花期至盛花期，每隔5～7天喷1次高效氯氰菊酯杀虫剂,防治豆荚螟、小菜蛾等害虫,同时还可加入萘乙酸1500～2000倍液,防止落花落果。盛花期再施入人粪尿150～200千克。菜豆本身需肥量不很大,但如果施肥不足也会导致产量下降。生长期遇旱要及时灌水,保持土壤含水量在18%～20%,防止因干旱而降低菜豆产量和品质。

(十)西瓜、大白菜、青花菜栽培技术

山东省鲁南地区地处沂山附近,全年无霜期约200天,≥10℃有效积温4100℃～4600℃,适合蔬菜生产。近年来,青岛市农业科学研究院蔬菜研究所总结出一套蔬菜周年生产模式,春大棚种植西瓜,五一上市,每667米² 产量2000千克,收益3500元;腾茬后种植早熟耐热大白菜,生育期40～45天,每667米² 产量2500千克,收益2000元左右;大白菜收获后定植青花菜,每667米² 产量1600千克,收益1500元左右。经过6年的种植推广,该模式种植面积已达500公顷。

1. 春茬西瓜栽培技术 选用京欣类型的西瓜品种,嫁接砧木选用青研砧木1号或葫芦。12月中下旬至翌年1月上旬播种。种子用55℃热水浸泡8～10小时后用湿布包好,置于火炕上催芽。砧木也需浸种催芽,但应比西瓜晚播3～5天,采用靠接法嫁接。一般在日光温室中育苗,也可在背风向阳处搭建小拱棚育苗,内加塑料膜,外加草苫。播前按体积田园土∶细沙土∶厩肥=6∶1∶3的比例配制营养土。用直径8厘米的营养钵或塑料袋育苗,有条件的可铺设电热线,浇透底水,水渗下后播种,覆土2厘米左右厚。出苗后应注意保温降湿,浇水应随揭随浇随盖,最好用喷壶浇30℃的温水。即使在阴天,白天也要揭开草苫增加光照,严防猝倒病的发生。

搭建竹木结构的东西向大棚,棚宽9米左右、高2～2.2米,长度因地而异,定植前15天左右扣膜。每667米² 施堆肥4000千

克,一部分撒施,一部分深施于定植沟中。畦宽1米,每畦2行,小行距约30厘米,株距27～30厘米。选择冷尾暖头的晴天定植。定植后立即扣小拱棚,夜间大棚上加盖草苫。开花坐果前应严格控制温度,随天气转暖逐渐通风,保持温度不超过30℃。双蔓整枝,每株留1个瓜,每蔓第二至第三朵雌花开放时,于当日7～10时人工授粉。若基肥充足,可于幼瓜鸡蛋大小时每667米² 随水冲施尿素10～15千克、硫酸钾5千克。生长前期温度低,土壤底水充足的情况下不浇水,幼果进入膨大期后应3～5天浇1次水。

病害主要是白粉病和炭疽病,可用30%氟菌唑可湿性粉剂5 000倍液,或65%代森锌可湿性粉剂500倍液喷雾防治。害虫主要是瓜蚜,可用10%吡虫啉可湿性粉剂2 000倍液防治。

为确保果实成熟,一般在授粉后35～40天采收,收获后撤去棚膜,可不撤去立柱。

2. 夏茬早熟大白菜栽培技术　选用耐热、早熟、抗病性强的优良品种,如夏阳、耐热5号等。

清除西瓜残茬,每667米² 施腐熟有机肥2 000千克,深耕细耙,整地起垄,垄高15～25厘米、宽50厘米,也可做成小平畦,6月中下旬穴播,株距35厘米,行距40厘米。播后覆大土堆,土堆底部直径以不超过垄宽为宜,以防大雨冲出种子或强光晒干种子,2天后拉平土堆,3天后出齐苗。

及时中耕除草,幼苗5片真叶前间2次苗。由于早熟大白菜生长期短,结球初期每667米² 随水冲施尿素15千克。此时天气炎热,应加强水分管理,结球后期保持地面湿润。

夏季高温多雨,易发生病毒病和软腐病。病毒病发病初期可喷施20%盐酸吗啉胍・铜可湿性粉剂1 000倍液进行防治;软腐病株要及时拔除,并喷施72%农用链霉素可溶性粉剂4 000倍液进行防治。害虫主要是蚜虫和黄曲条跳甲,黄曲条跳甲的幼虫为害更重,一中午可将全部幼苗吃光,可在播种时穴施40%辛硫磷乳油 500 倍液,或于幼苗期用 40%辛硫磷乳油 1 500 倍液灌根。

3. 秋茬青花菜栽培技术　选择万绿、新万或绿秀等品种。为使青花菜在霜降前上市,应在大白菜未收获前育苗。8 月上中旬采用营养钵育苗,播前浇透底水,每钵播 1 粒已催芽的种子,播后覆细土 0.8～1 厘米厚。覆盖遮阳网,2～3 天齐苗后撤去遮阳网。苗期不追肥,保持水分供应充足,但不宜在傍晚浇水,以防徒长。有条件的可覆盖防虫网。

清除大白菜残茬后每 667 米² 施腐熟有机肥 3 000 千克,耕翻耙平,起高垄。一般于下午带土坨定植,株距 40～45 厘米,为增加成活率,翌日早上再浇 1 次缓苗水后覆土。15～20 天缓苗后,每 667 米² 施三元复合肥 15 千克,现蕾后再追施三元复合肥 15 千克。每次追肥后要及时浇水。一般每隔 7 天左右浇 1 次水。雨后要及时排涝。生长期间田间易滋生杂草,封垄前要进行 2～3 次中耕除草培土。

青花菜抗逆性强,灾害性病虫害发生较少。黑腐病可用 72%农用链霉素可溶性粉剂 4 000 倍液防治;霜霉病可用 40%多菌灵可湿性粉剂 750 倍液,或 25%甲霜灵可湿性粉剂 600 倍液喷雾防治;小菜蛾和菜青虫可用 2%阿维菌素乳油 2 500 倍液防治。

当花球充分长大,小花蕾尚未松开,整个花球尚坚实时采收。一般在花球出现后 10～15 天,即 10 月下旬,选择冷凉的早晨采收。

(十一)秋菠菜、洋葱、花椰菜栽培技术

山东省苍山县杜兴金报道,秋菠菜、洋葱、花椰菜(大白菜)一年三种三收栽培,比较充分地利用了光热土资源,每 667 米² 土地一年可产出口鲜菠菜 2 000 千克、出口黄皮洋葱 5 000 千克、淡季花椰菜 3 500 千克。1 千克菠菜按 0.6 元、黄皮洋葱按 0.6 元、花椰菜按 1 元计算,总收入 7 700 元,扣除种子、化肥、农药等成本

1 700 元,每 667 米² 年纯收入 6 000 元,比常规种植小麦、玉米增加收入 5 000 元,经济效益十分可观。

1. 茬口安排　秋季在玉米等作物腾茬后,立即耕翻整地。于 9 月上中旬畦播秋菠菜,同期选地培育黄皮洋葱苗。10 月中下旬收获秋菠菜,净地耕翻,整地做畦,11 月 5 日定植洋葱,洋葱在翌年 6 月上旬收获完。收后深耕整地,精细晒垡,6 月 15 日左右使用防雨棚繁育花椰菜苗,7 月上旬起高垄定植,10 月 1 日前收获。洋葱的下茬也可为伏白菜或伏萝卜。伏白菜可赶在 5 月上中旬育苗,洋葱收获后定植。

2. 品种选择　秋菠菜选用适应性广、生长迅速、叶片肥厚、色泽浓绿、味美、品质佳、高产、适合速冻及脱水加工的品种,如日本大叶菜、绿海、东湖等。洋葱选用冬性强、耐寒、抗病、鳞茎圆正、色泽好、品质优、不易抽薹、产量高、耐贮藏、耐运输、符合出口标准的黄皮优良品种,如富士永生、红叶 3 号等。花椰菜宜选用抗逆性强、耐热、抗病、抗虫、夏季栽培不易散球、品质好、产量高的品种,如夏雪 50、泰国耐热系列花椰菜等。

3. 栽培要点

(1)秋菠菜　选择土质疏松肥沃、保水保肥、排灌良好的地块种植。9 月上旬在玉米等前茬作物收获后,立即抢墒深耕,整地灭茬,拣净所有作物残根残株,一次性施足基肥,每 667 米² 施充分腐熟的优质圈肥 4 000 千克,磷、钾肥 30 千克、碳酸氢铵 50 千克。将地整平耙细后做高畦备播,畦面一般宽 20 厘米,沟宽 30 厘米,深 25 厘米左右。

播种时气温较高,为使出苗整齐,播前要浸种催芽。先将种子在冷水中浸泡 12～24 小时,控水后用湿粗布包好放在 15℃～20℃的条件下催芽。一般经过 3～4 天即可播种。墒情不足的地块要先造墒。选晴天的傍晚气温较低时顺畦开沟点播,行距 18～20 厘米,株距 3～5 厘米,播后覆土厚 3～5 厘米镇压保持墒情。

每 667 米² 用种 0.7～0.8 千克。

一般 7～10 天齐苗。齐苗后叶面喷施叶用型"天达-2116"植物细胞膜稳态剂壮苗防病,每隔 10～15 天 1 次,连喷 2 次。秋菠菜生育期短,生长快,需肥水量大,在整个生育期小水勤浇,保持田间土壤湿润。从 4～5 片真叶时起每隔 10～15 天追施 1 次速效肥,施肥后浇水,每次每 667 米² 追施尿素 10～15 千克。封垄后可结合浇水冲施 1～2 次速效肥,在株高达 35～40 厘米时采收,采收前 10～15 天停止追肥。采收时剔除黄叶、病叶、老叶及杂草,扎成小捆送住加工收购企业或者上市出售。

(2)洋葱　9 月上旬选择土质疏松肥沃,保水保肥,3 年未种过葱韭类蔬菜的生茬地育苗。苗床要施足基肥,每 667 米² 施充分腐熟的有机肥 5 000 千克、三元复合肥 30 千克、磷酸二铵 75 千克、3% 的辛硫磷颗粒剂 0.5 千克。将所有肥料与药剂充分混拌后撒施地表,浅翻后整平耙细做畦。畦宽约 1～1.2 米,长约 15～20 米。播种时先将苗畦浇透水,干籽条播,播后覆细土 1.0～1.5 厘米厚,再用稻草等覆盖畦面保墒,防止雨水冲刷。每 667 米² 苗床大约需种子 3 千克。出苗前保持苗床湿润,出土后及时揭去盖草,适当控制肥水。播后 7～8 天齐苗,齐苗后每隔 10 天喷施 1 次"全能高收"壮苗防病,并喷苜蓿银纹夜蛾核型多角体病毒悬浮剂 500 倍液,或 20% 溴虫腈悬浮剂 100 倍液防治甜菜夜蛾等害虫。苗期要及时中耕除草,在苗高 5～6 厘米时,结合中耕进行 1 次间苗,苗龄 50 天即可定植。

11 月初秋菠菜收获腾茬后,耕翻整地,每 667 米² 施有机肥 5 000 千克、复合肥 50 千克,将地整平耙细后做平畦,畦宽一般 1.2 米左右。为了防治地下害虫,做畦时每 667 米² 可撒施地虫净 1 千克。将畦面四角搂平后,每 667 米² 喷除草剂二甲戊乐灵 100～150 毫升。然后畦面覆盖黑色地膜,用竹竿或木棍打孔定植,孔深 3 厘米左右,行距 15 厘米,株距 13 厘米,每畦定植 8 行。定植后浇灌定植水,以不倒秧为度,并将苗孔用细土封严保墒。为方便管理,要按大小苗分级分类定植,大苗稀植,小苗密植;高肥水地块稀植,瘦田密植。

"小雪"前后土壤开始结冰时,浇 1 次封冻水。"雨水"以后幼苗开始返青,视墒情浇灌 1 次返青水,结合浇水追施 1 次返青肥,每 667 米^2 追施尿素 20 千克。"清明"前后植株生长进入旺盛时期,需水肥增多,要追施 1 次速效肥,每 667 米^2 追施硫酸铵 15～20 千克。4 月底、5 月初是病虫害的多发期,每隔 5～7 天喷 1 次 10％吡虫啉可湿性粉剂 2 500 倍液和 70％代森锰锌可湿性粉剂 400～500 倍液,防治蓟马、霜霉病等病虫害。"立夏"前后洋葱鳞茎生长进入膨大盛期,对肥水敏感,是产量形成的重要时期,此时要保持田间土壤湿润,结合浇水追施 1 次复合肥,每 667 米^2 施三元复合肥 30 千克促进鳞茎充分膨大。6 月上旬在假茎开始变黄软倒伏时即可收获。采收前 10～15 天停止浇水、施肥、打药,按照出口标准收获分级,及时出售。

(3)花椰菜 6 月中旬使用防雨棚育苗。花椰菜属于耐寒性蔬菜,夏季播种不易萌发,所以播种前要先进行浸种催芽:将种子放入 30℃温水中浸泡 2 小时,捞出后用清水洗净,晾 3～4 小时,然后用湿粗布包裹置于 20℃～22℃条件下催芽,1～2 天后即可播种。为避免移栽时伤根,使其尽快缓苗,宜使用营养钵育苗。每钵播 1～2 粒种子,播后覆土 0.5～1 厘米厚,畦面盖遮阳网或稻草遮荫保墒。齐苗后撤除覆盖物,保持苗床见干见湿,一促到底,不蹲苗。

洋葱收获后,进行耕翻整地晒垡,结合整地每 667 米^2 施充分腐熟有机肥 4 000～5 000 千克、磷酸二铵 30 千克。定植前整地起垄,垄距 50 厘米,垄高 20 厘米,垄沟宽 25～30 厘米,定植株距 35～40 厘米。一般选傍晚定植,定植后立即浇水,以利于缓苗。

缓苗后及时中耕,追施缓苗肥,肥水齐攻,不蹲苗。一般在缓苗后7～8天追1次发棵肥,每667米^{2}追施尿素10千克。进入结球前期每667米^{2}追施三元复合肥25～30千克,每隔2～3天浇1次水,保持田间湿润。雨后田间有积水时及时排涝,有杂草时及时中耕疏松土壤,保持良好的通透性,封垄后不再中耕。花球如鸡蛋大小时折叶盖球,当绒状花枝构成的小花球之间出现缝隙时即可采收。

夏秋季节气温高,虫害比较猖獗。害虫主要有蚜虫、菜青虫、小菜蛾等,可在人工捕杀、黑光灯诱杀的基础上,选用高效低毒农药加以防治。蚜虫可以交替喷用20％苦参碱乳油1 500倍液、10％吡虫啉可湿性粉剂2 500倍液防治。菜青虫在低龄幼虫高峰期交替喷用苏云金杆菌乳剂1 000倍液,或1.8％阿维菌素乳油、25％灭幼脲悬浮剂800～1 000倍液,或5％氟虫腈悬浮剂1 000倍液等防治。小菜蛾可用20％除虫脲悬浮剂800～1 000倍液,或5％氟啶脲乳油1 500倍液,或5％氟虫腈悬浮剂2 000倍液等喷雾防治。病害主要有黑腐病、霜霉病等。黑腐病发病初期可用72％农用链霉素可溶性粉剂或100万单位的硫酸链霉素·土霉素可湿性粉剂4 000～5 000倍液防治,或者用菜丰宁B1粉剂对水灌根(每667米^{2}用200～300克对水50升)。霜霉病可喷施1％武夷菌素水剂150～200倍液,或58％甲霜灵·锰锌可湿性粉剂500倍液防治。

(十二)春甘蓝、大葱、秋大白菜栽培技术

河北省滦南县方各庄镇高各庄村采用地膜春甘蓝、大葱、秋季大白菜一年三种三收的种植模式,近年来取得了良好的经济效益,全村每年种植规模达53.3公顷,并辐射周围村镇,2007年种植面积达133.3公顷。这种栽培模式生产技术简单,低成本高效益,平均每667米^{2}产值8 500～9 500元,除去生产成本1 500～2 000元,平均每667米^{2}利润6 500～8 000元。

1. 茬口安排 春甘蓝一般在前 1 年的 12 月下旬阳畦内播种育苗，3 月中下旬覆地膜定植，5 月 20 日后开始收获；大葱于前 1 年的 8 月 25～28 日播种，苗期露地越冬，甘蓝收获后的 5～6 月都可栽植，一般 8 月初即开始收获；大白菜采用育苗移栽的种植方式，8 月上旬播种，8 月下旬定植，11 月上旬收获。

2. 地膜春甘蓝栽培技术要点 选用早熟品种如 8398、中甘 11 号等，利用阳畦育苗，播种至齐苗适宜温度为白天 20℃～25℃，夜间 14℃～16℃；以后白天温度不得低于 12℃，夜间不得低于 6℃，以防先期抽薹。分苗前间苗 1～2 次，苗距 2～3 厘米，去除病苗、弱苗及杂苗，间苗后覆土 1 次。当幼苗 2 叶 1 心时分苗，行株距 10 厘米见方。缓苗后中耕 2～3 次，床土不干不浇水，浇水宜浇小水或喷水，定植前 7 天浇透水，1～2 天后起苗囤苗，并进行低温锻炼。

在土壤化冻时施足基肥，深翻耙地每 667 米^2 施优质腐熟的有机肥 5 000 千克、磷酸二铵或三元复合肥 25 千克。然后起垄，垄宽 60 厘米，高 15 厘米。一般覆盖 80 厘米宽的地膜。

地膜栽培定植过程中，小心起苗、运苗，不要使土坨散开，注意保持根系。定植时先在地膜上划"十"字形定植孔，栽苗后压严定植孔周围的地膜，一般每 667 米^2 栽植 4 000 株左右。

定植后立即浇水，1 周后再浇 1 次水。缓苗后浅锄垄沟 1 次，疏松土壤。前期浇水次数要少，要勤中耕。莲座期植株生长加快，要适当进行中耕蹲苗。结球期保证水肥供应，满足叶球迅速生长的需要。在植株生长期间要注意地膜维护和防治杂草。及时防治病虫害，可选用 5% 氟啶脲乳油 2 000～2 500 倍液，或 1.8% 阿维菌素乳油 3 000 倍液于菜青虫卵孵化盛期和小菜蛾二龄幼虫盛期喷雾防治；用 10% 吡虫啉可湿性粉剂 1 500 倍液，或 4.5% 氯氰菊酯乳油 4 000 倍液喷雾防治蚜虫。

5 月中下旬，叶球生长紧实后要及时采收，每 667 米^2 可产甘蓝 4 500～5 500 千克,产值 2 000～3 000 元。

3. 大葱栽培技术要点　大葱对播种期要求非常严格,一般前 1 年秋分过后即播种。品种可选用唐葱、辽葱 1 号、玉田葱、山东章丘大葱等。播前最好浸种催芽。为使幼苗生长整齐,最好采用条播,行距 10～15 厘米,开深 1.5～2 厘米的浅沟,顺沟灌水,水渗下后均匀播种。全畦播后整平畦面。

冬前控制肥水,防止幼苗生长过快。注意及时中耕防除草。冬前浇封冻水。翌年春季及时浇返青水。视苗情追肥 1～2 次,每次每 667 米^2 追施尿素 8 千克。

5 月下旬至 6 月初,甘蓝收获后及时清理地块,按行距 70 厘米开沟,沟深 15～20 厘米,在沟底每 667 米^2 集中施入腐熟有机肥 3 000 千克、硫酸钾复合肥 30～40 千克。为防治地下害虫,顺沟增施辛硫磷颗粒 2～2.5 千克。深刨沟底,使肥、药、土混合均匀,并将沟内搂细耙平。

起苗前 2～3 天苗床灌水。采用干栽法定植,株距 3 厘米,排葱后覆土 4 厘米厚,踩实,顺沟灌水。

由于是鲜葱销售,因此一定要加强肥水管理。在定植至收获的 2 个多月,一般要浇水 4～5 次,每隔 10～15 天浇 1 次;追肥 1～2 次,栽后 20 天左右随水追肥 1 次,20 天后再追施 1 次,一般每 667 米^2 每次施硫酸钾复合肥 7.5 千克。雨季及时排涝,否则容易发生沤根现象。

另外,要及时中耕,培土 2～3 次,每隔 20 天左右培 1 次,到 7 月中旬平沟,8 月收获时葱沟已变成垄脊。每次培土高度,培到叶鞘和叶身分界处为宜,不能埋住叶身。

大葱生长期间极易受斑潜蝇的为害,使葱叶遍布白点和白线,因此防治一定要及时。在葱叶上开始出现零星白点时即要喷药防治,可选用 2.5％溴氰菊酯乳油 1 500～2 000 倍液,或 1.8％阿维菌素乳油 2 000～3 000 倍液,每隔 6～10 天 1 次,连喷 2～3 次。

8 月初即可收获新鲜大葱。可分批起葱,也可一次收完。一般每 667 米² 可产新鲜大葱 4 000～4 500 千克,产值 3 000～4 000元,收获期可延至 8 月底。

4. 大白菜栽培技术要点 选用北京新 3 号、四季青、赛绿品种,7 月底至 8 月初露地播种育苗,8 月底定植,每 667 米² 定植2 000～2 500 株。在莲座期、结球期结合浇水各追肥 1 次,每次每667 米² 施硫酸钾复合肥 10～15 千克。结球期可用 0.7%氯化钙和 50 毫克/升萘乙酸混合液喷雾 2～3 次,促进结球和防止干烧心。生长期间注意防治霜霉病和软腐病等病害,霜霉病一般用75%百菌清可湿性粉剂 500 倍液或 64%噁霜·锰锌可湿性粉剂500 倍液喷雾防治;软腐病用 72%农用链霉素可溶性粉剂 3 000～4 000 倍液或 14%络氨铜水剂 350 倍液防治。

由于是冬贮大白菜,所以应尽量晚收,在霜冻来临前采收完毕。晒菜 2～3 天,稍作整理及时入窖。整个冬季要精细管理,保持适当的窖温,春节过后等价格上涨时售出。一般每 667 米² 产净菜 5 000～5 500 千克,产值 2 000～2 500 元。

三、一年四茬轮作新模式

(一)越冬菠菜、春甘蓝、夏白菜、早秋萝卜栽培技术

山东省费县探索出露地蔬菜越冬菠菜、春甘蓝、夏白菜、早秋萝卜一年四种四收高效种植模式:9 月下旬至 10 月上中旬,前茬作物收获后,撒播或条播越冬菠菜;翌年春天菠菜收获后,3 月中下旬定植春甘蓝;5 月底至 6 月上旬接春甘蓝茬起小高垄定植夏白菜;8 月上旬即立秋前后接夏白菜茬,起垄直播早秋萝卜。

越冬菠菜选择冬性强、高产优质品种,如刺子菠菜、圣菲尔、日本大叶等;春甘蓝宜选用耐抽薹的中甘 12、绿玉、春甘 45、春丰、冬

春宝等;夏白菜选用耐高温、抗病虫、早熟丰产的品种,如小杂 56、春夏王、夏阳 50、天正夏白 1 号、天正夏白 2 号等;早秋萝卜要选用耐热、抗病、生育期短、品质优良的品种,如白光、夏长白 2 号、夏露、宝夏萝卜等。

1. 越冬菠菜 玉米、大豆等作物收获后,立即抢墒耕翻土地。结合整地施足基肥,将所有肥料均匀撒施土壤表面再耕翻,耙平耙细后撒播或条播越冬菠菜。播前先用深井水将菠菜种浸泡 24 小时,然后捞出,晾干表面水分后置于 25℃ 左右的条件下催芽,待80% 露白后即可播种。齐苗后适时浇灌齐苗水,冬前结合浇水追施越冬肥。大雪前用草木灰或有机肥覆盖,保护安全越冬。翌年1～3 月份,随时收获。

2. 春甘蓝 1 月上中旬利用阳畦育苗。菠菜收获,将地整平耙细后起垄,一般在 3 月中下旬定植,每畦 2 行,行距 35～40 厘米,株距 20～25 厘米。缓苗后中耕,浇水,追施缓苗肥,结球前、结球期再追施结球肥。早春气温低,切忌大水漫灌,宜小水勤浇。发现菜青虫等食叶害虫时,及时用无公害农药防治。

3. 夏白菜 5 月上旬用小拱棚育苗。5 月中下旬春甘蓝收获后,施足基肥,抢墒整地。起小高垄栽培,行距 30～35 厘米,株距20～25 厘米。缓苗后,及时浅中耕保墒。夏白菜生长期高温多雨,生育期短,肥水要早攻、齐攻,一促到底。夏季病虫害较多,要注意交替喷施高效低毒农药进行防治,采收前 10 天停止用药。

4. 早秋萝卜 夏白菜收获净地后,立即施足基肥,耕翻整地。选雨后,干籽条播,播后覆土搂平。播后天旱时小水勤浇。齐苗后在 2～3 片真叶时间苗,4～5 片真叶时定苗,定苗株距 16～20 厘米,行距 20 厘米。定苗后控水蹲苗,破肚后结合浇水及时追肥 1次。肉质根迅速膨大期,追施 1 次膨大肥,每 2～3 天浇小水 1 次。生长后期,及时培土壅根,摘除老叶、病叶、黄叶。夏秋季节病虫害较多,要注意使用生物农药或高效低毒农药防治。

(二)大棚膜网番茄、青菜、花菜、生菜栽培技术

为优化大棚种植模式,生产高产、高效、优质的蔬菜,近年推广了番茄、青菜、花菜、生菜种植模式,周年利用大棚设施,即冬春使用大棚薄膜,夏秋使用防虫网、遮阳网,覆盖种植番茄、青菜、花菜、生菜,为市场提供放心蔬菜。利用该模式进行生产,每 667 米^2 产番茄 4 500 千克、青菜 2 200 千克、花菜 1 500 千克、生菜 2 800 千克。

番茄选早熟、耐低温的品种,10月上中旬播种育苗,翌年 1 月上中旬于畦上双行定植,4 月中下旬至 6 月下旬陆续采收。青菜选耐热品种,6 月下旬番茄采收结束后,清理棚播种,当青菜具有 5～6 片真叶时开始上市,至 8 月中旬采收结束。花菜选中早熟品种,7 月初播种,播种后 20 天左右,小苗 3 叶时移苗,秧苗生长 40 天左右即可带土定植,10 月中旬花球充分长大还未松散时,为最佳采收时期。生菜选择散叶的品种,9 月中旬用清水浸种 6～8 小时,搓洗干净后进行低温催芽,约 3 天出芽,即可进行露地遮阳网覆盖播种育苗。10 月中旬至 11 月初花菜采收结束后立即清洁田园施肥、定植,12 月中旬开始隔行采收,翌年 1 月上中旬结束。

第七章　蔬菜与玉米、小麦等轮作新模式

一、蔬菜与玉米等轮作新模式

(一)越冬花椰菜、春白菜、超甜玉米栽培技术

河南省郑州市蔬菜研究所路翠玲等近几年通过对越冬花椰菜、早熟白菜、超甜玉米栽培模式的试验,每667米² 获纯利3 500元以上。

1. 越冬花椰菜　选择生育期220～240天的越冬花椰菜,如河南省郑州市蔬菜研究所选育的冬花一号、冬花二号,每667米² 用种量为50克。

7月25日至8月5日育苗。真叶达6～7片叶,苗龄为35天时定植。株行距50厘米×50厘米。11月下旬浇封冻水,要浇足浇透。冬前可用10%蚜净可湿性粉剂1 000倍液防治蚜虫,用5%氟虫腈悬浮剂防治小菜蛾,用10%虫螨腈悬浮剂1 500倍液进行喷洒防治菜青虫。常见病害有霜霉病和黑腐病,在苗期阴雨天后,喷洒农用链霉素或硫酸链霉素·土霉素200毫克/升和百菌清500毫克/升,可以预防。

现花球后,要折叶进行覆盖,防止花球变黄。翌年3月上旬至4月中旬,花球重0.5～1千克时及时采收,每667米² 净收入1 000元以上。

2. 春白菜　选择生育期50～65天的早熟耐抽薹白菜,如郑州市蔬菜研究所选育的春白一号、阳春、春夏王等,每667米² 用种量50克。

3月中旬育苗,盖土厚1厘米,用塑料膜覆盖,上面盖草苫。育苗期间根据温度变化适当加减覆盖物。后期逐步揭开塑料膜通风,以利于培育壮苗。

当真叶达到2～3片,苗龄35天,外界温度在13℃以上,大约4月中旬定植前将前茬花菜清除干净,最好把残叶清除深埋,防止花椰菜病虫害传播到早熟白菜上。地膜覆盖,行株距50厘米×80厘米,双行定植。

春白菜生长前期温度低,后期温度高,在肥水管理上应以促为主,一促到底。

叶球紧实后及时采收,一般6月上旬即可上市,每667米²产净菜4 000千克,获纯利1 800～2 000元。

3. 超甜玉米　选择生育期在75～90天的超甜玉米,如甜蜜、华甜一号等。

6月中旬当早熟白菜收获后及时中耕整地,施足基肥。6月20日左右播种,株行距30厘米×60厘米。为提高质量,确保早熟,每株只留1个果穗。

超甜玉米花丝枯萎变黑,可以采收。鲜果上市,一般1个果穗0.5元,每667米²净收入600～1 000元。

(二)甜玉米(果味玉米)与西兰花栽培技术

2007年辽宁省沈阳市苏家屯区王文杰做了甜玉米与西兰花高产高效试验。9月20日左右开始收获。每667米²产甜玉米1 000千克,价格1.4元/千克,产值1 400元,扣除生产成本520元,纯收入550元。产西兰花3 200个,合格率85％左右,正品单价0.6元/个,次品0.2元/个,产值1 728元,扣除生产成本720元,纯收入1 028元。上下茬全年纯收入1 908元。比种植一季玉米,纯收入600元左右增加1 300元。

1. 上茬甜玉米　选用美国脆王,株高200～210厘米,穗位

50～55 厘米,穗长 21～22 厘米,18～20 行,淡黄色,地膜覆盖生育期 75 天左右。4 月上旬整完地,随整地施优质农家肥 2 米³,4 月中旬覆膜,4 月 23 日前播种,每 667 米² 播种量 0.5 千克。

7 月 20 日左右,抽丝后 19～21 天及时采收。

2. 下茬西兰花 6 月 25 日至 7 月 5 日,用日本优秀品种,采用遮阳网覆盖播种育苗。结合整地,每 667 米² 施腐熟优质农家肥 1 500～2 000 千克,或鸡粪干 200 千克,硫酸钾复合肥(N、P、K 含量各 15%)25 千克,硼砂 2～3 千克,耕后起垄,垄距 110 厘米(大垄双行),小行距 45～50 厘米。

7 月 20 日至 8 月 1 日定植。定植后 7～10 天,追硫酸钾复合肥 15 千克。现蕾初期,施尿素 10 千克,硫酸钾 7.5 千克,同时喷 0.05%～0.1%硼砂溶液,防止空茎的发生。西兰花不耐旱也不耐涝,注意旱时及时灌水,涝时及时排出田间积水。

人工锄草,用生物农药苦参碱、噻菌铜等防治病虫害。

(三)小拱棚小葱、甜玉米栽培技术

小拱棚小葱、甜玉米栽培模式是河北省滦南县胡各庄镇在该县农业推广部门的指导下,为解决农业用水形势的日趋紧张,实施稻田改旱田探索出的高效栽培模式。该模式根据秋播小葱的生长特性,8 月上中旬播种,12 月上旬扣棚,覆盖防寒设施,打破小葱休眠,使其继续生长,在翌年 2 月上旬(春节前后)收获上市。甜玉米在 4 月 15 日至 5 月 1 日播种,7 月中下旬收获。把水稻改成小葱、甜玉米种植模式,节约了农业用水,减少了病害的发生,增加了经济效益。一般每 667 米² 产小葱 4 600 千克,平均价格 1.4 元/千克;一般产甜玉米 1 400 千克,平均价格 1 元/千克,两茬合计产值 7 840 元,去除成本 2 100 元,纯收入 5 740 元。比单茬水稻增加产值 6 320 元,去除增加成本 1 600 元,增加纯收入 4 720 元。

1. 小拱棚小葱栽培技术

(1)品种选择　选用高产、抗病、不分蘖、质地脆嫩、味甜及营养丰富的章丘葱系列品种。

(2)整地施肥做畦　7月下旬至8月上旬,甜玉米收获后,立即清地,浅耕细耙,每667米²施优质腐熟有机肥5 000千克、撒可富或磷酸二铵25千克,整平畦面,做成长15米,宽2.5米的畦。

(3)种子处理　因葱种子种皮坚硬、透水差,干籽播种出苗慢。为缩短出苗期,提高发芽率,播种前要浸种8～10小时,然后捞出。为防止小葱病害发生,将捞出后的种子用50%的多菌灵粉剂拌种,晾干后播种。

(4)播种　8月上旬露地播种。每667米²用当年的新种子2～3千克。播前浇透水,水渗后,整平畦面,将处理后的种子均匀撒播,覆细土厚0.8～1厘米。为防治地下害虫,覆土后可撒一层辛硫磷颗粒剂。

(5)播后管理　8月中下旬待幼苗伸腰时浇小水,使子叶伸直,扎根稳苗,以后根据地墒情况再浇1～2次水,水分不能过多,以免幼苗徒长。结合浇水,施硫酸铵10～15千克,促使幼苗生长健壮。若秧苗露根,要及时覆盖干细土。此外,小苗出土后易受病虫草害,应及时撒毒谷防治蝼蛄等地下害虫,并清除杂草。特别是在大雨过后,应及时喷施甲基硫菌灵、百菌清等杀菌剂,预防灰霉、霜霉等病危害。葱秧3叶1心期安全越冬。土壤封冻前必须打好插竹竿的小孔,以防土壤冻结不便操作。

(6)扣棚及扣棚后的管理　12月上旬开始扣棚盖膜。扣棚前清除杂草落叶,疏松表土,结合浇水冲施硫酸铵10千克,撒一层5厘米厚的优质腐熟有机肥。用4米长的竹片拱成宽2.5米、高1.2米的小拱棚。为保障春节前后上市,采用双膜双帘覆盖,待葱苗返青后,开始通风炼苗,及时揭盖草帘。白天温度12℃～14℃,夜间温度0℃以上,最好在3℃～4℃,棚内空气相对湿度以70%为宜,适当控制浇水次数。

(7)病虫害防治　主要是霜霉病、灰霉病、紫斑病、锈病、疫病和葱蓟马。

霜霉病:中下部叶片易受侵染,侵染后初生黄白色或乳黄色纺锤形或椭圆形的侵染斑,其上产生白霉,病部后期变为淡黄色或暗紫色,逐渐干枯下垂。用64%噁霜・锰锌可湿性粉剂500倍液,或75%百菌清可湿性粉剂600倍液,或72.2%霜霉威盐酸盐水剂800倍液轮换喷雾,每隔7~10天喷1次。连防2~3次。

灰霉病:主要症状是叶片上发生1~3毫米的近圆形白色斑点,多由叶尖向下发展,逐渐连成片,湿度大时,在病叶上生出灰色霉层。发病初轮换喷50%腐霉利或50%乙烯菌核利可湿性粉剂1000~1500倍液,或80%多菌灵超微可湿性粉剂600倍液。

紫斑病:主要症状是危害叶片,初呈水浸状白色小点,随后变成淡褐色圆形或纺锤形凹陷斑,继续扩大呈褐色或暗紫色,发病严重时有深褐色或黑灰色霉状物。用75%百菌清可湿性粉剂500~600倍液,或58%甲霜・锰锌可湿性粉剂500倍液,或50%异菌脲可湿性粉剂1500倍液喷雾,隔7~10天1次,连防3~4次。

锈病:主要症状是最初在叶片表皮上产生纺锤形至椭圆形橙黄色的小斑点,随后表皮纵裂,散生橙黄色粉末。发病严重时病叶呈黄白色枯死。发病初期喷洒15%三唑酮可湿性粉剂1500倍液,或70%代森锰锌可湿性粉剂1000倍液+15%三唑酮可湿性粉剂2000倍液,或25%丙环唑乳油4000倍液+15%三唑酮可湿性粉剂2000倍液喷雾,隔10天左右1次,连喷2~3次。

疫病:主要症状是叶片上出现灰白色病斑,造成叶片折状或枯萎。撕开叶片可见里面有棉毛状白色菌丝。发病初用50%甲霜灵・锰锌500倍液,或64%噁霜・锰锌500倍液喷雾。

葱蓟马:葱蓟马是危害大葱主要害虫。近几年来,该虫危害呈上升趋势,极大地影响了葱类的品质和产量。成虫、若虫均以锉吸式口器吸食植物汁液,使叶片上形成许多细密连片的白色条斑或灰白色小斑点,严重时叶片失去膨压,叶尖干枯,葱叶扭曲变黄。葱蓟马多在葱叶夹缝为害,并能传播病毒。用50%辛硫磷乳油1 000倍液喷雾,或20%氰戊菊酯乳油2 000～3 000倍液喷雾,或10%吡虫啉可湿性粉剂1 000～1 500倍液喷雾。喷药时间以晴天下午5时后或阴天较好。

(8)收获　扣棚后40～60天即可收获,一般2月初(农历正月十五)开始陆续上市:在小拱棚内将小葱捆成0.25～0.5千克的小捆,经过保鲜处理后上市。收获时注意不要让小葱失水,以免葱叶萎蔫,更不要损伤葱叶,以免降低小葱的商品价值。

2. 甜玉米栽培技术

(1)品种选择　品种选用生育期短、糖分高(16%以上)、穗轴细、皮薄、口感好、营养丰富、产量高及适合本地栽培的优良品种,如金菲、422等。

(2)种子处理　播种前晒种1天,然后浸种催芽,用0.2%磷酸二氢钾溶液浸种7～10小时,在28℃～32℃的条件下,用湿毛巾包住催芽,种子露白时直播。

(3)选区、整地、施肥　甜玉米不能串粉,不能同其他类型甜玉米、普通玉米混种在一起,需要隔离。一般隔离距离为400米左右。在隔离区内,小拱棚小葱收获后,3月中旬精细整地,随整地施入1 500千克左右的腐熟鸡粪、猪粪和60千克的复合肥,如不施复合肥,可施60千克过磷酸钙和10千克钾肥。

(4)适时播种　播种期应根据当地的气温来确定,原则上要避免出苗后遇霜冻和在生育阶段高温。春季由于玉米生长期间处于从低温到高温,在气温允许范围内,播种越早产量越高,最佳播期4月15～20日,不迟于5月1日。

甜玉米种子通常表现为皱缩干瘪,种子胚乳淀粉积累少,在萌发至幼苗3叶期生长期间,种子贮藏养分不能满足自身营养需要,表现为出苗率低、苗弱、大小苗严重。根据甜玉米种子的特点,采取穴播。一般1穴3粒,播后覆土厚3~5厘米,轻轻踩实。留苗密度为4 000株左右,行距45厘米,穴距35厘米。在同一播种时间再准备30%~40%的预备苗,以防缺苗后补苗。补苗必须在1叶1心叶补好,这样才能确保大田平衡生长。

(5)田间管理　在3~4叶期间,去掉大小苗、病虫苗、弱苗,留壮苗。结合定苗进行除草。

在施足基肥的基础上,根据苗情浇水追肥:直播出苗后(2~3叶期)或移栽活株后,浇施碳酸氢铵15千克左右。适当控水,促根系生长。甜玉米在生长中期要看苗诊断施肥,对弱苗要采取偏施肥和浇水等补救措施,原则掌握叶片瘦小、叶色淡、视缺肥现象马上增施肥料,追尿素15~20千克。大喇叭口到抽雄前,是需水需肥的临界期,长期少雨或无雨,就要形成卡脖旱,严重影响产量。因此,遇到干旱年头,一定要浇好攻穗水。浇水前,打洞深施60千克碳酸氢铵和20千克尿素。拔节后加强中耕培土。

甜玉米生长期间,特别是优良品种,分蘖和小穗比较多。因此,在生长过程中要及时把分蘖去尽,同时出现小穗后,每株只留最上部一只穗,其余都去尽,以防影响主穗的生长发育。

甜玉米病害主要是病毒病和叶斑病。发病初,病毒病可用20%盐酸吗啉胍·铜可湿性粉剂500倍液防治,叶斑病可用70%甲基硫菌灵可湿性粉剂500倍液防治,在防治时药液中加0.2%磷酸二氢钾效果更好。

二、蔬菜与小麦等轮作新模式

(一)麦茬耐热大白菜、青花菜栽培技术

河南省安阳市蔬菜研究所张正茂等探索出粮食主作区种植淡

第七章 蔬菜与玉米、小麦等轮作新模式

季蔬菜的新形式，即麦茬耐热大白菜、青花菜高垄两茬栽培模式。6月上旬麦收后及时种植耐热大白菜，8月初上市；7月上旬青花菜育苗，8月中旬定植于大白菜种植田，10月上旬供应国庆节和元旦市场。大白菜每667米^{2}产量4500千克左右，产值达5000元，青花菜产量800千克左右，产值3200元，扣除种子及生产资料投资，每667米^{2}麦茬田纯收入6000元，经济效益十分显著。

1. 耐热大白菜 选择耐高温干旱、品质优良、抗性较强的品种，如夏圣、亚蔬1号、夏优1号等。为避免直播幼苗易受雨水冲击等影响，一般采用育苗移栽，5月中旬育苗。播种后18~20天，真叶4~5片时定植。麦收后及时清除田间残株和杂草，集中进行高温堆肥等无害化处理，每667米^{2}施腐熟有机肥4000~5000千克，磷酸二铵20千克、硫酸钾10千克、深耕细耙后起垄，垄宽110厘米，垄高10~15厘米，株距45厘米，行距60厘米，于下午4时左右定植。

要及时中耕，防止表土板结，促进土壤透气，并清除杂草。锄松沟底和畦面两侧，将松土培于畦侧或畦面，以利沟路畅通，便于排灌。

植株5~6片叶时第一次间苗，如有缺苗，应在傍晚或阴天进行补苗。栽苗时应挖大坑，栽后及时浇水。植株7~8片叶时定苗，定苗时适当留一些余苗，供补栽用。

定植后应以促为主，冲施尿素3~4千克。在莲座期和包球期追施2次肥，用三元复合肥15千克和尿素5~7千克混匀后追施，施肥可在行间开沟，深施后覆土，防止烧根。大白菜不耐旱，垄干沟湿时需浇水，保持见干见湿。进入结球期，应保持土壤见湿不见干。遇连续高温天气，中午可在叶面喷水降温，浇水应在傍晚进行。夏季降雨集中，大雨或暴雨过后应及时排除田间积水，并尽快浅锄保墒，接近采收时适当控水。

夏大白菜苗期正处于干旱高温期，蚜虫为害较重，如果防治不力,就会造成病毒病流行;进入莲座包心期后,暴雨和高温交替出现,易发生软腐病。防治蚜虫可用 10％吡虫啉可湿性粉剂 2 000 倍液,或 2.5％氯氟氰菊酯乳油 3 000 倍液,或 20％甲氰菊酯乳油 2 000～3 000 倍液,交替喷雾,每隔 5～7 天 1 次,连喷 2～3 次。如果在药液中加入洗衣粉 10 克,效果更佳。防治病毒病可用 25％盐酸吗啉胍·铜可湿性粉剂 500 倍液,或 1.5％烷醇硫酸铜乳剂 1 000 倍液,加入爱多收 10 克,在苗期至莲座期交替喷雾,每隔 5～7 天 1 次,连喷 3～4 次。防治软腐病,可在大白菜莲座中期冲施硫酸铜,包心期交替喷施菜丰宁、农用链霉素、抗菌剂 401 等药剂。以上药剂均在大白菜采收前 7～10 天禁用,确保安全上市。

　　2. 青花菜　适于秋季种植的早熟品种主要有巴绿、大绿、里绿等。秋茬青花菜的适播期为 7 月上旬,每 667 米^2 栽培田播种量为 30 克。秋季青花菜的苗期较短,可采用地苗和营养钵育苗。地苗要选择富含有机质的地块做苗床,每 667 米^2 需备苗畦 25～30 米^2,在苗畦中施入腐熟有机肥 200 千克、三元复合肥 30 千克,深翻、掺匀后,筛出细土 100 千克,加入 50％多菌灵可湿性粉剂 100 克、敌百虫 50 克备用。选择晴天播种,整平畦面,浇足底水,水渗后先撒 0.5 厘米厚苗土,分 3 次将种子均匀撒入育苗畦中,播后覆盖 1 厘米厚细土,在苗畦上加盖农膜遮荫防雨,晴天盖遮阳网遮阳、降温。齐苗后,再盖 0.5 厘米厚细土,护根补裂缝。苗床保持湿润,水分不能太多或太少,间苗要及时,苗距 4～5 厘米,避免形成高脚苗。幼苗 2～3 片真叶时用尿素 100 克对水 20 升喷雾,再喷 1 次清水防烧苗。苗期注意防治菜青虫及小菜蛾,播后 25～30 天、幼苗 4～6 片真叶时定植。

　　每 667 米^2 栽植田施腐熟有机肥 4 000～5 000 千克,深耕 30 厘米后整平耙细,再按 100 厘米距离条施鸡粪 200 千克、三元复合肥 25～30 千克、硼砂 1.5 千克,掺匀后做成宽 100 厘米的小高垄,并覆地膜。

定植前1～2天苗床浇1次小水,定植时尽量多带土,减少伤根,按株距40～50厘米、行距50厘米双行定植。浇足定植水,缓苗后及时中耕培土2～3次,消灭杂草,增加土壤的透气性,促进植株健壮生长。

水肥管理的重点是前期苗应促使植株迅速生长,在现蕾前形成足够肥大的叶。青花菜追肥以氮肥为主,适配磷、钾。追肥分3次进行,第一次在定植后7～10天、植株恢复生长时施用,尿素2.5千克、钾肥2.5千克。第二次在植株约有15片叶、即将封垄时随水冲施尿素5千克、过磷酸钙10千克、钾肥10千克。第三次追肥在植株开始现蕾时,施三元复合肥15千克、尿素5千克,并用0.2%硼砂和0.3%磷酸二氢钾交替喷施花蕾和叶面,防止花蕾变褐。植株生长期间要保持土壤湿润,每隔6～7天浇1次水,浇水不要太大,以"跑马水"为宜,主球达3～6厘米时不能干旱,供水要充足。雨季及时排水,同时要避免因田间湿度过大引起植株下部叶片脱落,根及茎部腐烂。

秋茬青花菜的病害主要是霜霉病和黑腐病。可用72.2%霜霉威盐酸盐水剂800倍液防治霜霉病,用72%农用硫酸链霉素可溶性粉剂1 000～2 000倍液等防治黑腐病。害虫主要是菜青虫和小菜蛾,可用5%氟虫腈悬浮剂1 500倍液等防治菜青虫,用2.5%多杀霉素悬浮剂1 000倍液等防治小菜蛾,1.8%阿维菌素乳油4 000倍液可兼治菜青虫和小菜蛾。上市前7天禁止用药。

10月上旬,当主花球直径达12～16厘米,蕾粒已充分长大,各小花蕾未松散,整个花球还保持完好、呈鲜绿色时,在清晨或傍晚及时采收上市。

(二)小麦、牛蒡栽培技术

牛蒡为菊科2年生植物,是一种营养价值较高强身保健的蔬菜,出口换汇率较高,尤其受日本的欢迎。我国华北、东北、华中地区均有。

小麦收获后立即精细整地,然后做成高 10～12 厘米、底宽 100 厘米、上宽 70 厘米的高畦,或整成平畦播种。多采用直播,也可育苗移栽。预先开好 2～3 厘米的浅沟播种或在畦面上撒播,然后覆 1～2 厘米厚的肥沃土壤,再覆盖一层麦秸,利于牛蒡出苗。

牛蒡播种后 7～10 天发芽。出苗后一般进行 2 次间苗,第一次在长出 2 片真叶时,第二次在长出 3～4 片真叶时,每 12～15 厘米留一苗。间苗时,应除去生长过旺或过弱的苗子,留取中等秧苗。叶数多,生长过旺者,将有歧根发生。叶色过浓,叶缘缺刻多者可能是杂株;根茎顶部露出者多为混杂株,易木质化;叶片下垂的为异形株。

牛蒡较耐旱,一般应少浇水。如基肥足可少施或不施追肥。但沙质瘠薄地要注意追肥,一般追肥分 3 次进行,第一次追肥在植株高 30～40 厘米时,第二次追肥在植株生长最旺盛时,第三次追肥在肉质根开始膨大以后,促进肉质根迅速生长。每次追施尿素 10 千克、氯化钾 15 千克。追肥要开沟施于距植株 8～10 厘米处。

牛蒡的主要病害有黑斑病、菌核病,可在发病初期喷洒 70% 甲基硫菌灵可湿性粉剂 1 500～2 000 倍液,或 75% 百菌清可湿性粉剂 600～800 倍液。

一般在 11 月上中旬根停止生长后及时收刨。收获时要深刨,防止伤根和断根。收起后进行分级挑选,捆成束或去除根表皮后腌渍出售。

(三)小麦、大葱栽培技术

在北纬 38°以南的冬小麦产区,实行小麦复种大葱,一般每 667 米² 产小麦 300～400 千克、大葱 2 500～3 000 千克,高产地块大葱产量可达 5 000 千克以上。种大葱的经济效益是种夏玉米的 5 倍以上,全年经济效益是种棉花的 2 倍以上。

1. 种植方式　大葱采用大垄宽行栽培,一般行距 50～60 厘米开沟定植,沟深 30 厘米左右,沟宽 13～16 厘米。用宽窄行种植时,一般宽行 27 厘米,窄行 13 厘米,株距 4～6 厘米定植。

2. 栽培技术要点　小麦适时播种,冬前培育壮苗。中后期适当控制氮肥施用量,防止贪青晚熟。

小麦收获后尽早整地,按株行距移栽大葱。定植越早越好。自育葱苗要在前 1 年播种,一般北纬 38°以南地区秋分前后播种,以北地区多在白露节前后播种。苗床应选择肥沃疏松的沙壤土开沟条播或撒播。适宜的播种期一般掌握在越冬时幼苗有 2～3 片真叶,株高 10 厘米左右。

越冬前控制肥水防止徒长,土壤开始结冻时浇足冻水,结合浇灌冲施粪稀 1 000～1 500 千克。寒冷的高纬度地区在浇好冻水的基础上,再覆盖马粪、圈肥等。返青后浇返青水,随着气温升高生长加快,增加浇水量和浇水次数。从返青到移栽追肥 2～3 次。移栽前 10～15 天停止浇水,进行炼苗。

栽后正值炎夏,虽然大葱抗热耐旱,但也要保持土壤墒足,过干时,要浇小水。这一时期,大葱的地上部分和根系生理功能减弱,生长缓慢,处于长根蹲苗阶段。因此,雨后要及时排水防涝,并注意中耕除草,保持土壤的通透性,以免烂根、黄叶和死苗。为防止土壤板结和引起烂根,可在雨季到来前,向葱沟内施半腐熟的麦糠,以便水分迅速渗漏或蒸发,增加土壤通透性。

在葱白形成期,培土越深,葱白越长,产量越高。培土工作应在立秋后分几次进行,每次培土的厚度以到达最上叶的出叶口处为宜,切不可埋没心叶,一般可培土 3～4 次。

第一次培土后,大葱进入发叶盛期,随后进入鳞茎膨大盛期,从立秋到秋分地上部分发育较快。因此,从立秋开始要注意追肥、浇水和培土,以利于鳞茎的发育膨大和葱白品质的提高。在立秋、处暑、白露、秋分每隔 15 天左右浇 1 次水,随浇水追肥,每次追施硫酸铵 15～20 千克,经常保持土壤湿润。秋分后,减少浇水量,收获前 7～10 天停止浇水,提高大葱的耐贮性。

(四)小麦、大葱、大白菜栽培技术

青海省西宁市海拔 2 170～4 898 米,年平均气温 3.6℃～6.2℃,无霜期 122～168 天,每年只能种一季农作物。为了充分利用有限的光热资源,提高土地利用效率,增加农作物的产量与产值,1993—2006 年西宁市农业技术推广站,在西宁周边乡镇进行二年三茬小麦、大葱、大白菜栽培模式。

小麦试验选用青春 533、乐麦 5 号、民选 853 等品种。播前整地,每 667 米^2 施有机肥 5 000 千克、磷酸二铵 15～25 千克、尿素 12～15 千克,均匀翻入土中。3 月 10～20 日播种,播种量 15～20 千克。5 月结合除草松土追施尿素 5～10 千克。8 月中下旬收获,产量 400 千克,产值 392 元。

大葱可选用兰州的四季小葱,西宁的白皮葱、红皮葱等。小麦收获后施有机肥 5 000 千克、磷酸二铵 15～25 千克、尿素 12～15 千克,均匀翻入土壤。9 月 1～25 日播种,播种量 4～4.5 千克。出苗后、土壤封冻前浇冻水,翌年 3 月追施有机肥 1 000～2 000 千克,4 月下旬结合除草松土追施尿素 5～10 千克,浇水 1～2 次。5 月上旬至 6 月上旬开始采收上市。产量 6 500 千克,产值 1 500 元。

大白菜可选用郑杂 1 号、郑杂 2 号、鲁白 1 号、山东 7 号、上海 8025 等品种。大白菜需肥水量大,应选择土层深厚、结构疏松、保肥水能力强的土壤。大葱收获后,应立即深翻晒垡,施有机肥 6 000～8 000 千克、磷酸二铵 15～25 千克、尿素 12～15 千克。为了预防地老虎、金针虫、黄条跳甲等施 40%辛硫磷乳油 2 000 倍液,与肥料一起施入。整地做畦,畦高 10～15 厘米、宽 70～80 厘米,覆盖地膜。6 月 20～25 日播种,先将地膜打孔,株距 45～50 厘米,行距 45～50 厘米,每穴播 2～5 粒,每 667 米^2 播种量 0.1～

0.2 千克。9 月下旬至 10 月上旬收获上市,产量 15 000 千克,产值 6 000 元。

3 茬每 667 米^2 产值合计 7 892 元。

(五)夏白菜、油麦菜、小麦栽培技术

黑龙江省五常市采用夏白菜、油麦菜、小麦一年三作栽培模式,每 667 米^2 产夏白菜 4 000~5 000 千克、油麦菜 1 500~2 000 千克、小麦 450~550 千克,经济效益显著。

1. 夏白菜 6 月上旬小麦收获后,做东西向的高垄,垄底宽 20 厘米,垄顶宽 10 厘米,垄高 10 厘米,垄距 20 厘米。选择抗病、耐热、耐湿的早熟品种,如夏阳 50、津夏 2 号、津夏 3 号等。6 月中下旬选下午 4 时以后播种,在垄上开沟撒播或按株距 30 厘米,每穴播 4~6 粒,然后覆土平沟。播后顺沟撒毒饵,防治地下害虫。

7 月上中旬菜苗 3~5 片真叶时,按株距 30 厘米定苗。定苗后、莲座期、包心期,施速效三元复合肥 10~20 千克,其间也可增喷 2~3 次叶面肥,促进营养生长。

2. 油麦菜 夏白菜收获后,施磷酸二铵 40 千克、尿素 20 千克、硫酸钾 20 千克,深耕搂平做平畦。9 月上旬,按 20 厘米行距均匀条播。

3 片真叶时,按行株距 20 厘米×10 厘米左右间苗。整个生长发育期要保持田间湿润,进入旺盛生长期要及时追肥浇水。

一般播后 40~50 天开始收获,可一次性采收,也可分次剥叶采收。

3. 小麦 小麦选用优质、抗病、高产、早熟品种 3475、6172。10 月上中旬播种。播种时用种衣剂拌种包衣,麦苗返青起秧后追施尿素 25 千克。用 20%的三唑酮可湿性粉剂防治小麦白粉病和锈病。每 667 米^2 用 10%吡虫啉可湿性粉剂 20 克防治麦蚜虫。5 月上中旬叶面喷施 0.2%~0.3%磷酸二氢钾溶液 2~3 次。

金盾版图书,科学实用,
通俗易懂,物美价廉,欢迎选购

蔬菜间作套种新技术		怎样种好菜园(南方本	
（北方本）	17.00 元	第二次修订版）	13.00 元
新编蔬菜优质高产良种	19.00 元	南方早春大棚蔬菜高效	
蔬菜穴盘育苗	12.00 元	栽培实用技术	14.00 元
现代蔬菜育苗	13.00 元	南方高山蔬菜生产技术	16.00 元
图说蔬菜嫁接育苗技术	14.00 元	南方菜园月月农事巧安排	10.00 元
蔬菜嫁接栽培实用技术	12.00 元	长江流域冬季蔬菜栽培	
蔬菜栽培实用技术	25.00 元	技术	10.00 元
蔬菜生产实用新技术		日光温室蔬菜栽培	8.50 元
（第 2 版）	29.00 元	温室种菜难题解答(修	
种菜关键技术 121 题	17.00 元	订版）	14.00 元
无公害蔬菜栽培新技术	11.00 元	温室种菜技术正误 100	
蔬菜优质高产栽培技术		题	13.00 元
120 问	6.00 元	两膜一苫拱棚种菜新技	
商品蔬菜高效生产巧安		术	9.50 元
排	4.00 元	蔬菜地膜覆盖栽培技术	
环保型商品蔬菜生产技		（第二次修订版）	6.00 元
术	16.00 元	塑料棚温室种菜新技术	
名优蔬菜四季高效栽培		（修订版）	29.00 元
技术	11.00 元	野菜栽培与利用	10.00 元
名优蔬菜反季节栽培(修		稀特菜制种技术	5.50 元
订版）	22.00 元	大棚日光温室稀特菜栽	
蔬菜无土栽培技术		培技术(第 2 版）	12.00 元
操作规程	6.00 元	蔬菜科学施肥	9.00 元
蔬菜无土栽培新技术		蔬菜配方施肥 120 题	6.50 元
（修订版）	14.00 元	蔬菜施肥技术问答(修	
怎样种好菜园(新编北		订版）	8.00 元
方本第 3 版）	21.00 元	露地蔬菜施肥技术问答	15.00 元

设施蔬菜施肥技术问答	13.00 元	蔬菜害虫生物防治	17.00 元
现代蔬菜灌溉技术	7.00 元	绿叶菜类蔬菜制种技术	5.50 元
蔬菜植保员培训教材		绿叶菜类蔬菜良种引种	
（北方本）	10.00 元	指导	10.00 元
蔬菜植保员培训教材		提高绿叶菜商品性栽培	
（南方本）	10.00 元	技术问答	11.00 元
蔬菜植保员手册	76.00 元	四季叶菜生产技术 160	
新编蔬菜病虫害防治手		题	7.00 元
册（第二版）	11.00 元	绿叶菜类蔬菜园艺工培	
蔬菜病虫害防治	15.00 元	训教材（南方本）	9.00 元
蔬菜病虫害诊断与防治		绿叶菜类蔬菜病虫害诊	
技术口诀	15.00 元	断与防治原色图谱	20.50 元
蔬菜病虫害诊断与防治		绿叶菜病虫害及防治原	
图解口诀	14.00 元	色图册	16.00 元
新编棚室蔬菜病虫害防		菠菜栽培技术	4.50 元
治	21.00 元	茼蒿蕹菜无公害高效栽	
设施蔬菜病虫害防治技		培	6.50 元
术问答	14.00 元	芹菜优质高产栽培	
保护地蔬菜病虫害防治	11.50 元	（第 2 版）	11.00 元
塑料棚温室蔬菜病虫害		莲菱茭莼栽培与利用	9.00 元
防治（第 3 版）	13.00 元	莲藕无公害高效栽培技	
棚室蔬菜病虫害防治		术问答	11.00 元
（第 2 版）	7.00 元	莲藕栽培与藕田套养技	
露地蔬菜病虫害防治技		术	16.00 元
术问答	14.00 元	白菜甘蓝类蔬菜制种	
水生蔬菜病虫害防治	3.50 元	技术	6.50 元
日常温室蔬菜生理病害		甘蓝类蔬菜良种引种指	
防治 200 题	9.50 元	导	9.00 元

以上图书由全国各地新华书店经销。凡向本社邮购图书或音像制品，可通过邮局汇款，在汇单"附言"栏填写所购书目，邮购图书均可享受9折优惠。购书 30 元（按打折后实款计算）以上的免收邮挂费，购书不足 30 元的按邮局资费标准收取 3 元挂号费，邮寄费由我社承担。邮购地址：北京市丰台区晓月中路 29 号，邮政编码：100072，联系人：金友，电话：(010) 83210681、83210682、83219215、83219217(传真)。